浙江省高职院校“十四五”重点立项建设教材

UG 注塑模具设计项目教程

主　编　傅建钢　裘升东

副主编　王永隽　余　健

参　编　吴家雄　宋泽民　俞燕妮

机械工业出版社

CHINA MACHINE PRESS

本书为浙江省高职院校“十四五”重点立项建设教材。

本书以模具三维设计的真实过程为主线，以六个精心设计的项目为驱动，将方法学习和技能培养有机地结合，重在培养学生应用UG NX软件进行模具三维设计的能力。在每个项目中详尽地阐述了实际操作的过程，并对相关的知识点做了必要的介绍，这些项目包含了UG三维模具设计的全部重要知识点、常用知识点和知识难点。书中六个项目采用了不同的塑料原料，模具设计过程由简到繁、循序渐进，对应的六套模具包含了注塑模具的典型结构。六个项目配套有完整的操作视频，扫描书中二维码即可观看。

本书可作为高等职业院校模具设计与制造专业及机械类相关专业教材或参考用书，也可作为各类模具设计培训教材，还可供相关领域的工程技术人员参考。

本书配套有电子课件、项目模型等教学资源，凡选用本书作为教材的教师可登录机械工业出版社教育服务网（http://www.cmpedu.com），注册后免费下载，咨询电话：010-88379375。

图书在版编目（CIP）数据

UG注塑模具设计项目教程 / 傅建钢，裘升东主编 . 北京：机械工业出版社，2025. 1. --（浙江省高职院校“十四五”重点立项建设教材）. -- ISBN 978-7-111-77340-5

Ⅰ. TQ320.66-39

中国国家版本馆CIP数据核字第202510TN31号

机械工业出版社（北京市百万庄大街22号　邮政编码100037）

策划编辑：于奇慧　　　　责任编辑：于奇慧

责任校对：梁　园　李　杉　　封面设计：马精明

责任印制：刘　媛

涿州市般润文化传播有限公司印刷

2025年2月第1版第1次印刷

184mm×260mm · 12.25印张 · 305千字

标准书号：ISBN 978-7-111-77340-5

定价：40.00元

电话服务	网络服务
客服电话：010-88361066	机　工　官　网：www.cmpbook.com
010-88379833	机　工　官　博：weibo.com/cmp1952
010-68326294	金　　书　　网：www.golden-book.com
封底无防伪标均为盗版	机工教育服务网：www.cmpedu.com

前 言

随着计算机硬件技术与软件技术的发展，以及模具标准化程度的提高和数控技术的应用，模具 CAD/CAM 技术正在普及，特别是三维模具 CAD/CAM 技术更是得到人们的重视。塑料产品在各行各业的使用越来越广泛，使得注塑模具设计的工作量日益增加，而采用模具 CAD/CAM 技术设计不仅提高了设计效率和设计水平，而且更加适合人们的设计习惯和思维方式。

一般通用的三维软件都可以用来设计注塑模具，也有很多软件提供了专门的注塑模具设计模块。Mold Wizard 是 Siemens 公司基于 UG 软件平台针对注塑模具设计而独立开发的软件模块。它运用知识嵌入的理念，根据所实现的功能，按照注塑模具设计的一般步骤进行设计，设计人员只要根据产品的三维模型，按照模具设计的步骤，一步一步就可以设计出一套与产品模型参数相关的三维模具模型，不仅大大提高了设计效率，还可以进行设计优化，保证设计质量。所生成的模具零件模型可以被 UG 的其他模块或其他三维软件调用，利用此模型可以在 CAM 软件中直接生成数控程序来驱动数控机床进行加工，从真正意义上实现模具设计与制造的一体化。

UG 软件是业界著名的 CAD/CAM/CAE 软件，在航空、航天、汽车、船舶等制造业广泛应用，本书以 UG NX12.0 为软件平台编写。

本书的特点是以模具三维设计的真实工作过程为主线，通过六个精心设计的项目来驱动教学过程，充分突出了项目的应用性和操作性，并体现了先进性。本书将方法学习和技能培养有机地结合，重在培养学生应用专业软件进行模具三维设计的能力。在每个项目中详尽地阐述了实际操作的过程，并对相关的知识点做了必要的介绍，这些项目包含了 UG 三维模具设计的全部重要知识点、常用知识点和知识难点。六个项目采用了六种不同的塑料，让学习者能较好地掌握这六种塑料的特点。六个项目由简到繁、循序渐进地介绍了模具设计的完整过程，这六个项目对应的六套模具设计是相辅相成、不断提高的过程，包含了注塑模具的典型结构。

本书可作为高等职业院校相关专业的模具设计教材或参考用书，也可作为各类模具设计培训教材，还可供相关领域的工程技术人员参考。

本书由绍兴职业技术学院傅建钢教授、裘升东教授任主编。本书的编写得到了浙江世纪华通车业有限公司高级工程师的大力支持。为了方便教师和读者学习，本书配有相关教学视频及素材。如有必要还可通过 Email：fujg@sxvtc.edu.cn 与编者联系。

由于编者水平有限，书中难免有不足之处，恳请读者批评指正。

编 者

目 录

Project 1

项目一

饭盒注塑模具设计

设计任务

本项目的任务是为塑料饭盒设计一套注塑模具。在接收设计任务时，客户提供的是饭盒产品的三维模型，如图 1-1 所示，并提出了一些设计要求。

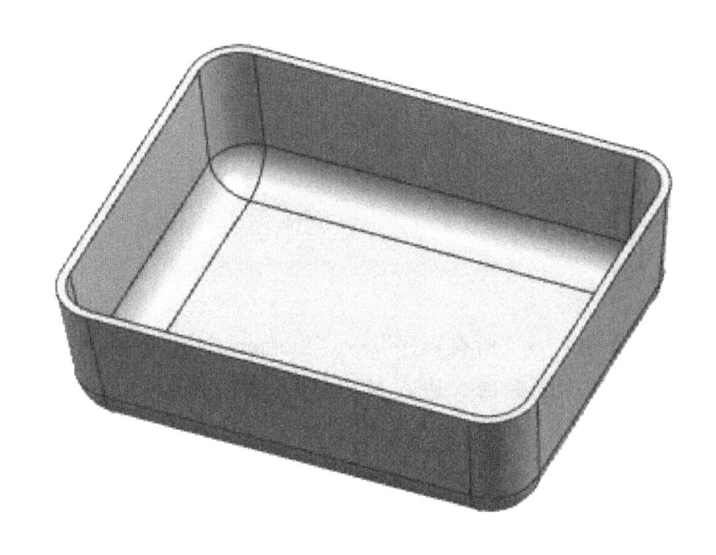

图 1-1　塑料饭盒三维模型

技术要求

1）产品材料：聚丙烯（PP）。

2）用途：盛放食物。

3）产品外观要求：塑件表面光洁、美观，没有流纹、飞边等。

4）材料收缩率：0.6%。

5）产量：10 万件。

设计思路

1. 产品分析

该产品属于厨房用具，用于盛放食物，要求使用材料具有一定的韧性、强度和耐磨性；产品外壳不能有流纹、飞边等瑕疵；产品的配合要求比较高。

2. 模具分析

（1）模具结构　饭盒结构比较简单，不需要进行特殊结构设计，可采用一模一腔的两板模结构。

（2）分型面　分型面应设在制品最大截面处，以保证制品的外观质量和便于排气。本项目的分型面选在制品的底部。

（3）浇注方式　该制品从上表面直接浇注，流道形状为锥形。

（4）顶出系统　顶杆设置于制品的内表面，顶出位置均匀分布于制品内表面上。

（5）冷却系统　根据制品的形状、尺寸和模具结构，冷却水孔直径取 8mm。

项目实施

任务一　模具设计准备

【任务描述】

模具设计准备

1）对塑料饭盒件进行初始化设置。

2）设置模具坐标系。

3）设置工件为矩形，设置工件尺寸。

【任务实施】

一、项目初始化

1）单击起始菜单“开始”→“所有程序”→“Siemens NX 12.0”→“NX 12.0”命令，或双击桌面上的“NX 12.0”快捷图标，进入 NX 12.0 初始化环境界面。

2）单击工具栏中的“打开”按钮，弹出“打开”对话框，在路径中选择“项目一 .prt”文件，单击“OK”按钮，打开饭盒零件。

3）单击菜单“应用模块”→“注塑模”按钮，切换到“注塑模向导”菜单栏界面，如图 1-2 所示。

图 1-2　注塑模向导

4）初始化设置。单击工具栏中的“初始化项目”按钮，弹出“初始化项目”对话框；在“路径”中选择文件保存位置，如图 1-3 所示，“Name”设置为“项目一”，“材料”设置为“PP”，“收缩”设置为“1.006”，单击“确定”按钮。

二、设置坐标系

单击“主要”工具栏中的“模具坐标系”按钮，弹出“模具坐标系”对话框；默认选择“当前 WCS”，如图 1-4 所示，单击“确定”按钮。

图 1-3 “初始化项目”对话框

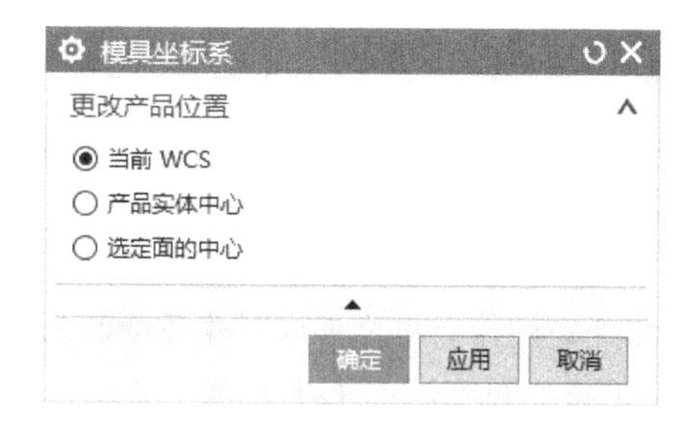

图 1-4 “模具坐标系”对话框

注：由于此模型的顶出方向恰好为模型的 Z 轴正方向，且分型面恰好位于坐标系的 XY 平面上，因此只需使用默认的“当前 WCS”即可。

三、设置成型工件及型腔布局

1）单击“主要”工具栏中的“工件”按钮，弹出“工件”对话框。

2）在“工件”对话框中，设置“开始”的“距离”为“–25”，设置“结束”的“距离”为“55”，如图 1-5 所示，单击“确定”按钮，工件设置结果如图 1-6 所示。

图 1-5 “工件”对话框

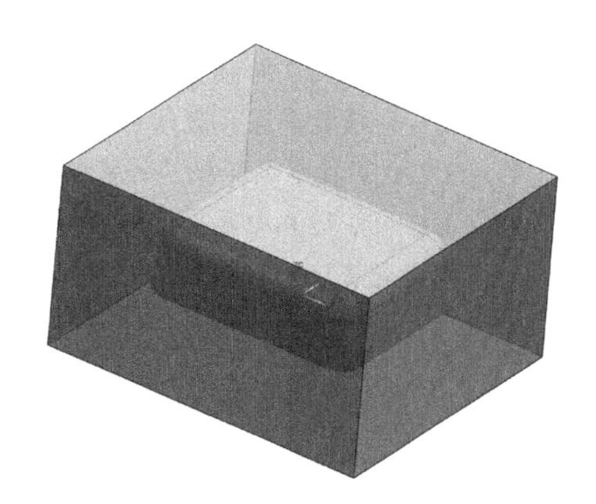

图 1-6 工件

【知识链接】

知识点 1　关于 UG NX 12.0

UG NX（也称为 Siemens NX）是一款由 Siemens Digital Industries Software 公司开发的先进的计算机辅助设计 / 计算机辅助制造（CAD/CAM）软件。UG NX 12.0 提供了广泛的功能和工具，用于产品设计、工程分析和制造过程。

以下是 UG NX 12.0 的主要功能。

1）三维建模：UG NX 提供了强大的三维建模工具，包括实体建模、曲面建模、装配建模和零件建模等。用户可以创建复杂的几何形状和组件。

2）模拟和验证：UG NX 具有集成的仿真和验证功能，包括结构分析、流体动力学、热传导和运动仿真等。用户可以评估产品的性能、强度和可靠性。

3）CAM 集成：UG NX 集成了计算机辅助制造（CAM）功能，支持生成数控（NC）加工程序和操作指令，以便将设计转换为实际制造。

4）高级装配：UG NX 提供了高级的装配功能，包括装配路径规划、冲突检测、可操作性分析等。用户可以模拟和优化复杂装配的运动和交互。

5）图文文档：UG NX 支持创建详细的制图和技术文档，包括平面图、剖面图、视图、尺寸和注释等。

6）电气设计：UG NX 提供了电气设计功能，用于绘制电路图、布线、电线束设计和电气仿真等。

知识点 2　Mold Wizard 简介

Mold Wizard 软件模块按照注塑模具设计的一般顺序模拟设计整个过程，它只需根据一个产品的三维实体造型，就能建立一套与产品造型参数相关的三维实体模具。Mold Wizard 运用 UG 中知识嵌入的基本理念，根据注塑模具设计的一般原理来模拟注塑模具设计的全过程，提供了功能全面的计算机模具辅助设计方案，极大地方便了用户进行模具设计。

Mold Wizard 在 UG 8.0 以前是一个独立的软件模块，先后推出了 1.0、2.0 和 3.0 版，到了 UG 8.0 版以后，正式集成到 UG 软件中作为一个专用的应用模块，并随着 UG 软件的升级而不断得到更新。

UG Mold Wizard 模块支持典型的注塑模具设计的全过程，即从读取产品模型开始，到如何确定和构造脱模方向、收缩率、分型面、模芯、型腔，再到设计滑块、顶块、模架及其标准零部件，最后到模腔布置、浇注系统、冷却系统、模具零部件清单（BOM）的确定等。同时可运用 UG WAVE 技术编辑模具的装配结构、建立几何连接、进行零件间的相关设计。

虽然在 UG NX 12.0 中集成了注塑模具设计向导模块，但不能进行模架和标准件设计，所以读者仍需要安装 UG NX 12.0 Mold Wizard，并且要安装到 UG NX 12.0 目录下才能生效。

知识点 3　UG NX 工作环境

UG NX 12.0 拥有创新性的用户界面环境，不仅极大地提高了生产力，而且显著地改善了使用性能。UG NX 12.0 的基本环境界面是用户应用软件功能的初始环境界面，如图 1-7 所示。

菜单栏
选择条
资源条
导航器
信息栏
工具栏
图形区

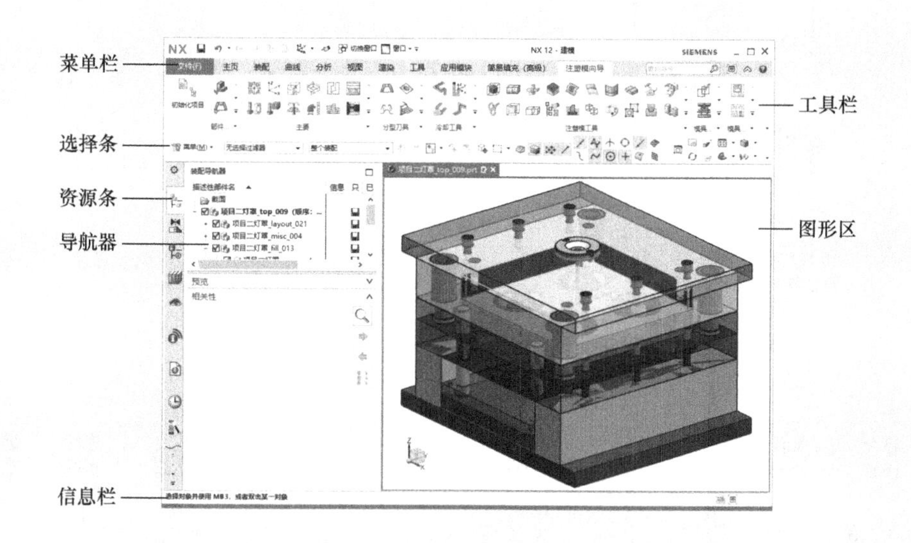

图 1-7　UG NX 12.0 基本环境界面

基本环境界面主要由菜单栏、工具栏、选择条、信息栏、资源条、导航器和图形区组成。

（1）菜单栏　菜单栏中包含了 UG 所有的菜单操作命令。在调出功能模块以后，模块中的功能命令即被自动加载到菜单栏中，否则菜单栏中仅有基本环境中的简单菜单命令。菜单栏中的各个功能菜单如图 1-8 所示。

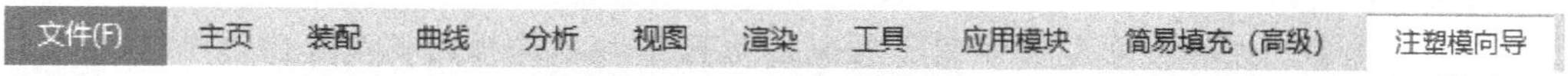

文件(F)
主页
装配
曲线
分析
视图
渲染
工具
应用模块
简易填充（高级）
注塑模向导

图 1-8　菜单栏中的各个功能菜单

（2）工具栏　UG 工具栏中放置了各个模块的功能命令，用户除了能在工具栏中找到相应的功能命令外，还可通过程序的“定制”命令任意放置功能命令。工具栏中的按钮图标下方有功能命令的名称，在不熟悉图标按钮的情况下，用户可通过按钮名称快速地找出功能命令。当命令按钮右侧带有下三角按钮时，可通过此按钮将其余命令按钮显示于工具栏中。用户可在工具栏的空白处单击鼠标右键，然后通过弹出的快捷菜单将工具栏调出。

下面介绍“注塑模向导”菜单下常用的三种工具栏，分别是“主要”工具栏、“分型刀具”工具栏和“冷却工具”工具栏。

1）“主要”工具栏。“主要”工具栏如图 1-9 所示。

2）“分型刀具”工具栏。“分型刀具”工具栏如图 1-10 所示。

3）“冷却工具”工具栏。“冷却工具”工具栏如图 1-11 所示。

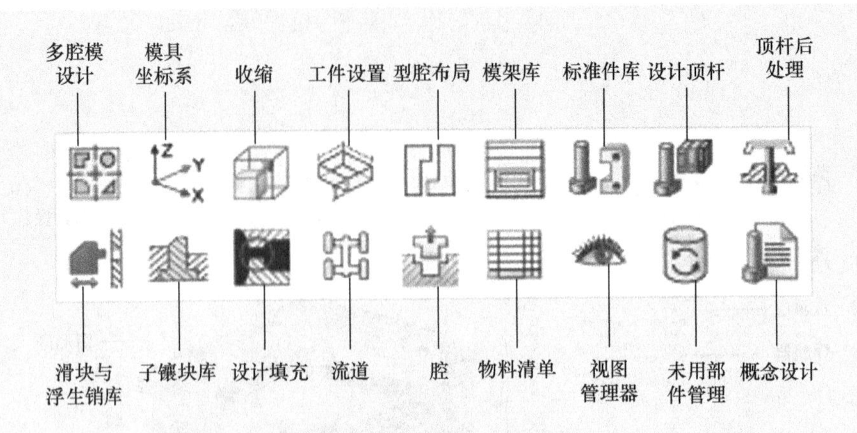

图 1-9 “主要”工具栏

图 1-10 “分型刀具”工具栏

图 1-11 “冷却工具”工具栏

（3）选择条　选择条中包含了用于控制图形区中特征选择的类型过滤器、选择约束、常规选择过滤器等工具。选择条中的工具如图 1-12 所示。

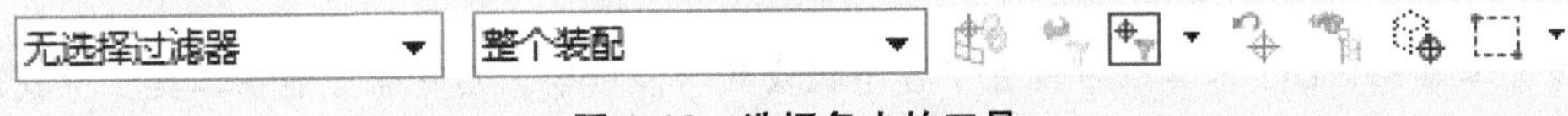

图 1-12 选择条中的工具

（4）信息栏　信息栏主要用于显示用户即将进行操作的文字提示，极大地方便了初学者快速掌握软件的应用技巧。

（5）资源条　资源条中包含了 UG NX 12.0 的装配导航器、约束导航器、部件导航器、重用库、历史记录和角色等工具，体现了 UG 强大的部件操作功能。

（6）导航器　导航器用于控制工作部件当前状态下的模型显示、图样内容及装配结构等。导航图位于图形窗口一侧的资源条上，或者在资源条工具栏中，它包括部件导航器和装配导航器。

1）部件导航器：显示当前活动部件（称为工作部件）的模型和图样内容。

2）装配导航器：显示顶层装配部件的结构。

（7）图形区　图形区是用户进行3D或2D设计的图形创建和编辑区域。

知识点4　UG NX软件常用快捷键

UG NX软件常用快捷键见表1-1。

表1-1　UG NX常用快捷键

序号	功能	快捷键	序号	功能	快捷键
1	新建	Ctrl+N	17	打开	Ctrl+O
2	保存	Ctrl+S	18	另存为	Ctrl+Shift+A
3	绘图	Ctrl+P	19	重做	Ctrl+Y
4	剪切	Ctrl+X	20	复制	Ctrl+C
5	粘贴	Ctrl+V	21	删除	Ctrl+D
6	对象显示	Ctrl+J	22	显示和隐藏	Ctrl+W
7	隐藏	Ctrl+B	23	反向显示和隐藏	Ctrl+Shift+B
8	立即隐藏	Ctrl+Shift+I	24	显示	Ctrl+Shift+K
9	全部显示	Ctrl+Shift+U	25	刷新	F5
10	缩放	Ctrl+Shift+Z	26	旋转视图	Ctrl+R
11	编辑工作截面	Ctrl+H	27	新建布局	Ctrl+Shift+N
12	打开布局	Ctrl+Shift+O	28	显示全部模型	Ctrl+F
13	可视化 / 高质量图像	Ctrl+Shift+H	29	全屏	Alt+Enter
14	对象首选项	Ctrl+Shift+J	30	图层设置	Ctrl+L
15	在视图中可见	Ctrl+Shift+V	31	显示 / 隐藏 WCS	W
16	表达式	Ctrl+E	32	电影 / 录制视频	Alt+F5

知识点5　塑料简介

塑料的主要成分是树脂（合成树脂）。树脂可分为天然树脂和合成树脂。树脂都属于高分子聚合物，简称高聚物或聚合物。高分子聚合物的相对分子质量比低分子化合物的相对分子质量大得多，前者从几万到上千万，而后者却只有几十或几百；高分子聚合物的分子长度比低分子化合物的分子长度长得多，如聚乙烯分子的长度为普通乙烯分子长度的13600倍左右。

塑料是以合成树脂为主要成分，加入适量的添加剂而组成的混合物。树脂决定了塑料的性质和类别，约占塑料质量分数的40%～100%。塑料的名称通常采用对应的树脂名称来表示，树脂只是塑料组成成分中的一部分。

在合成树脂中加入某些添加剂，则可以得到各种性能的塑料品种。一般添加剂在塑料中所占的比例较小。添加剂有如下种类。

（1）填充剂　填充剂又称填料，是塑料中的重要成分，加入量可达40%（质量分数）。加入填充剂的目的有两个：一是增量，即增加塑料的体积或重量，明显减少树脂用量，降低成本；二是改性，树脂中加入填充剂后，改变了树脂分子间的结构，增加了原来不具有的特性。如酚醛树脂中加入木粉后，克服了脆性，提高了弹性；聚乙烯中加入钙质填料，提高了耐热性和刚度等；用玻璃纤维作为填充剂，能使塑料的力学性能大幅度提高。有的填充剂还可以使塑料具有树脂所没有的性能，如导电性、导磁性等。

填充剂的形状一般为粉状，也有纤维状和层状。粉状的，如木粉、滑石粉、石墨、金属粉等；纤维状的，如玻璃纤维、石棉纤维、碳纤维等；层状的，如玻璃布、石棉布等。不论填充剂的形状如何，对填充剂均有容易被树脂浸润、与树脂黏附很好、性质稳定又易分散且对设备的磨损不严重的要求。

（2）增塑剂　增塑剂是为改进塑料的可塑性而加入的一些有机化合物。树脂中加入增塑剂后，塑料分子间的距离被加大了，因而削弱了分子间的作用力，使树脂分子在较低的温度下容易滑移，从而具有良好的可塑性和柔性。

在塑料工业中，聚氯乙烯、硝酸纤维、醋酸纤维中均需加入增塑剂以改善其成型性能。如聚氯乙烯树脂中加入增塑剂邻苯二甲酸二丁酯后，变为如同橡胶一样柔软的塑料。增塑剂的加入量不能太多，否则会明显降低树脂的强度和硬度。增塑剂是液态或低熔点固态物质，应无毒、无味、无色、对光和热比较稳定、挥发性小且与树脂有良好的相容性。常用的增塑剂有邻苯二甲酸二丁酯、邻苯二甲酸二辛酯、癸二酸二丁酯、癸二酸二辛酯、磷酸三苯酯等。

（3）稳定剂　为了提高塑料在使用时的稳定性，防止其较快变质变性，需在塑料中加入某些物质，这些物质称为稳定剂。稳定剂分为光稳定剂、热稳定剂、抗氧剂等。稳定剂应耐油、耐水、耐化学腐蚀、抗老化，在成型过程中挥发小、不分解、无色且能与树脂很好相容。常用的稳定剂有硬脂酸盐、环氧化合物等。

（4）着色剂　着色剂又称色料，主要起美观和装饰作用。不少着色剂还兼有其他作用，如炭黑着色剂有助于防止塑料受光变脆老化；二盐基亚磷酸酯能防止紫外线射入；在塑料中加入珠光色料、荧光色料，可使之具有特殊的光学性能。

（5）固化剂　固化剂主要用于热固性塑料，其作用是：在热固性塑料成型时，使其原来的线型分子结构变为网状型分子结构，加速硬化过程，故又称为硬化剂。如在环氧树脂中加入乙二胺，在酚醛树脂中加入六次甲基四胺。

（6）润滑剂　润滑剂对塑料的表面起润滑作用，可防止塑料在成型过程中黏附在成型设备或模具上，同时还能改善塑料熔体的流动性及提高塑料制品表面的光亮度。润滑剂的用量通常小于1%（质量分数）。常用的润滑剂有硬脂酸、石蜡、金属皂类（硬脂酸钙、硬脂酸锌）等。

（7）发泡剂　为了制成泡沫塑料，在树脂中加入某种物质，如石油醚等，使树脂膨胀，这些物质就称为发泡剂。

知识点6　PP塑料

聚丙烯简称PP，是丙烯通过加聚反应生成的聚合物，系白色蜡状材料，外观透明而轻。PP的化学式为 $(C_3H_6)_n$，密度为0.89～0.91g/cm^3，易燃，熔点为164～170℃，在155℃左右软化，使用温度范围为−30～140℃。在80℃以下能耐酸、碱、盐液及多种有机溶剂的腐蚀，能在高温和氧化作用下分解。聚丙烯是一种性能优良的热塑性合成树脂，为无色半透明的热塑性轻质通用塑料，具有耐化学性、耐热性、电绝缘性、高强度和良好的耐磨性能等，广泛应用于服装、毛毯等纤维制品、医疗器械、汽车、自行车、零件、输送管道、化工容器等生产，也用于食品、药品包装。

PP塑料具有如下特性：

1）无嗅、无味、无毒，是常用树脂中最轻的一种。

2）优异的力学性能，包括拉伸强度、压缩强度和硬度，突出的刚性和耐弯曲疲劳性能，由PP制作的活动铰链可承受7×10^7次以上的折叠弯曲而不破坏，低温下冲击强度较差。PP的拉伸强度一般为21～39MPa，弯曲强度为42～56MPa，压缩强度为39～56MPa，断裂伸长率为200%～400%，缺口冲击强度为2.2～5kJ/m^2，低温缺口冲击强度为1～2kJ/m^2。硬度为95～105HRC。

3）耐热性良好，连续使用温度可达110～120℃。

4）化学稳定性好，除强氧化剂外，与大多数化学药品不发生作用；在室温下溶剂不能溶解PP，只有一些卤代化合物、芳烃和高沸点脂肪烃能使之溶胀；耐水性特别好。

5）电性能优异，耐高频电绝缘性好，在潮湿环境中也具有良好的电绝缘性。

6）由于PP的主链上有许多带甲基的叔碳原子，叔碳原子上的氢易受到氧的攻击，因此PP的耐候老化性差，必须添加抗氧化剂或紫外线吸收剂。

知识点7　收缩率

（1）塑料的收缩性　塑料制品从模具中取出，冷却到室温后，制品的各部分尺寸都比原来在模具中的尺寸有所缩小，这种特性称为塑料的收缩性，其收缩量视树脂的种类、成型条件、模具结构等不同而有所差异。

（2）成型收缩率　塑料制品因其成型冷却后收缩而引起的尺寸变化同模具型腔的尺寸的比值，称为成型收缩率（简称收缩率）。成型收缩率一般用于表示制品成型后尺寸收缩的程度，它用同一部位的制品尺寸同模具尺寸之差，与模具尺寸相比的百分率表示。

制品成型2～4h后测定的收缩率，称为初期收缩率；制品成型16～24h或24～48h后所测定的收缩率，称为成型收缩率。

在成型作业中，由于受到热或者压力等外因引起的成型收缩可以分为三种：一是由于树脂固有收缩引起的成型收缩，二是由于制品形状引起的成型收缩，三是由于成型条件引起的成型收缩。可以认为引起成型收缩的原因是热、弹性回复结晶化、分子定向缓和引起的。除此之外，还有塑性变形等因素。

任务二　分型设计

【任务描述】

零件分模设计

1）采用自动分型方法创建饭盒塑料件注塑模具的分型面。

2）创建型腔与型芯。

【任务实施】

一、检查区域

1）计算模型。单击“分型刀具”工具栏中的“检查区域”按钮，弹出“检查区域”对话框，如图1-13所示，单击“计算”按钮。

2）切换到“区域”选项卡，如图1-14所示，单击“设置区域颜色”按钮，单击“确定”按钮。

注：系统会把模型表面区分为型腔区域（橙色）和型芯区域（蓝色），未定义的区域为0（青色）。

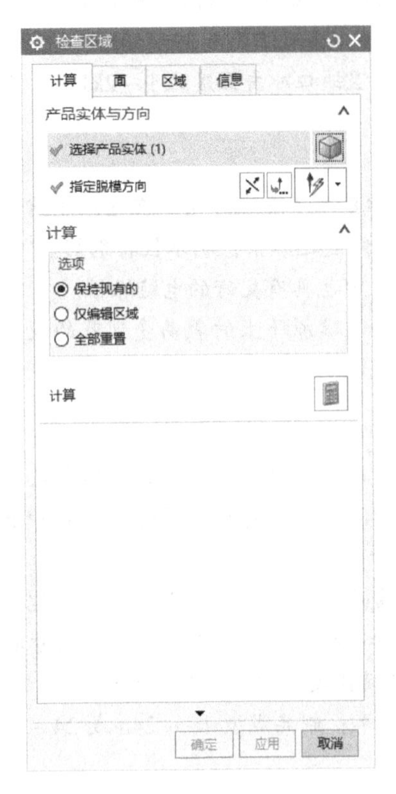

图1-13 “检查区域”对话框

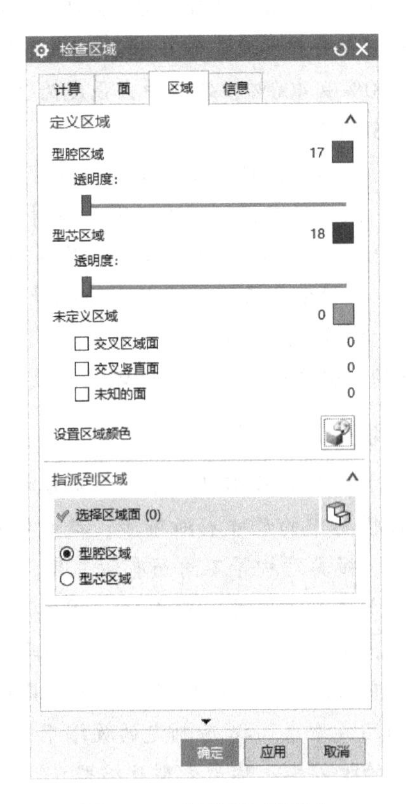

图1-14 “区域”选项卡

二、定义区域

单击“分型刀具”工具栏中的“定义区域”按钮，弹出“定义区域”对话框；如图1-15所示，在“区域名称”中单击“所有面”，在“设置”中勾选“创建区域”和“创建分型线”，单击“确定”按钮。

三、设计分型面

单击“分型刀具”工具栏中的“设计分型面”按钮，弹出“设计分型面”对话框；如图1-16所示，在“创建分型面”选项区中，“方法”选择“有界平面”，单击“确定”按钮。

四、编辑分型面和曲面补片

单击“分型刀具”工具栏中的“编辑分型面和曲面补片”按钮，弹出“编辑分型面和曲面补片”对话框；如图1-17所示，“类型”设置为“分型面”，单击“确定”按钮。

五、创建型腔和型芯

1）单击“分型刀具”工具栏中的“定义型腔和型芯”按钮，弹出“定义型腔和型芯”对话框；如图1-18所示，“类型”设置为“区域”，“区域名称”设置为“所有区域”，连续单击“确定”按钮3次，完成模具分型。

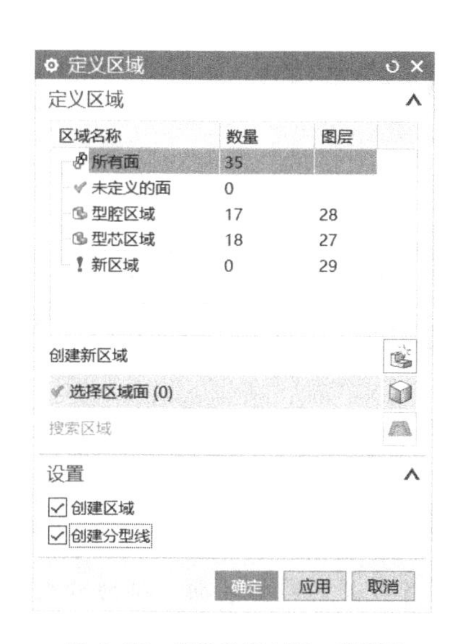

图 1-15　“定义区域”对话框

图 1-16　“设计分型面”对话框

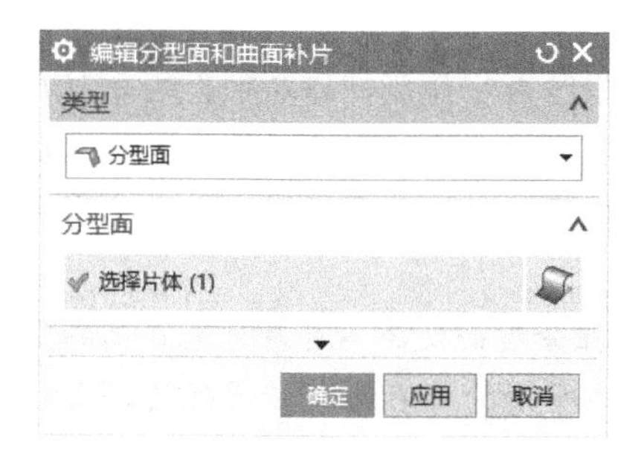

图 1-17　“编辑分型面和曲面补片”对话框

图 1-18　“定义型腔和型芯”对话框

2）单击资源条选项中的“装配导航器”按钮，在“装配导航器”页面中选择“项目一_parting_022”并单击鼠标右键，在弹出的快捷菜单中选择“在窗口中打开父项”→“项目一_top_009”，切换到分型结果。分型结果如图 1-19 所示。

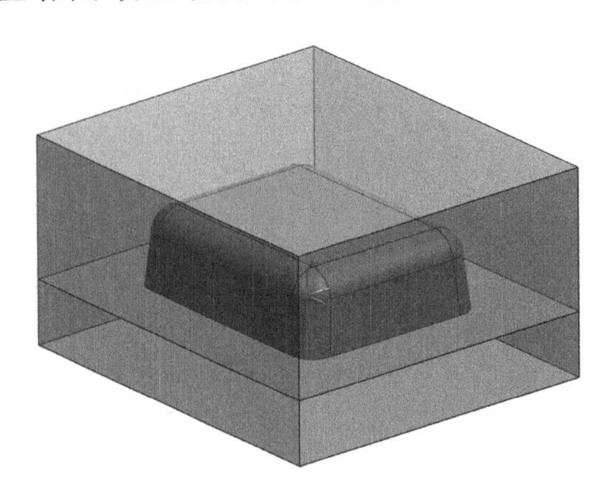

图 1-19　分型结果

【知识链接】

知识点 8　分型面及其选择原则

分型面：模具上用以取出制品和浇注系统凝料的可分离的接触表面，称为分型面，也称为合模面。

主分型面：多分型面模具脱模时取出制品的那个分型面。

由于分型面受到制品在模具中的成型位置、浇注系统设计、制品结构工艺性及尺寸精度、嵌件的位置、制品的推出、模具排气等多种因素的影响，因此在选择分型面时应综合分析比较，以选出较为合理的方案。选择分型面时，应遵循以下几项基本原则。

1）分型面应选在制品外形最大轮廓处。制品在动、定模的方位确定后，其分型面应选在制品外形的最大轮廓处，否则制品无法从型腔中脱出，这是最基本的选择原则。

2）分型面的选择应有利于制品的顺利脱模。由于注射机的顶出装置在动模一侧，所以分型面的选择应尽可能使制品在开模后留在动模一侧。在分型后，由于制品收缩包紧在型芯上而留在定模内时，就必须在定模部分设置推出机构，从而增加了模具复杂性；若分型后制品留在动模内，利用注射机的顶出装置和模具的推出机构即可推出制品。

3）分型面的选择应保证制品的精度要求。对于同轴度要求较高的制品外形或内孔，为了保证其精度，应尽量将它们设置在同一侧模具的型腔内。如塑料的双联齿轮分别在分型面两侧的动模板和定模板内成型时，由于制造精度和合模精度的影响，两齿轮的同轴度将得不到保证。制品在同一侧型腔内成型时，制造精度得以保证，合模精度也不受影响，保证了双联齿轮的同轴度。

4）分型面的选择应满足制品的外观质量要求。在分型面处会不可避免地在制品上留下溢流飞边的痕迹，因此分型面最好不要设在制品光亮平滑的外表面或带圆弧的转角处，以免对制品外观质量产生不利的影响。制品上在圆弧和圆柱面交接处产生的飞边不易清除且会影响制品的外观；若飞边正好处在大圆柱面与小圆柱面的交接处，则不影响制品的外观。

5）分型面的选择要便于模具的加工制造。通常在模具设计中，选择平直分型面较多。但为了便于模具的制造，应根据模具的实际情况选择合理的分型面。若采用平直分型面后，推管的端部需制出制品下部的阶梯形状，会造成推管制造困难，另外，在合模时，推管会与定模型腔配合接触，故模具制造难度大；若此时采用阶梯分型面，则模具的加工会十分方便。

6）分型面的选择应有利于排气。在选择分型面时，应尽量使填充型腔的塑料熔体料流的末端在分型面上，这样有利于排气。料流的末端被封死时，排气效果较差。

除了上述基本原则以外，分型面的选择还要考虑型腔在分型面上投影面积的大小，这是为了避免接近或超过所选用注射机的最大注射面积而可能产生的溢流现象。为了保证侧向型芯的放置及抽芯机构的动作顺利进行，应以浅的侧向凹孔或短的侧向凸台作为抽芯方向，而将较深的凹孔或较高的凸台放置在开合模方向上。

在实际的设计中，不可能全部满足上述原则，应抓住主要矛盾，从而较合理地确定分型面。

任务三　模架设计

【任务描述】

模架设计

1）加载合适尺寸的龙记大水口模架。

2）创建具有可加工性的腔体。

3）A 板、B 板与工件采用内六角螺钉紧固。

【任务实施】

一、加载模架

1）单击“主要”工具栏中的“模架库”按钮，弹出“模架库”对话框。

2）单击左侧出现的“重用库”中的“LKM_SG”，在“成员选择”中单击“C”图标，弹出“模架库”及“信息”对话框，如图 1-20 和图 1-21 所示。

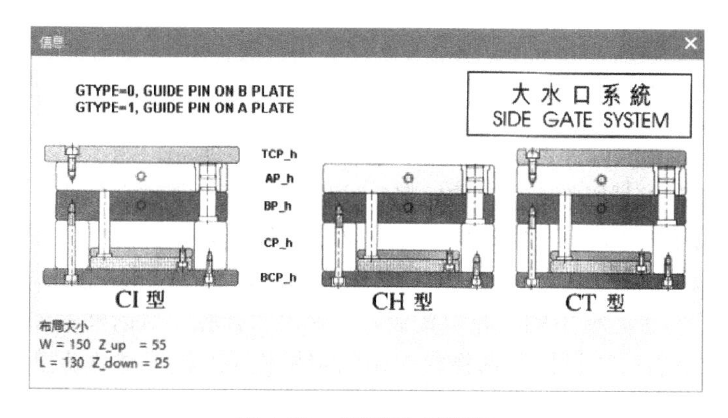

图 1-20 “信息”对话框

注：图 1-20 所示的分型结果中，W 和 L 分别是“150”和“130”。在加载模架库时，应单边增加“50”，在选择模架大小时，以此为参考进行适当调节。模架大小可选为“2525”。

3）在“模架库”对话框（图 1-21）中，“index”设置为“2525”，“AP_h”设置为“80”，“BP_h”设置为“60”，“Mold_type”设置为“300:I”，“fix_open”设置为“0.5”，“move_open”设置为“0.5”，“EJB_open”设置为“–5”，单击“确定”按钮。模架加载结果如图 1-22 所示。

注：“AP_h”为 A 板的厚度，在“Z_up”的值上增加“25 ~ 30”，所以“AP_h”设置为“80”。“BP_h”为 B 板的厚度，在“Z_down”的值上增加“30 ~ 40”，所以“BP_h”设置为“60”。“Mold_type”为模架的具体类型，本项目选择“工”字形。“fix_open”为定模打开的距离，“move_open”为动模打开的距离。“EJB_open”为推板与动模座板之间打开的距离。

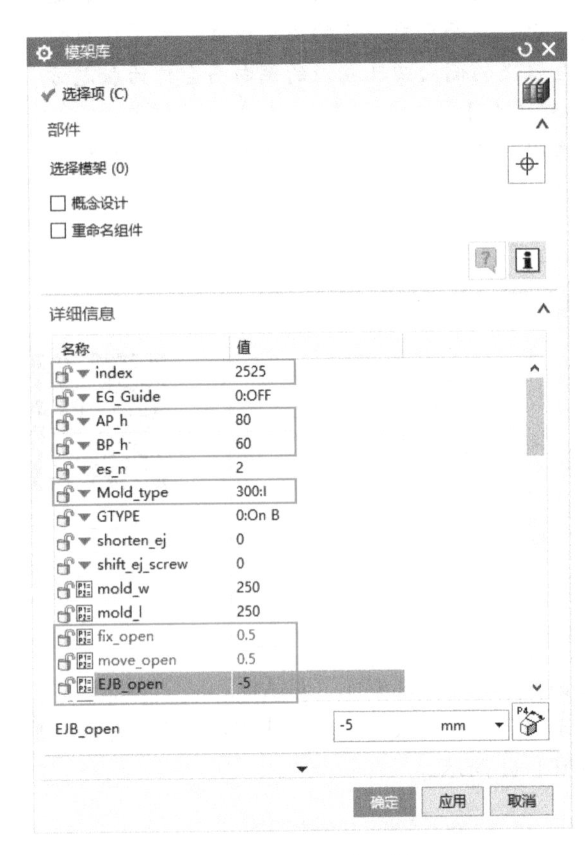

图 1-21 “模架库”对话框

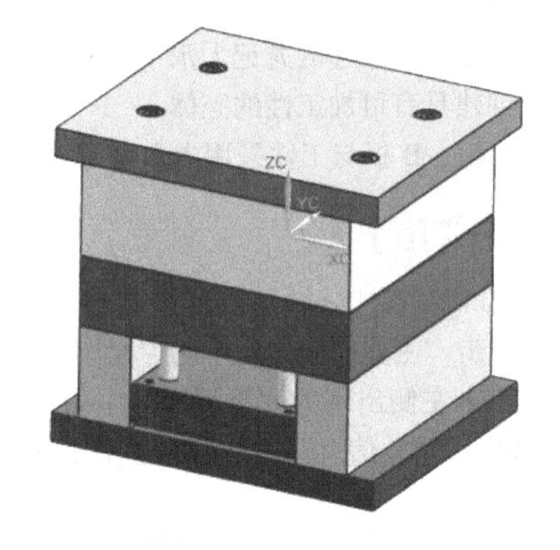

图 1-22 模架加载结果

二、模架开框

1）单击“主要”工具栏中的“型腔布局”按钮，弹出“型腔布局”对话框；单击“编辑布局”选项区中的“编辑插入腔”按钮，弹出“插入腔”对话框；“R”值设置为“10”，“type”值设置为“2”，单击“确定”按钮；再单击“关闭”按钮，得到腔体，如图 1-23 所示。

2）单击“主要”工具栏中的“腔”按钮，弹出“开腔”对话框；如图 1-24 所示，“模式”设置为“去除材料”，“目标”选择模架中的定模板（A 板）与“动模板（B 板）”，单击“工具”选项区中的“查找相交”按钮，再单击“确定”按钮。

图 1-23 腔体

图 1-24 “开腔”对话框

3）单击资源条选项中的“装配导航器”按钮，在“装配导航器”页面中单击“项目一 _misc_004”前的“+”，选择“项目一 _pocket_054”并单击鼠标右键，在弹出的快捷菜单中选择“替换引用集”→“Empty”，开框结果如图 1-25 所示。

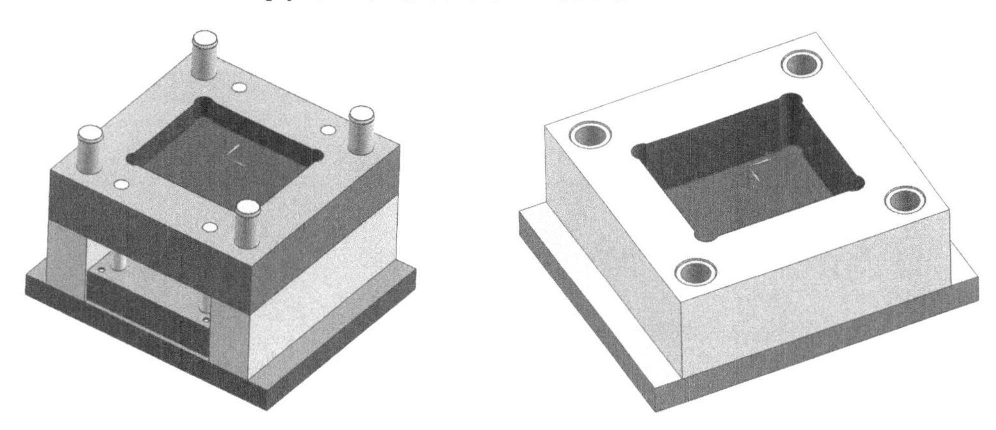

图 1-25 模架开框结果

三、加载螺钉

1）调整模型透明度。键盘上同时按下 <Ctrl> 键和 <A> 键，再同时按下 <Ctrl> 键和 <J> 键，弹出“编辑对象显示”对话框；在对话框中将“着色显示”下的“透明度”调整为“40”，单击“确定”按钮。

2）隐藏定模座板。单击选择模型中的“定模座板”，键盘上同时按下 <Ctrl> 键和 <B> 键。

3）测量板厚。单击“分析”菜单，在“测量”工具栏中单击“测量距离”按钮，弹出

“测量距离”对话框；“类型”设置为“距离”，“起点”选择为定模板的上表面，“终点”选择型腔的上表面，测得距离为 25.5mm，单击“确定”按钮。

4）加载螺钉标准件。单击“注塑模向导”菜单，在“主要”工具栏中单击“标准件库”按钮，弹出“标准件管理”对话框，如图 1-26 所示。在左侧的“重用库”中单击“DME_MM”/“Screws”，在“成员选择”中选择“SHCS[Manual]”；在对“标准件管理”话框中单击“选择面或平面”，然后选择定模板的上表面，在“详细信息”中，“SIZE”设置为“6”，“LENGTH”设置为“30”，“PLATE_HEIGHT”设置为“25.5”，单击“确定”按钮，弹出“标准件位置”对话框，如图 1-27 所示。在“标准件位置”对话框中，“X 偏置”输入“65”，“Y 偏置”输入“55”，单击“应用”按钮；“X 偏置”输入“–65”，单击“应用”按钮；“Y 偏置”输入“–55”，单击“应用”按钮；“X 偏置”输入“–65”，单击“确定”按钮。

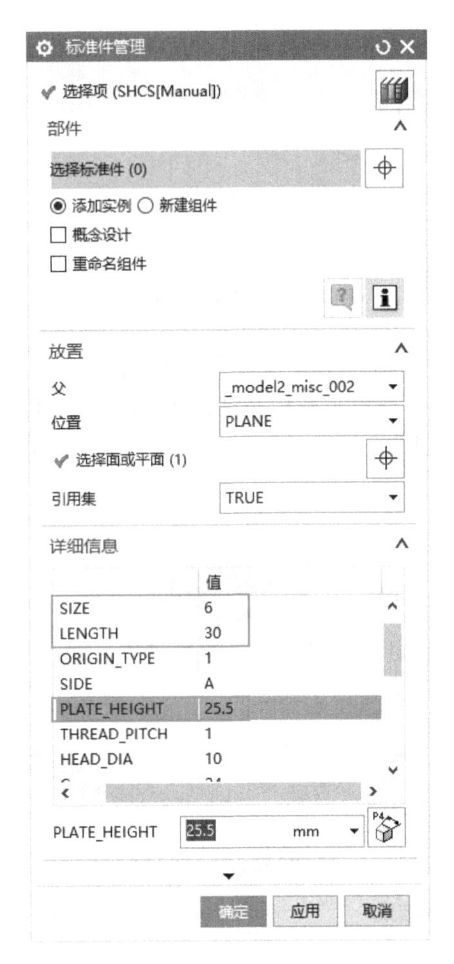

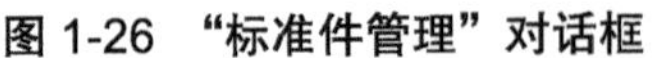
图 1-26 “标准件管理”对话框

图 1-27 “标准件位置”对话框

用同样方法，测量动模板底面到型芯底面的距离，然后加载动模板与型芯的固定螺钉。

5）螺钉开腔。在“主要”工具栏中单击“腔”按钮，弹出“开腔”对话框；在对话框中，“目标”选择定模板、动模板、型腔和型芯，在“工具”选项区中单击“查找相交”按钮，再单击“确定”按钮。

【知识链接】

知识点 9　模架

模架即模具的支撑，在注射机上将模具各部分按一定位置加以组合和固定，并使模具能安装到注射机上工作的部分就是模架。模架由推出机构、导向机构、预复位机构、模脚垫块、座板组成。

模架是模具不可分割的部分，对模架精度的要求依据产品需求而定。

模架由各种不同的钢制配合零件组成，可以说是整套模具的骨架。由于模架及模具成型零件所涉及的加工有很大差异，模具制造商会选择向模架制造商订购模架，利用双方的生产优势，以提高整体生产质量及效率。

经过多年的发展，模架生产行业已相当成熟。模具制造商除可按个别模具需求，购买订制模架外，也可选择标准化模架产品。标准模架款式多元化，而且送货时间较短，甚至即买即用，为模具制造商提供了更高的弹性。因此标准模架的应用越来越广泛。

知识点 10　两板模架的主要零件

注塑模具的模架包括动模座板、定模座板、动模板、定模板、垫块等零件，这些零件起装配、定位和安装作用。注塑模具的典型模架如图 1-28 所示。

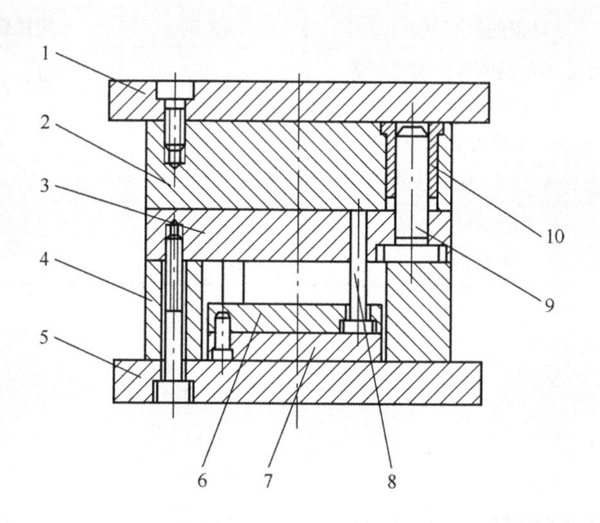

图 1-28　注塑模具的典型模架

1—定模座板　2—定模板　3—动模板　4—垫块　5—动模座板
6—推杆固定板（顶杆固定板）　7—推板（顶杆板）　8—复位杆
9—导柱　10—导套

（1）动模座板和定模座板　动模座板和定模座板分别是动模和定模的基座，也是固定式模具与成型设备连接的模板。因此两座板的轮廓尺寸和固定孔必须与成型设备上模具的安装板相适应。两座板还必须具有足够的强度和刚度。注塑模具的动模座板和定模座板尺寸可参照标准模板（GB/T 4169.8—2006）选用。

（2）动模板和定模板　动模板和定模板的作用是固定凸模或型芯、凹模、导柱和导套等零件，所以又称为固定板。由于模具的类型及结构的不同，固定板的工作条件也有所不同。为了保证凹模、型芯等零件固定稳固，固定板应有足够的厚度。固定板的尺寸可参照标准模板（GB/T 4169.8—2006）选用。

（3）垫块　垫块的作用是使动模支承板与动模座板之间形成用于推出（顶出）机构运动的空间，或调节模具总高度，以适应成型设备上模具安装空间对模具总高度的要求。

所有垫块的高度应一致，否则会由于负荷不均而造成动模板损坏。对于大型模具，为了增加动模的刚度，可在动模支承板和动模座板之间采用支承柱，这种支承柱起辅助支撑作用。如果推出机构设有导向装置，则导柱也能起到辅助支撑作用。垫块和支承柱的尺寸可参照有关标准（GB/T 4169.6—2006、GB/T 4169.10—2006）选用。

UG NX 12.0 Mold Wizard 关于模架的参数及其说明见表 1-2。

表 1-2　模架参数及其说明

参数表达式	说明	参数表达式	说明
index	模架尺寸	TCP_h	定模座板的厚度
mold_w	模板的宽度	BCP_h	动模座板的厚度
mold_l	模板的长度	CP_h	支承块的高度
fix_open	定模的打开距离	S_h	推件板的厚度
move_open	动模的打开距离	AP_h	定模板（A 板）的厚度
EJB_open	推板与动模座板的间隙高度（限位钉高）	BP_h	动模板（B 板）的厚度
PS_d	定模、动模螺钉直径 =M1	U_h	支承板的厚度
EJA_h	推杆（顶杆）固定板的厚度	EF_w	推板的宽度
EJB_h	推板的厚度	R_h	卸料板的厚度
Mold_type	模架类型	EG_Guide	推板导柱

任务四　浇注系统设计

浇注系统设计

【任务描述】

1）加载合适尺寸的定位圈。
2）加载合适尺寸的浇口套，并根据实际情况确定浇口套长度。
3）完成定位圈和浇口套所在处的开腔。

【任务实施】

一、定位圈设计

单击“注塑模向导”菜单，在“主要”工具栏中单击“标准件库”按钮，弹出“标准件管理”对话框。单击资源条选项中的“重用库”，单击“FUTABA_MM”前的“+”，选择“Locating Ring Interchangeable”，在“成员选择”中选择“Locating Ring[M-LRJ]”，定位圈数据和定位圈如图 1-29 和图 1-30 所示，单击“确定”按钮。

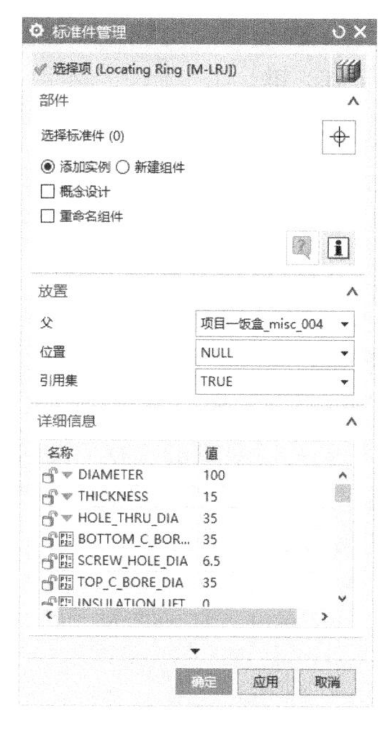

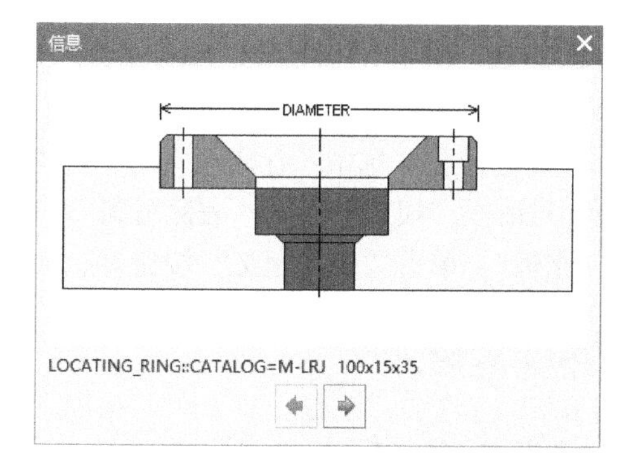

图 1-29　定位圈数据　　　图 1-30　定位圈

二、浇口套设计

1）加载浇口套。在“主要”工具栏中单击“标准件库”按钮，弹出“标准件管理”对话框。单击资源条选项中的“重用库”，选择“FUTABA_MM”/“Sprue Bushing”，在“成员选择”中单击“Sprue Bushing[M-SJA…]”，浇口套数据和浇口套如图 1-31 和图 1-32 所示，最后单击“确定”按钮。

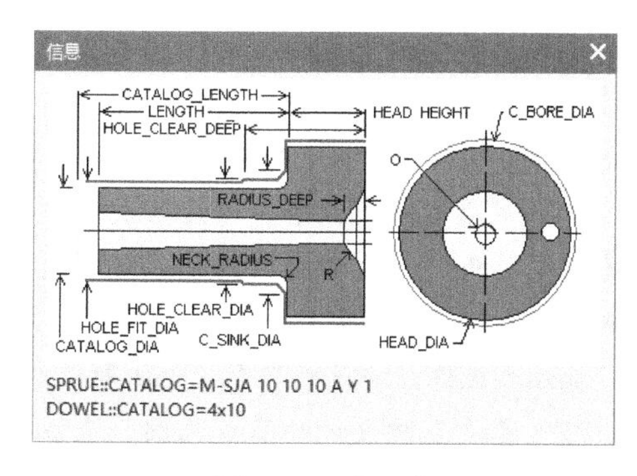

图 1-31　浇口套数据　　　图 1-32　浇口套

2）隐藏定模座板、定模板和型腔三个零件。单击选择定模座板、定模板，键盘同时按下<Ctrl>键和<B>键；单击型腔，键盘同时按下<Ctrl>键和<B>键。

3）测量长度。测量浇口套管口到产品顶面的距离。单击“分析”菜单，在“测量”工具栏中单击“测量距离”按钮，弹出“测量距离”对话框；“类型”设置为“距离”，“起点”选择浇口套的下端面，“终点”选择产品的上表面，得到距离为55.32mm，单击“确定”按钮。

4）浇口套长度修改。在浇口套上单击鼠标左键，在弹出的快捷工具条中选择“编辑工装组件”，弹出“标准件管理”对话框；在“详细信息”中将“CATALOG_LENGTH”的数据改为“55.32+10”（浇口管本身长为10mm），单击“确定”按钮。

5）显示全部零件。键盘同时按下<Ctrl>键、<Shift>键和<U>键。

6）模板开腔。单击“注塑模向导”菜单，在“主要”工具栏中单击“腔”按钮，弹出“开腔”对话框；“模式”选择“去除材料”，“目标”选择定模座板、定模板和型腔，“工具类型”选择“组件”，单击“查找相交”按钮，再单击“确定”按钮。

【知识链接】

知识点11　浇注系统

浇注系统是指模具中从注射机喷嘴开始到型腔为止的塑料熔体的流动通道。浇注系统的作用是将塑料熔体顺利地充满型腔的各个部位，并在充填保压过程中，将压力传递到型腔的各个部位，以获得外形清晰、内在质量优良的塑料制品。浇注系统随注射机的种类不同而略有区别，但基本组成都包括四部分：主流道、分流道、浇口和冷料穴。

主流道是指注射机喷嘴到分流道为止的那一段流道。熔融塑料进入模具时，首先经过主流道，主流道与注射机喷嘴在同一轴心线上，物料在主流道中并不改变流动方向。主流道断面一般为圆形，其断面尺寸可以是变化的，也可以是不变的。

分流道是将主流道中的塑料熔体沿分型面引入各个型腔的那一段流道，因此它开设在分型面上。分流道的断面可以为圆形、半圆形、梯形、矩形及U形等。它可以由动模和定模两边的沟槽组合而成，如圆形；也可以单开在定模一边或动模一边，如梯形、半圆形等。

浇口是指流道末端将塑料引入型腔的狭窄部分。除了主流道型浇口以外的各种浇口，其断面尺寸一般都比分流道的断面尺寸小，长度也很短。浇口可对料流速度、补料时间等起到调节及控制作用，其常见的断面形状有圆形、矩形等。

冷料穴是为了使料流中的前锋冷料不流入模具型腔而设置的贮料空间。在注射过程中，由于喷嘴与低温模具接触，使喷嘴前端存有一小段低温料，常称为冷料。在注射入模时，冷料在料流最前端，若冷料进入型腔将造成塑件的冷接缝，甚至在未进入型腔前冷料头就将浇口堵塞而不能进料。冷料穴一般设在主流道的末端，有时也设在分流道的末端。

（1）浇注系统的作用　浇注系统的作用是将熔体平稳地引入型腔，使之按要求填充型腔的每一个角落；使型腔内的气体顺利地排出；在熔体填充型腔和凝固的过程中，能充分地把压力传到型腔各部位，以获得组织致密、外形清晰、尺寸稳定的塑料制品。

浇注系统设计的正确与否，是注射成型能否顺利进行及能否得到高质量塑料制品的关键。

（2）浇注系统设计的基本原则　浇注系统的设计是模具设计的重要环节，设计浇注系统时应遵循以下原则：

1）充分了解塑料的工艺特性，分析浇注系统对塑料熔体流动的影响，以及在填充、保压、补缩和倒流各阶段中，型腔内塑料的温度、压力的变化情况，以便设计出适合塑料工艺特性的理想的浇注系统，以保证塑料制品的质量。

2）应根据塑料制品的结构形状、尺寸、壁厚和技术要求，确定浇注系统的结构型式、浇口的数量和位置。对此，必须注意如下问题：

① 熔体流动方向应避免冲击细小型芯和嵌件，以防型芯和嵌件变形和产生位移。

② 当大型塑料制品需要采用多浇口进料时，应考虑由于浇口收缩等原因而引起的制品变形问题，采取必要措施予以防止或消除。

③ 当对塑料制品外表有美观要求时，浇口不应开设在对外观有严重影响的表面上，而应开设在隐蔽处，并做到浇口的去除和修整方便。

④ 浇注系统应能引导熔体顺利而平稳地充满型腔的各个角落，以使型腔内的气体顺利排出。

⑤ 在保证型腔能良好排气的前提下，尽量减少熔体流程和拐弯，以减小熔体的压力和热量损失，保证必要的填充型腔的压力和速度，缩短填充型腔的时间。

⑥ 浇注系统的位置应尽量与模具的轴线对称，对于浇注系统中可能产生质量问题的部位，应留有修正的余地。

3）浇注系统在分型面上的投影面积应尽量小。浇注系统与型腔的布置应尽量减小模具尺寸，以节约模具材料。

知识点 12　定位圈和浇口套

定位圈是用于模具热流道系统中定位浇口套的金属环，具有耐高温、精密度高的特点。通常有 A 型和 B 型两种，由于特殊的需要也会有其他不同的型号。

浇口套又称为唧嘴，是熔融的塑料材料从注射机的喷嘴注入模具内部的流道组成部分，是用于连接成型模具与注射机的金属配件。

浇口套按照外观的不同可以分为 A 型、B 型、C 型、D 型、E 型等，常用的是 A、B、C 三种型号。A 型浇口套具有特殊的螺栓固定接口，通过螺栓进行固定，可防止注射压力过大而导致浇口套脱落。

任务五　顶出系统设计

顶出系统设计

【任务描述】

1）加载合适尺寸的顶杆。

2）进行顶杆后处理。

3）完成顶杆所在处的开腔。

【任务实施】

一、加载顶杆

1）隐藏动模侧模架。在“装配导航器”页面中单击“项目一 _moldbase_042”前的“+”，去除“项目一 _movehalf_031”前的“√”。

2）隐藏型芯。单击型芯，键盘同时按下 <Ctrl> 键和 <B> 键。

3）加载顶杆标准件。单击“注塑模向导”菜单，在“主要”工具栏中单击“标准件库”按钮，弹出“标准件管理”对话框。在“重用库”中选择“DME-MM” / “Ejection”，在“成员选择”中单击“Ejector Pin[Straight]”，弹出的对话框如图 1-33 和图 1-34 所示。在“部件”中点选“新建组件”，在“详细信息”中，“CATALOG_DIA”（顶杆的直径）设置为“5”，“CATALOG_LENGTH”（顶杆的长度）设置为“160”，单击“确定”按钮。

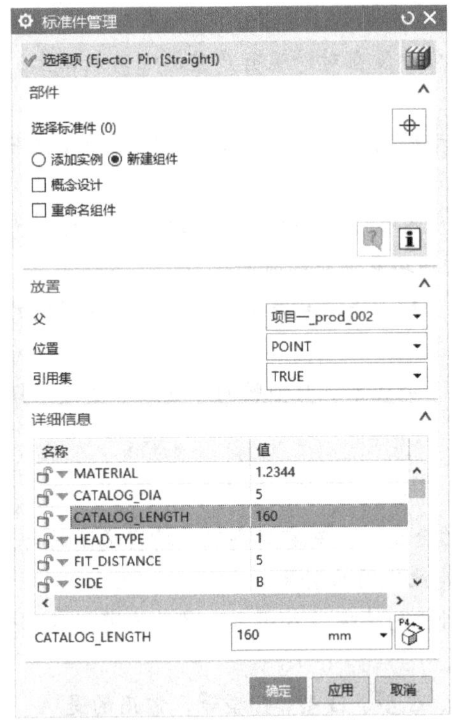

图 1-33 “标准件管理”对话框

图 1-34 顶杆示意图

4）放置顶杆。在弹出的“点”对话框（图 1-35）中，设置坐标为（–30, –20），单击“确定”按钮；设置坐标为（–30, 20），单击“确定”按钮；设置坐标为（30, 20），单击“确定”按钮；设置坐标为（30, –20），单击“确定”按钮。

图 1-35 “点”对话框

二、顶杆后处理

在“主要”工具栏中单击“顶杆后处理”按钮，弹出“顶杆后处理”对话框；如图 1-36 所示，在“目标”下全选四个部件，单击“确定”按钮。顶杆后处理结果如图 1-37 所示。

三、开腔

1）显示全部零件。键盘同时按下 <Ctrl> 键、<Shift> 键和 <U> 键。

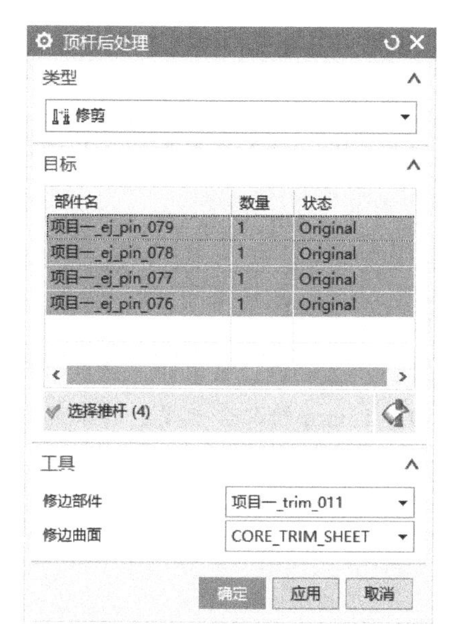

图 1-36　“顶杆后处理”对话框

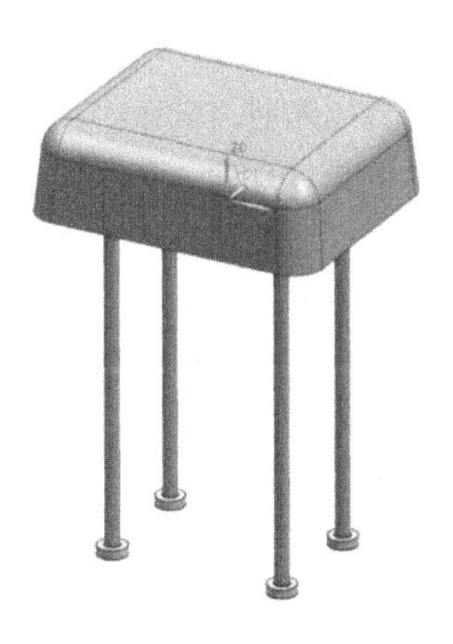
图 1-37　顶杆后处理结果

2）顶杆开腔。在“主要”工具栏中单击“腔”按钮，弹出“开腔”对话框；“模式”设置为“去除材料”，“目标”选择型芯、动模板和顶杆固定板，单击“工具”下的“查找相交”按钮，再单击“确定”按钮。

【知识链接】

知识点 13　顶出系统

完成一个成型周期后开模，制品会包裹在模具的一边，必须将制品从模具上取下来。此工作必须由推出机构（顶出系统）来完成，它是整套模具结构中的重要组成部分，一般由推出（顶出）、复位和顶出导向等三部分组成。

顶出系统形式多种多样，它与制品的形状、结构和塑料性能有关，一般有顶杆顶出、顶管顶出、推件板顶出、顶出块顶出、气压复合式顶出等。

顶出系统的设计原则如下。

1）选择分型面时尽量使制品留在有脱模机构的一边。由于顶出系统的动作是通过装在注射机合模机构上的顶杆来驱动的，所以在设计模具时，必须考虑在开模过程中保证制品留在动模侧，这样的顶出系统较为简单。如因制品结构的关系而不便留在动模侧时，要采取一些措施，强制制品留在动模侧。

2）顶出力和位置平衡，确保产品不变形、不顶破。为了保证制品在推出过程中不变形、不损坏，设计时应仔细分析制品对模具的包紧力和黏附力的大小，合理地选择顶出方式及顶出位置，从而使制品受力均匀、不变形、不损坏。由于制品收缩时包紧型芯，因此脱模力作用的位置应尽量靠近型芯，同时脱模力应施加于制品刚度和强度最大的部位，如凸缘、加强肋等处，作用面积也尽可能大一些。

3）顶杆须设在不影响制品外观和功能处。推出制品的位置应尽量设在制品的内部或对制品外观影响不大的部位，采用顶杆顶出时更应注意这个问题。

4）尽量使用标准件，安全可靠且有利于制造和更换。

5）顶出位置应设置在阻力大处，不可离镶件或型芯太近。对于箱形类等深腔模具，侧面阻力最大，应采用顶面和侧面同时顶出方式以免制品变形顶破。

6）当有细而深的加强肋时，一般在其底部设置顶杆。

7）在制品进浇口处，避免设置顶杆以免破裂。

8）对于薄壁制品，在分流道上设置顶杆，即可将制品带出。

9）顶杆与顶杆孔的配合一般为间隙配合，太松时易产生毛边，太紧时易造成卡死。为利于加工和装配、减小摩擦面，一般在动模上预留 10 ~ 15mm 的配合长度，其余部分扩孔 0.5 ~ 1.0mm，形成让位孔（逃孔）。

10）为防止顶杆在生产时转动，须将其固定在推板（顶杆板）上，其形式多种多样，须根据顶杆大小、形状、位置来确定。

知识点 14　顶杆的类型

注塑模具的结构中，顶出机构设计得好坏直接影响塑料制品的质量。如果设计得不好，制品会产生一系列缺陷，如制品的翘曲变形、裂纹和顶白现象等。顶出类型的确定是顶出设计中最为重要的一个环节，应根据顶出力和脱模力来进行顶杆类型、数量和顶出位置的优化设计。

（1）顶杆　顶杆是顶出机构中最简单最常见的一种形式，因其制造加工和修配方便，顶出效果好，在生产中应用最广泛。但圆形顶出面积相对较小，易产生应力集中，造成顶穿制品，制品变形等现象。对于脱模斜度小、阻力大等管形、箱形制品，尽量避免使用。当顶杆较细长时，一般设置成台阶形的顶杆，以加强刚度，避免弯曲和折断。

（2）顶管　顶管又称为推管、司筒或司筒针，它适用于环形、筒形或带中心孔的制品。顶管顶出时，全周接触受力均匀，不会使制品变形，也不易留下明显的顶出痕迹，可提高制品的同心度，但对于周边壁厚较薄的制品，避免使用，以免加工困难和因强度减弱而造成损坏。

（3）推件板　推件板适用于各种容器、箱形、筒形和细长带中心孔的薄件制品。推件板顶出平稳、均匀，顶出力大，不留顶出痕迹。一般采用固定连接，以免生产中或脱模时将推件板推落，但只要导柱足够长，严格控制脱模行程，推件板也可不固定。

任务六　冷却系统设计

冷却系统设计

【任务描述】

1）绘制冷却水路草图。

2）生成水路实体。

3）完成水路所在处的开腔。

【任务实施】

一、创建定模侧冷却水路

1）隐藏模架。在“装配导航器”页面中去除“项目一 _moldbase_042”前的“√”。

2）隐藏浇注系统。在“装配导航器”页面中去除“项目一 _misc_004”前的“√”。

3）隐藏型腔以外零件。单击选择型腔以外的零件，键盘同时按下 <Ctrl> 键和 <B> 键。

4）将 cool_side_a 设为工作部件。在“装配导航器”中单击“项目一 _cool_000”前的“+”，然后双击“项目一 _cool_side_a_016”。

5）创建基准平面。单击“主页”菜单，在“特征”工具栏中单击“基准平面”按钮，弹出“基准平面”对话框；在对话框中将“类型”设置为“自动判断”，在选择条中将“选择范围”设置为“整个装配” 整个装配 ，“选择对象”选择型腔上表面，“距离”设置为“–12”，单击“确定”按钮。

6）进入草图模式。单击“主页”菜单，在“直接草图”工具栏中单击“草图”按钮，弹出“创建草图”对话框；单击选择步骤 5 创建的基准平面，单击“确定”按钮。

7）调整着色模式。单击选择条中的“渲染样式”下拉菜单，选择“静态线框”模式。

8）绘制草图。在“直接草图”工具栏中单击“直线”按钮，选择条中的“选择范围”设置为“整个装配”，绘制水路草图，如图 1-38 所示，最后单击“完成草图”按钮。

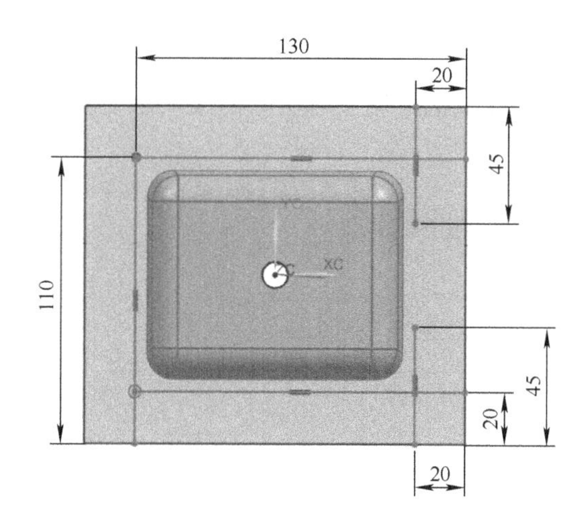

图 1-38　水路草图

9）绘制直线。单击“曲线”菜单，在“曲线”工具栏中单击“直线”按钮，弹出“直线”对话框；绘制两条 Z 向直线，如图 1-39 所示，“长度”设置为“24”。

10）显示模架。在“装配导航器”页面中单击“项目一 _moldbase_042”前的“√”。

11）测量侧向距离。单击“分析”菜单，在“测量”工具栏中单击“测量距离”按钮，弹出“测量距离”对话框；“起点”选择步骤 9）所绘 Z 向直线的端点，“终点”选择定模板的侧面，得到距离为“70”，单击“确定”按钮。

12）绘制直线。单击“曲线”菜单，在“曲线”工具栏中单击“直线”按钮，弹出“直线”对话框；绘制以步骤 9）所绘直线上部端点为起点的两条 X 向直线，如图 1-40 所示，“长度”设置为“70”，单击“确定”按钮。

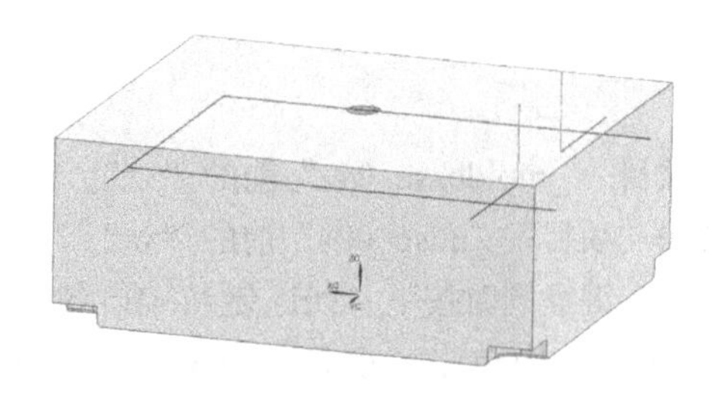

图 1-39　两条 Z 向直线

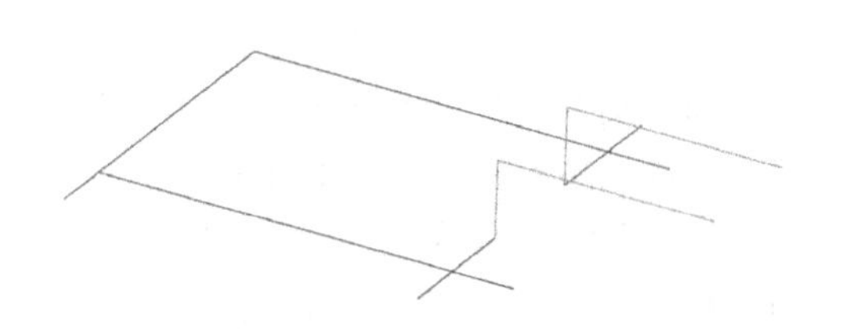

图 1-40　两条 X 向直线

13）单击“注塑模向导”菜单，在“冷却工具”工具栏中单击“水路图样”按钮，弹出“通道图样”对话框；“通道路径”选择所有绘制的水路直线，“通道直径”设置为“8”，单击“确定”按钮。

14）变换着色模式。单击选择条中的“渲染样式”下拉菜单，设置为“带边着色”，水路图样如图 1-41 所示。

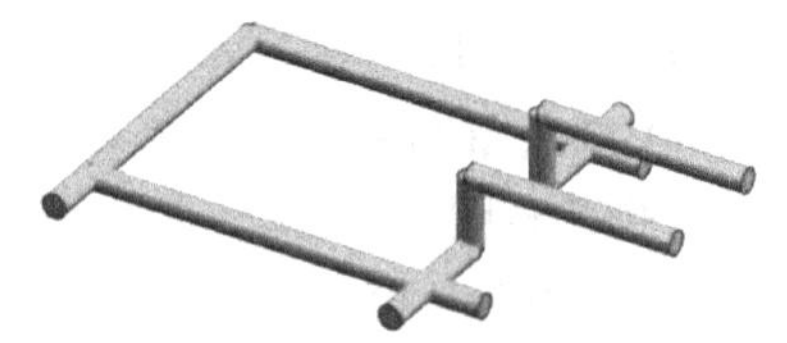

图 1-41　水路图样

15）延伸水路。在“冷却工具”工具栏中单击“延伸水路”按钮，弹出“延伸水路”对话框；如图 1-42 所示，依次单击水路末端，“距离”设置为“5”，“末端”设置为“角度”，单击“确定”按钮，延伸结果如图 1-43 所示。

注：水路是使用钻孔加工完成的，钻头有实际的加工角度，所以在延伸水路时需要设置“末端”为“角度”。

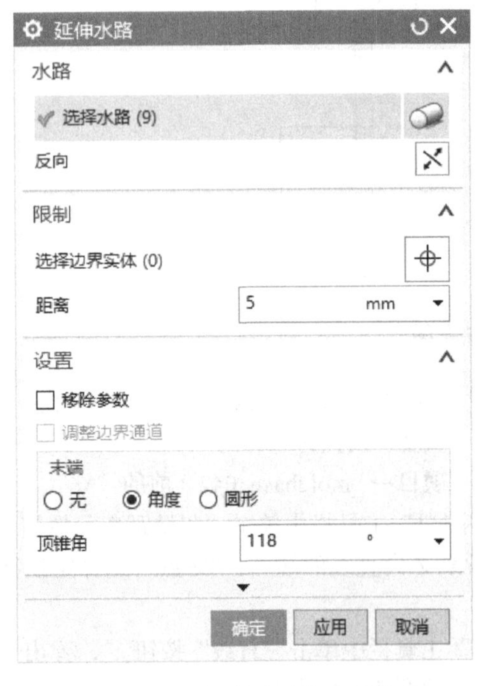

图 1-42　“延伸水路”对话框

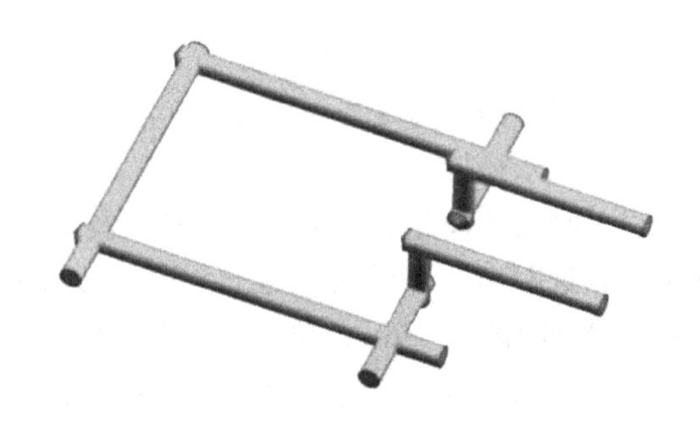

图 1-43　延伸结果

16）测量 Z 向延伸距离及 Z 向延伸水路。单击“分析”菜单，在“测量”工具栏中单击“测量距离”按钮，弹出“测量距离”对话框；“起点”选择步骤 9）所绘 Z 向直线生成水管的上端圆心，“终点”选择定模板的上表面，得到距离为“13.5”，单击“确定”按钮。

单击“注塑模向导”菜单，在“冷却工具”工具栏中单击“延伸水路”按钮，弹出“延伸水路”对话框；如图 1-44 所示，“水路”选择 Z 向水管上端，“距离”设置为“13.5”，“末端”设置为“无”，单击“确定”按钮，延伸结果如图 1-45 所示。

注：两条竖直的水路需要由钻头从定模板（A 板）的上表面进行加工，所以水路需要延伸到 A 板上表面。需测量竖直的水路顶部到 A 板上表面的距离。

图 1-44　“延伸水路”对话框

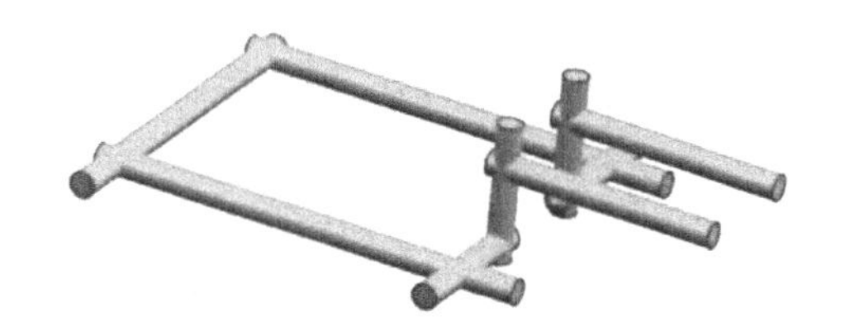

图 1-45　延伸结果

17）生成冷却回路。单击“冷却工具”工具栏中的“冷却回路”按钮，弹出“冷却回路”对话框；设置水流的方向，一端进，一端出，按照箭头方向依次进行选择，单击“确定”按钮，冷却回路如图 1-46 所示。

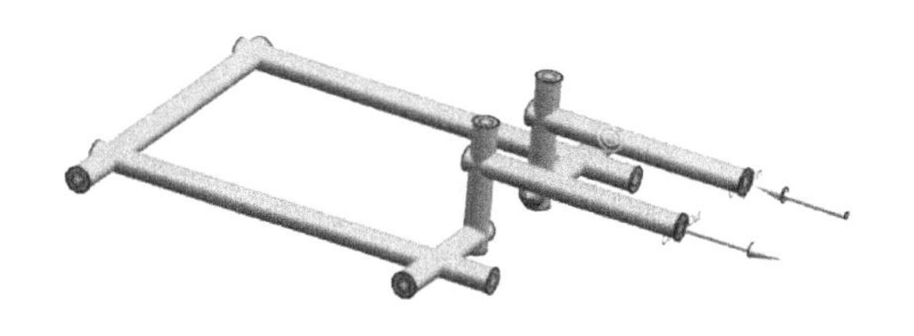

图 1-46　冷却回路

18）生成水路实体。单击“主要”工具栏中的“概念设计”按钮，弹出图 1-47 所示对话框；按住 <Ctrl> 键同时选择两个部件，单击“确定”按钮，水路实体如图 1-48 所示。

19）水路开腔。在“主要”工具栏中单击“腔”按钮，弹出“开腔”对话框；“目标”选择定模板和型腔，单击“工具”下的“查找相交”按钮，再单击“确定”按钮。

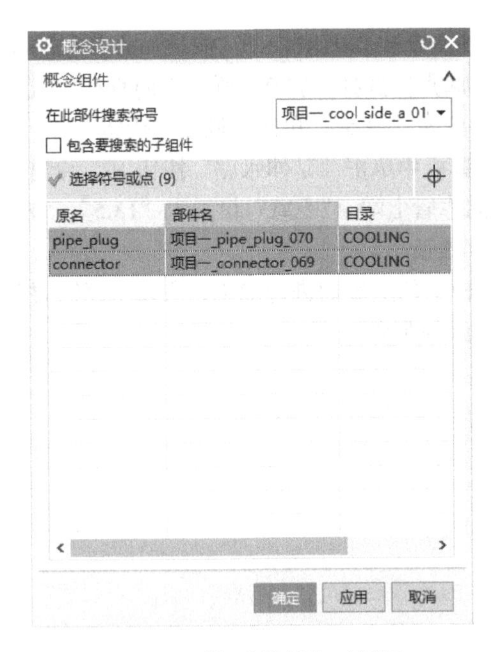

图 1-47 “概念设计”对话框

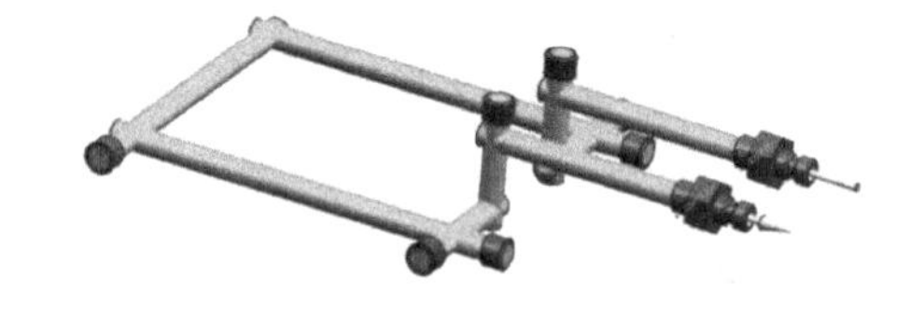

图 1-48 水路实体

20）显示定模板。单击选择定模板，键盘同时按下 <Ctrl> 键和 <B> 键；键盘同时按下 <Ctrl> 键、<Shift> 键和 <B> 键，反向显示。

21）创建密封圈。在“冷却工具”工具栏中单击“冷却标准件库”按钮，弹出“冷却组件设计”对话框；在“重用库”中选择“COOLING”/“Water”，在“成员选择”中单击“O-RING”，密封圈如图 1-49 所示；对话框中的“位置”设置为“PLANE”，然后选择定模板开腔后的底面，“SECTION_DIA”设置为“3”，“FITTING_DIA”设置为“14”，单击“确定”按钮，弹出“标准件位置”对话框；“指定点”选择定模板底面上两个水管孔的圆心，单击“确定”按钮，密封圈放置位置如图 1-50 所示。

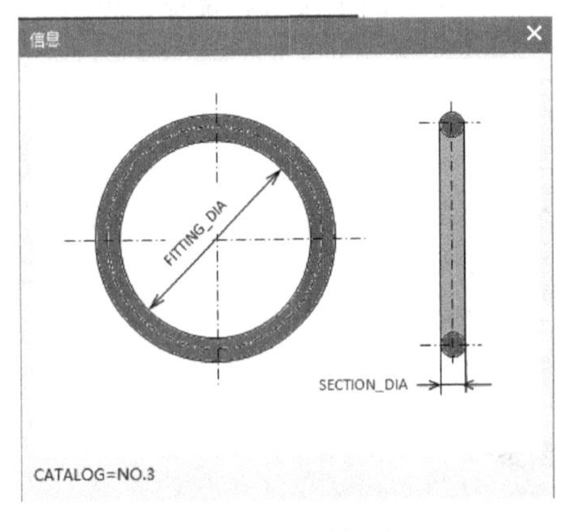

图 1-49 密封圈

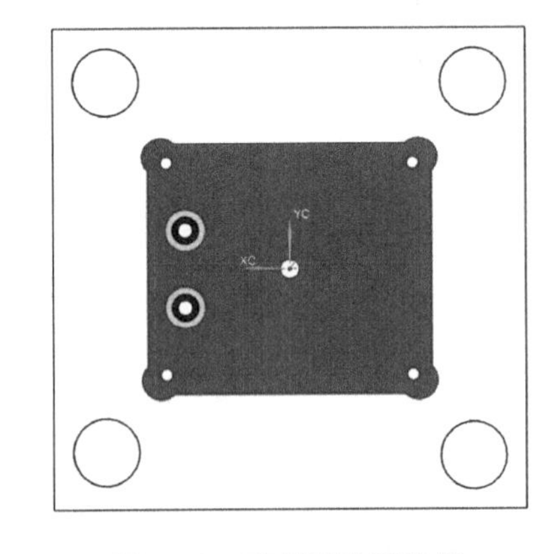

图 1-50 密封圈放置位置

22）密封圈开腔。在“主要”工具栏中单击“腔”按钮，弹出“开腔”对话框；“目标”选择定模板，单击“工具”下的“查找相交”按钮，再单击“确定”按钮。

二、创建动模侧冷却水路

动模侧水路可以参照定模侧水路的创建方法进行创建，在此不再赘述。

【知识链接】

知识点 15　冷却系统设计原则

模具的温度对熔融塑料的充型、流动、固化成型，生产率，制品形状尺寸精度都有重要影响。冷却系统的设计原则如下。

1）在保证模板强度的前提下，冷却水道尽量设置在靠近型腔（型芯）表面且彼此与型腔距离尽量一致，在加强冷却的同时，使模温均匀，进出水温差控制在5℃以内。

2）在保证模板强度的前提下，冷却水道尽量排布紧密。

3）同条水路的直径保证一致，以防止压力损失。

4）制品壁厚部位及浇口部位要加强冷却。

5）一模多腔时，尽量使各腔水路独立、便于控制。

6）较大斜顶、行位也应设冷却水道。

7）当冷却水无法到达而又必须加强冷却时，可用铍铜镶件等热传导性好的材料来散热。

8）在模具设计时，冷却系统的布置要先于脱模机构。例如顶杆与冷却水道产生干涉时，要优先考顶杆移位。

9）冷却水道的进出口尽量设计在模具的非操作侧。

知识点 16　冷却系统设计的具体要求

1）冷却水道到制品的距离最少保证 10mm。

2）冷却水道到顶杆、镶件的距离最少要保持 3mm。

3）“O”形圈到顶杆、镶件的距离最少要保持 2mm。

4）水道与模板表面的距离一般要大于水道直径的 2 倍。

5）水道与镶件的距离一般要大于堵头长宽加 5mm。

6）水道的直径常为 6mm、8mm、10mm、12mm。

任务七　其他标准件设计

【任务描述】

其他标准件设计

1）加载合适尺寸的弹簧。

2）加载合适尺寸的限位钉。

3）加载合适尺寸的吊环。

【任务实施】

一、弹簧设计

1）显示全部零件。键盘同时按下 <Ctrl> 键、<Shift> 键和 <U> 键。

2）测量复位杆的直径。单击“分析”菜单，在“测量”工具栏中单击“测量距离”按钮，弹出“测量距离”对话框；“类型”设置为“直径”，“直径对象”选择复位杆，得到直径为 15mm，单击“确定”按钮。

3）单击“注塑模向导”菜单，在“主要”工具栏中单击“标准件库”按钮；在重用库下的“DME_MM”中选择“Springs”，在“成员选择”中单击“Spring”，弹出“标准件管理”对话框；如图 1-51 所示，“选择面或平面”为顶杆固定板的上表面，“INNER_DIA”设置为“16”，“CATALOG_LENGTH”设置为“76.20”，“DISPLAY”设置为“DETAILED”，“COMPRESSION”设置为“15”，单击“确定”按钮。将“着色模式”设置成“静态线框”，以复位杆与顶杆固定板相交处的圆心为基准，放置四个弹簧，依次捕捉复位杆的圆心，依次单击“应用”按钮，最后单击“取消”按钮，弹簧结果如图 1-52 所示。

图 1-51 “标准件管理”对话框

图 1-52 弹簧结果

二、限位钉设计

单击“主要”工具栏中的“标准件管理”；然后单击资源条选项中“重用库”，选择“FUTABA_MM”/“Stop Buttons”，在“成员选择”中单击“Stop Pad（M-STR）”；在弹出的“标准件管理”对话框中，单击“选择面或平面”，接着选择推板的底面，单击“确定”按钮。“着色模式”切换成“静态线框”，依次捕捉复位杆的圆心，依次单击“标准件位置”对话框中的“应用”按钮，最后单击“取消”按钮。限位钉如图 1-53 所示。

图 1-53 限位钉

三、吊环设计

单击“主要”工具栏中的“标准件管理”；然后单击资源条选项中“重用库”，选择“FUTABA_MM”/“Screws”，在“成员选择”中单击“Eye Bolts[M-IBM]”；在弹出的对话框中单击“选择面或平面”，接着选择A板和B板上垂直于Y轴的表面为基准面，单击“确定”按钮，弹出“标准件位置”对话框；依次在A板和B板上放置吊环。吊环设计如图1-54所示。

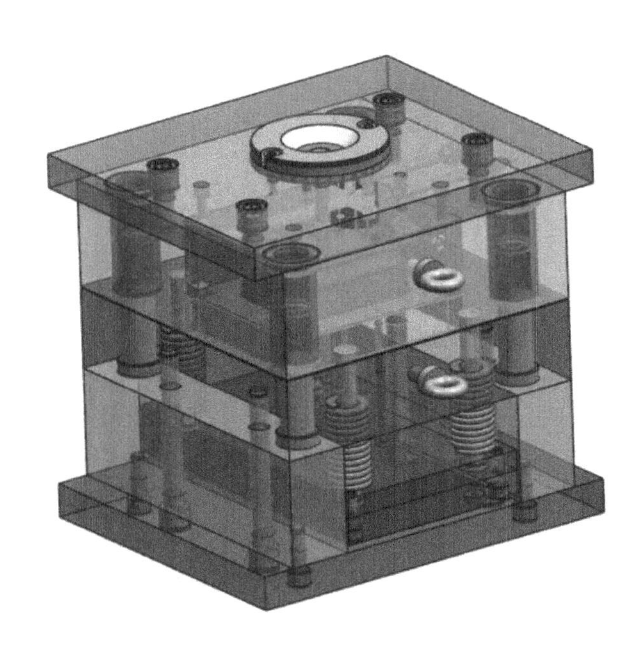

图 1-54　吊环设计

【知识链接】

知识点 17　弹簧

模具弹簧广泛应用于冲压模、金属压铸模、塑胶模具及其他弹性运动精密机械设备、汽车等领域。模具弹簧的材质一般选用铬合金钢。铬合金弹簧钢具有耐高温、刚性大、寿命长的特点。

模具弹簧包括：日标模具弹簧、德标模具弹簧、聚氨酯弹簧，通常模具弹簧指的是矩形模具弹簧。

矩形模具弹簧具有体积小、弹性好、刚度大、精密度高等特点，制作材料呈矩形，表面分色喷涂（镀）以区分不同负重，外表美观。

回程弹簧起复位作用，强迫推板复位，一般是装在复位杆上，需根据实际情况确定。

弹簧的长度=(顶出行程+10mm)×2+预压缩量。

知识点 18　限位钉

限位钉用于支承推出机构，并用以调节推出距离，用来防止推出机构复位时受异物阻碍。限位钉也称为止动垫、垃圾钉。

限位钉是安装在注塑模具上，用于动模座板与推板之间产生一个小的间隙，防止它们之间有垃圾时，顶杆和型芯不能复位，从而影响制品成型。

在排布限位钉时，要注意平衡，并放置在复位杆及顶杆底部，以减少模板变形，同时需要避开顶孔、推板导柱等机构位置。

限位钉的位置确定：

1）每个复位杆下必须装一个限位钉，因为顶杆固定板复位时复位杆有可能受力会很大。

2）限位钉的平均间距为120～150mm，可灵活调配，但避免和其他零件干涉。

3）大型模具须在顶杆固定板下中间位置加限位钉，以增加支点，防止变形。

价值观——自信自立

中国人民和中华民族从近代以后的深重苦难走向伟大复兴的光明前景，从来就没有教科书，更没有现成答案。党的百年奋斗成功道路是党领导人民独立自主探索开辟出来的，马克思主义的中国篇章是中国共产党人依靠自身力量实践出来的，贯穿其中的一个基本点就是中国的问题必须从中国基本国情出发，由中国人自己来解答。我们要坚持对马克思主义的坚定信仰、对中国特色社会主义的坚定信念，坚定道路自信、理论自信、制度自信、文化自信，以更加积极的历史担当和创造精神为发展马克思主义做出新的贡献，既不能刻舟求剑、封闭僵化，也不能照抄照搬、食洋不化。

作为从事模具工作的中国人，我们应当具有自主创新意识，不能照搬国外的模具设计，我们要做出具有自己特点的模具，从中国实际出发，解决自己的问题。

项目评价

项目一的评价见表1-3。

表1-3　项目一评价表

序号	考核项目	考核内容及要求	配分	得分	备注
1	成型零部件设计（30分）	按要求设置收缩率	5		
		分型面合理	5		
		型腔结构合理	10		
		型芯结构合理	10		
2	模架设计（25分）	合理选择模架尺寸	10		
		开框结构合理	5		
		固定螺钉设计合理	10		
3	浇注系统设计（10分）	定位圈结构合理	5		
		浇口套结构合理	5		
4	顶出系统设计（10分）	顶杆的形状、位置、长度、数量合理	8		
		复位机构合理	2		
5	冷却系统设计（15分）	定模侧冷却回路设计合理	10		
		动模侧冷却回路设计合理	5		
6	其他设计（10分）	吊环、限位钉、复位弹簧等设计合理	10		
合计			100		

闯关考验

一、知识测验

1. 注塑模具成型零件是构成（　　）的零件。

A. 浇注系统　　B. 型腔　　C. 抽芯机构　　D. 推出机构

2. 推出机构零件属于注塑模具的（　　）。

A. 导向零件　　B. 支承零件　　C. 结构零件　　D. 成型零件

3. PP 塑料是通过（　　）得到的。

A. 共混　　B. 交联　　C. 共聚　　D. 增强

4. 注塑模具的组成主要包括（　　）。

A. 热固性和热塑性注塑模具　　B. 固定注塑模具和移动注塑模具

C. 动模和定模部分　　D. 固定注塑模具和不固定注塑模具

5. 主流道一般设计成（　　）。

A. 圆柱形　　B. 椭圆柱形　　C. 圆锥形　　D. U 柱形

6. 直浇口应用于（　　）。

A. 单型腔模具　　B. 单分型面模具　　C. 多分型面模具　　D. 多型腔模具

7. 注塑模具标准模架由动模部分、定模部分、导向零件和（　　）等组成。

A. 抽芯机构零件　　B. 浇注系统零件　　C. 成型零件　　D. 推出机构零件

8. 导柱导向的主要零件是导柱和（　　）。

A. 导向孔　　B. 导套　　C. 斜导柱　　D. 合模销

二、写出各零件的名称

将图 1-55 所示模架零件的名称填入表 1-4。

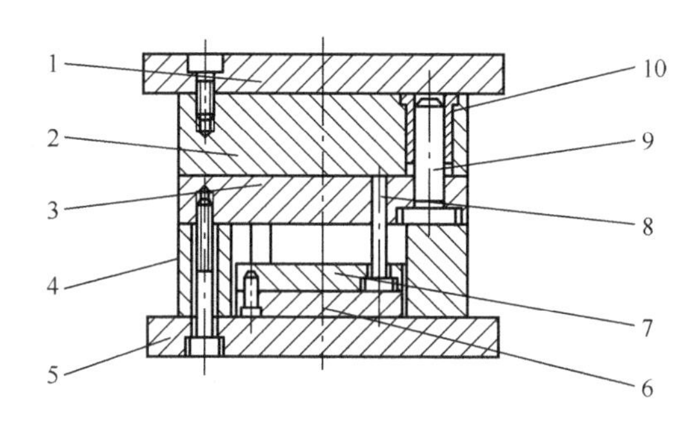

图 1-55　模架零件

表 1-4　模架零件名称

序号	名称	序号	名称
1		6	
2		7	
3		8	
4		9	
5		10	

三、写出常用快捷键

将常用快捷键填入表 1-5。

表 1-5　常用快捷键

序号	功能	快捷键	序号	功能	快捷键
1	显示和隐藏		5	图层设置	
2	隐藏		6	全屏显示	
3	反向显示和隐藏		7	显示 / 隐藏 WCS	
4	全部显示		8	重复执行命令	

四、模具设计

本设计任务是旋钮（图 1-56）的注塑模具。产品材料为 ABS。要求：选择合适的分型面，一模一腔，并设计出模具的浇注系统、顶出系统，选用合适的模架，完成模具三维总装图。

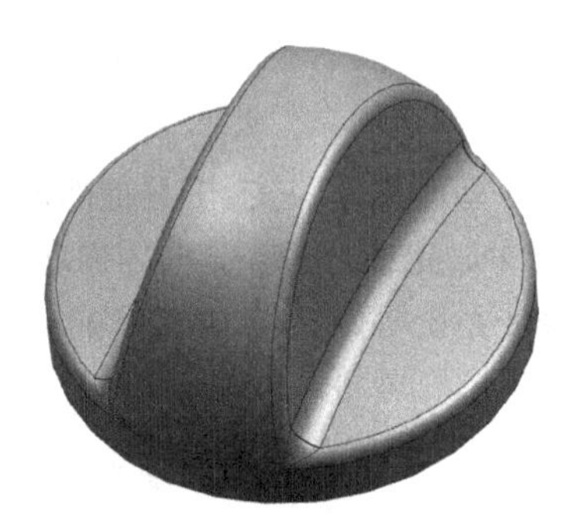

图 1-56　旋钮产品图

Project 2

项目二

一模四腔灯罩面壳注塑模具设计

设计任务

本项目任务为灯罩面壳注塑模具设计。灯罩面壳的3D模型如图2-1所示。

图2-1 灯罩面壳的3D模型

技术要求

1）产品材料：ABS塑料。

2）产品外观要求：表面光洁，无流纹和飞边。

3）材料收缩率：0.6%。

4）产量：10万件。

5）该产品需要与其他零件装配，故对尺寸精度有较高的要求。

设计思路

1. 产品分析

该产品属于电器产品，用于罩住灯泡，要求使用的材料具有一定的耐磨性；产品外壳不能有气泡、流纹、飞边等瑕疵；产品的配合要求比较高。

2. 模具分析

（1）模具结构　灯罩产品结构比较简单，不需要进行特殊结构设计，可采用一模四腔的两板模结构。

（2）分型面　分型面在制品最大截面处，为保证制品的外观质量和便于排气，分型面选在制品的底部。

（3）浇注方式　该制品从侧面浇注，浇口截面形状为矩形，分流道截面选择半圆形，分流道位于型腔内，不受型芯的阻碍。浇注系统如图 2-2 所示。

（4）顶出系统　顶杆设置于制品的背面，均匀分布于背面上。顶出系统如图 2-3 所示。

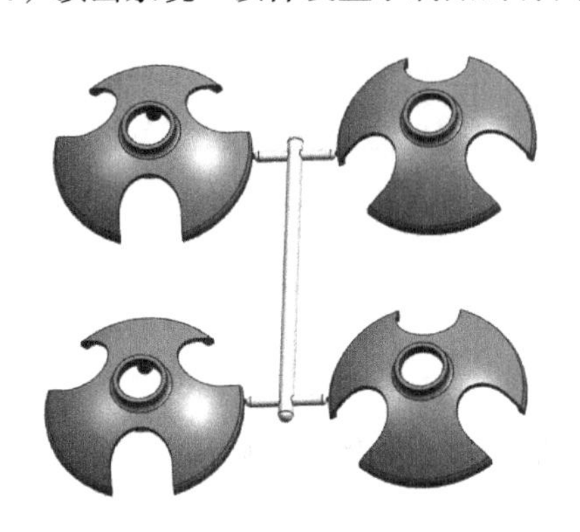

图 2-2　浇注系统

图 2-3　顶出系统

（5）冷却系统　根据制品的形状、尺寸和模具结构，冷却水孔取 8mm。冷却系统如图 2-4 所示。

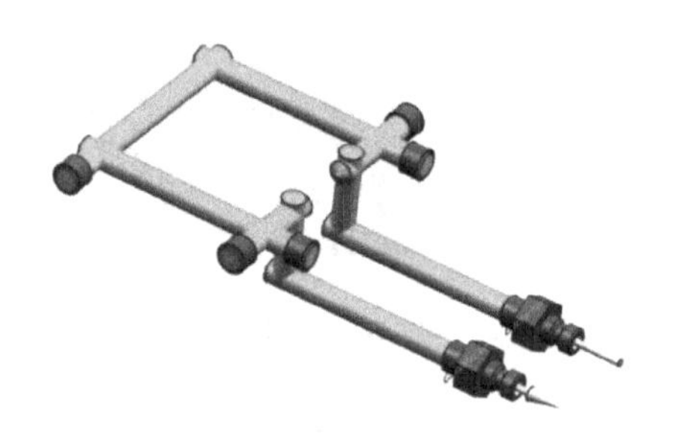

图 2-4　冷却系统

项目实施

任务一　模具设计准备

模具设计准备

【任务描述】

1）对灯罩面壳塑料件进行初始化设置。

2）设置模具坐标系。

3）设置工件的长、宽、高尺寸。

【任务实施】

一、项目初始化

1）单击起始菜单“开始”→“所有程序”→“Siemens NX12.0”→“NX 12.0”命令，或双击桌面上的“NX12.0”快捷图标，进入 NX 12.0 初始化环境界面。

2）单击工具栏中的“打开”按钮，弹出“打开”对话框；在路径中选择“项目二.prt”文件，单击“OK”按钮，打开灯罩面壳零件。

3）单击菜单“应用模块”→“注塑模”按钮，切换到“注塑模向导”菜单栏界面。

4）初始化设置。单击工具栏中的“初始化项目”按钮，弹出“初始化项目”对话框；在“路径”中选择文件保存位置，如图 2-5 所示，“Name”设置为“项目二”，“材料”设置为“ABS”，“收缩”设置为“1.006”，单击“确定”按钮。

图 2-5　“初始化项目”对话框

二、设置坐标系

单击“主要”工具栏中的“模具坐标系”按钮，弹出“模具坐标系”对话框；默认选择“当前 WCS”，单击“确定”按钮，坐标系设置如图 2-6 所示。

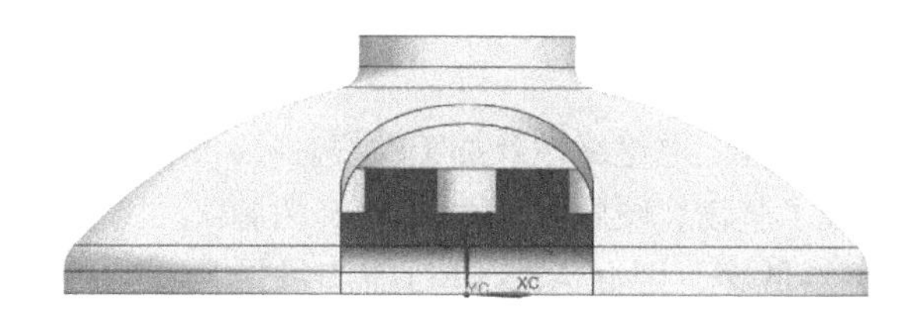

图 2-6　坐标系设置

三、设置成型工件及型腔布局

1）单击“主要”工具栏中的“工件”按钮，弹出“工件”对话框。

2）删除初始草图。在“工件”对话框中，单击“选择曲线”后的“绘制截面”按钮；进入草图后，同时按下键盘上的 <Ctrl> 键和 <A> 键，再同时按下 <Ctrl> 键和 <D> 键。

3）设置工件大小。单击“曲线”工具栏中的“矩形”按钮，弹出“矩形”工具条；在工具条中单击“从中心”方式，绘制长、宽分别为“180”和“180”的矩形，单击“完成”按钮。

在“工件”对话框中，开始“距离”设置为“–50.5”，结束“距离”设置为“55”，单击“确定”按钮。

4）型腔布局。单击“主要”工具栏中的“型腔布局”按钮，弹出“型腔布局”对话框；“指定矢量”选择“XC”轴方向，“型腔数”设置为“4”，单击“开始布局”按钮，再单击“编辑布局”下的“自动对准中心”按钮，最后单击“关闭”按钮，型腔布局结果如图 2-7 所示。

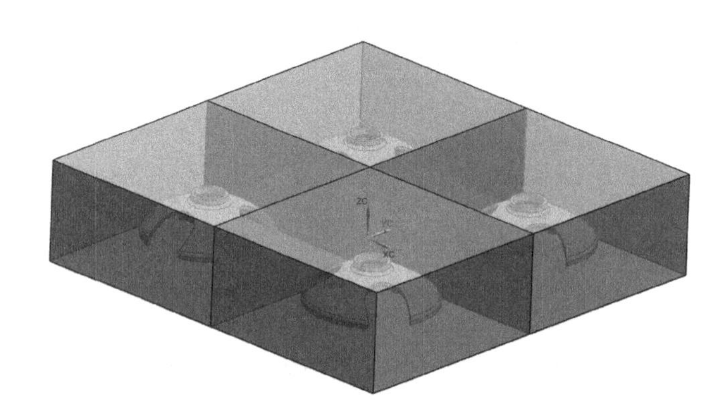

图 2-7 型腔布局结果

【知识链接】

知识点 1 ABS 塑料

1. 基本特性

ABS 塑料即丙烯腈 – 丁二烯 – 苯乙烯共聚物。ABS 大分子主链由三种结构单元重复连接而成，不同的结构单元赋予其不同的性能。

丙烯腈：耐化学腐蚀性好、表面硬度高。

丁二烯：韧性好。

苯乙烯：透明性、着色性、电绝缘性及加工性好。

三种单体结合，形成了坚韧、硬质、刚性的 ABS 树脂。

ABS 原料易得，价格低廉，因此 ABS 是目前产量最大、应用最广的工程塑料。ABS 是不透明非结晶型聚合物，无毒、无味，密度为 1.02 ~ 1.05g/cm^3，供给原料为微黄色或白色不透明粒料，可燃烧，但燃烧缓慢且伴有特殊味道。

ABS 具有突出的力学性能，坚固、坚韧、坚硬；具有一定的化学稳定性和良好的介电性能；具有较好的尺寸稳定性，易于成型和机械加工；成型塑件表面有较好的光泽，经过调色可配成任何颜色，表面可镀铬。

ABS 的缺点是耐热性不高，连续工作温度为 70℃左右，热变形温度约为 93℃，但热变形温度比聚苯乙烯、聚氯乙烯、尼龙等都高；耐气候性差，在紫外线作用下易变硬发脆。

2. 主要用途

ABS 在家电行业用得非常多，用于制造电视机、录音机、电冰箱、洗衣机、电风扇、电话机等外壳和零部件；机械行业中用来制造齿轮、泵叶轮、轴承、管道、电机外壳和仪表壳等。汽车行业中用于制造汽车挡泥板、扶手、热空气调节导管和加热器等，还可用 ABS 夹层板制造小轿车车身；日常生活中，ABS 还可用来制造食品包装容器、玩具、文教体育用品和家具等。

3. 成型性能

1）可采用注射、挤出、压延、吹塑、真空、电镀、焊接及表面涂饰等多种成型方法加工。

2）易吸水，成型加工前应进行干燥处理，表面光泽要求高的制品应长时间预热干燥。

3）流动性中等，溢边值为 0.04mm 左右。

4）壁厚、熔料温度对收缩率影响极小，制品尺寸精度高。

5）比热容低，塑化效率高，凝固也快，故成型周期短。

6）表观黏度对剪切速率的依赖性很强，因此模具设计中大都采用点浇口形式。

7）顶出力过大或机械加工时制品表面会留下白色痕迹，脱模斜度宜取 2° 以上。

8）易产生熔接痕，模具设计时应注意尽量减少浇注系统对料流的阻力。

9）宜采用高料温、高模温和高注射压力成型。在要求制品精度高时，模具温度可控制在 50～60℃；而在强调制品光泽和耐热时，模具温度应控制在 60～80℃。

任务二　分 型 设 计

【任务描述】

1）采用自动方法创建灯罩面壳的分型线和分型面。

2）创建型腔与型芯。

3）创建镶件。

零件分模设计 1（分型）

【任务实施】

一、设计与创建区域

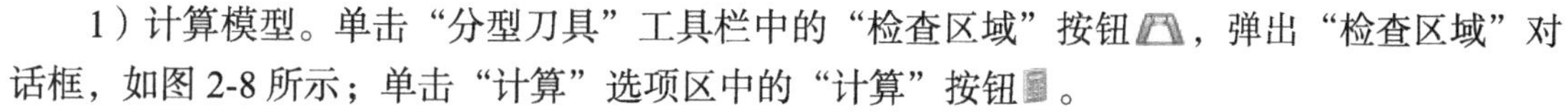

1）计算模型。单击“分型刀具”工具栏中的“检查区域”按钮，弹出“检查区域”对话框，如图 2-8 所示；单击“计算”选项区中的“计算”按钮。

2）切换到“区域”选项卡，如图 2-9 所示；单击“设置区域颜色”按钮，然后勾选“交叉竖直面”，点选“型芯区域”，单击“应用”按钮。

注：系统把模型表面区分为型腔区域（橙色）和型芯区域（蓝色），未定义的区域为 0（青色）。

3）点选“型腔区域”，然后选择产品靠近底部的三个侧面，单击“确定”按钮，区域定义结果如图 2-10 所示。

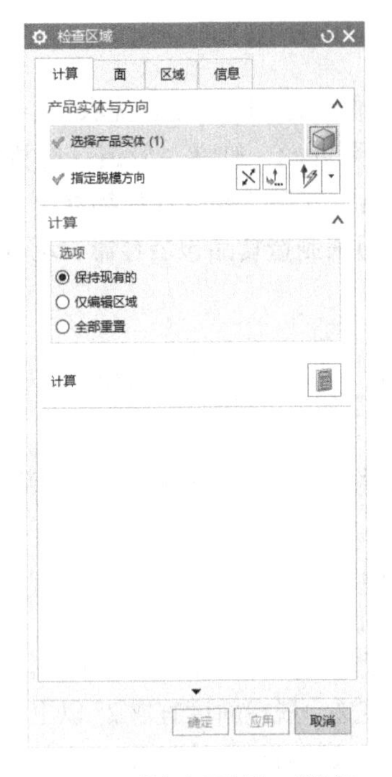

图 2-8 “检查区域”对话框

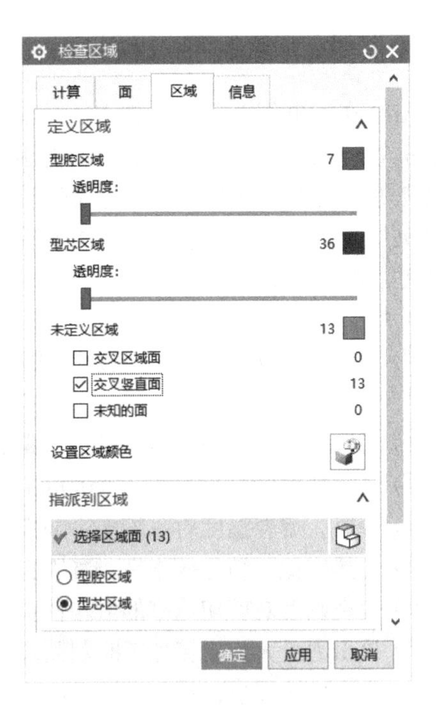

图 2-9 “区域”选项卡

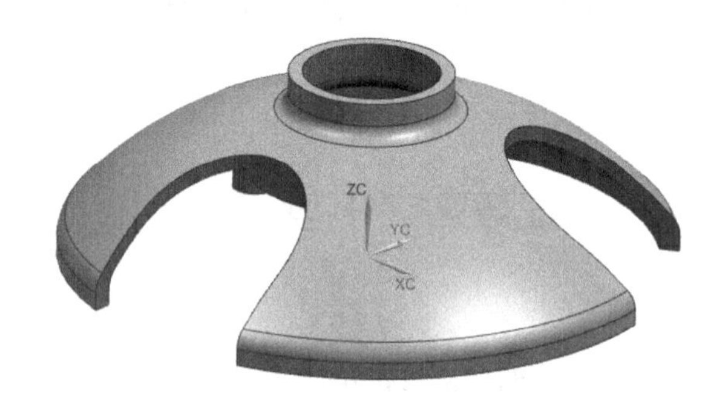

图 2-10 区域定义结果

二、曲面补片

1）自动补片。单击“分型刀具”工具栏中的“曲面补片”按钮，弹出“边补片”对话框；如图 2-11 所示，“类型”设置为“体”，再单击灯罩模型，最后单击“确定”按钮，修补结果如图 2-12 所示。

2）桥接曲线。单击“曲线”菜单，在“派生曲线”工具栏中单击“桥接曲线”按钮，弹出“桥接曲线”对话框。“起始对象”的“选择曲线”选择圆弧的一端，“终止对象”的“选择曲线”选择圆弧的另一端，单击“应用”按钮；依次完成各条桥接曲线，如图 2-13 所示。

3）扩大曲面补片。单击“注塑模向导”菜单，在“注塑模工具”工具栏中单击“扩大曲面补片”按钮，弹出“扩大曲面补片”对话框。“目标”（“选择面”）选择灯罩表面，“边界”（“选择对象”）选择缺口处的一圈曲线，“区域”（“选择区域”）选择缺口处的封闭曲线区域，单击“确定”按钮，扩大曲面结果如图 2-14 所示。

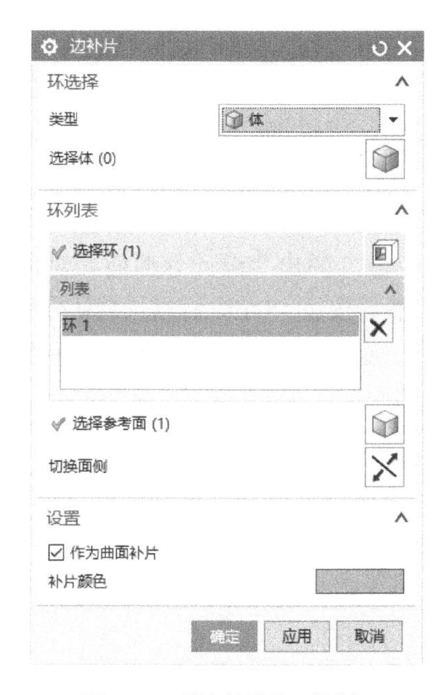

图 2-11　“边补片”对话框

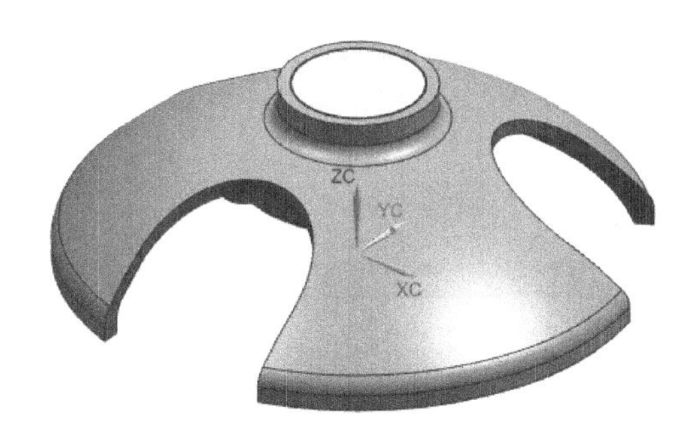

图 2-12　修补结果

图 2-13　桥接曲线

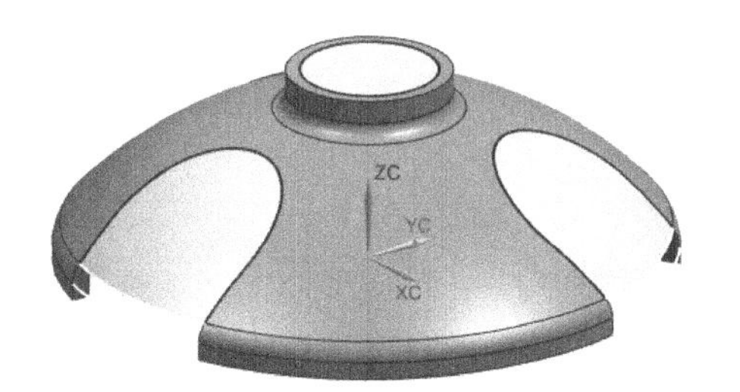

图 2-14　扩大曲面结果

4）通过曲线网格补片。单击“主页”菜单，在“曲面”工具栏中单击“通过曲线网格”按钮，弹出“通过曲线网格”对话框。

“主曲线”（“选择曲线或点”）选择桥接的一条曲线，在空白处按下鼠标中键；用同样方法依次选中三条横向桥接曲线。

“交叉曲线”（“选择曲线”）选择模型侧壁小圆弧，在空白处按下鼠标中键；用同样方法选中缺口处另一侧壁小圆弧。

“第一主线串”与“最后主线串”均设置为“G0（位置）”。单击“应用”按钮，完成一处缺口侧壁的补片。

用同样方法完成另外两处缺口侧壁的补片，结果如图 2-15 所示。

图 2-15　曲面修补结果

三、定义区域

单击“注塑模向导”菜单，在“分型刀具”工具栏中单击“定义区域”按钮，弹出“定义区域”对话框。如图 2-16 所示，在“区域名称”中单击“所有面”，在“设置”中勾选“创建区域”和“创建分型线”，单击“确定”按钮。

四、设计分型面

在“分型刀具”工具栏中单击“设计分型面”按钮，弹出“设计分型面”对话框。如图 2-17 所示，在“编辑分型线”下单击“选择分型线”，然后按住 <Shift> 键框选默认分型线，移除默认分型线，再选择底部一圈圆形线作为分型线，单击“应用”按钮，最后单击“确定”按钮。

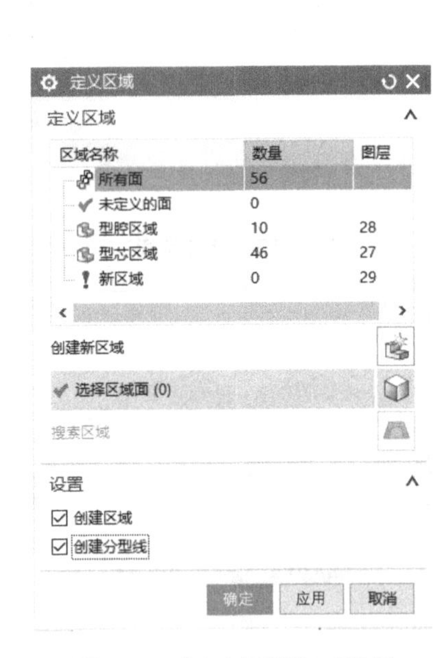

图 2-16 “定义区域”对话框

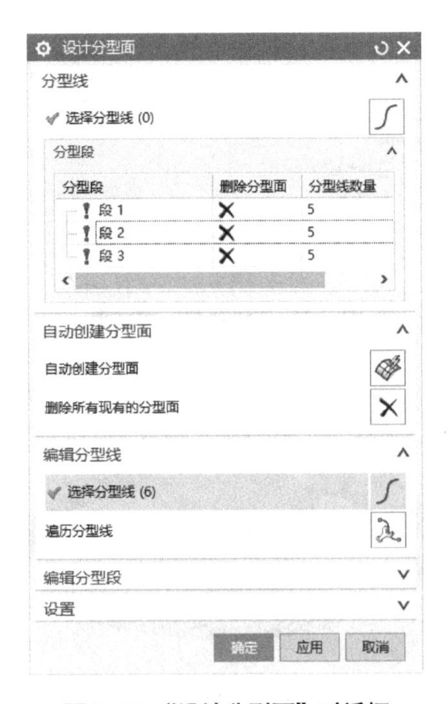

图 2-17 “设计分型面”对话框

五、编辑分型面和曲面补片

单击“分型刀具”工具栏中的“编辑分型面和曲面补片”按钮，弹出“编辑分型面和曲面补片”对话框。如图 2-18 所示，“类型”设置为“分型面”，同时按下 <Ctrl> 键和 <A> 键，再单击“确定”按钮。

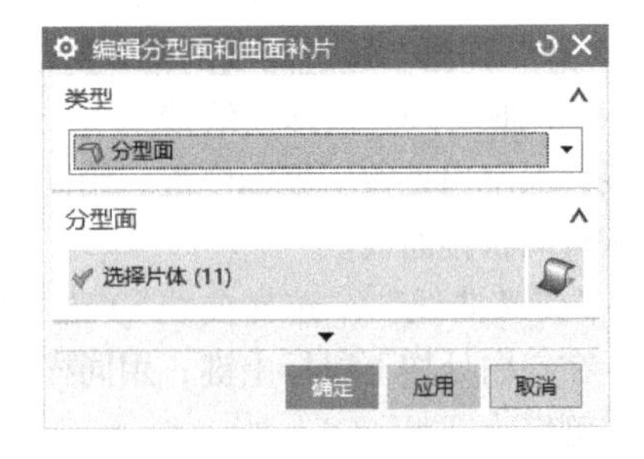

图 2-18 “编辑分型面和曲面补片”对话框

六、创建型芯和型腔

1）单击“分型刀具”工具栏中的“定义型腔和型芯”按钮，弹出“定义型腔和型芯”对话框。如图 2-19 所示，“类型”设置为“区域”，在“区域名称”中选择“所有区域”，然后连续单击“确定”按钮三次，完成模具分型。

2）单击资源条选项中的“装配导航器”按钮，在“装配导航器”页面中选择“项目二_parting_022”并单击鼠标右键，在弹出的快捷菜单中选择“在窗口中打开父项”→“项目二_top_009”，切换到分型结果，如图 2-20 所示。

图 2-19　“定义型腔和型芯”对话框

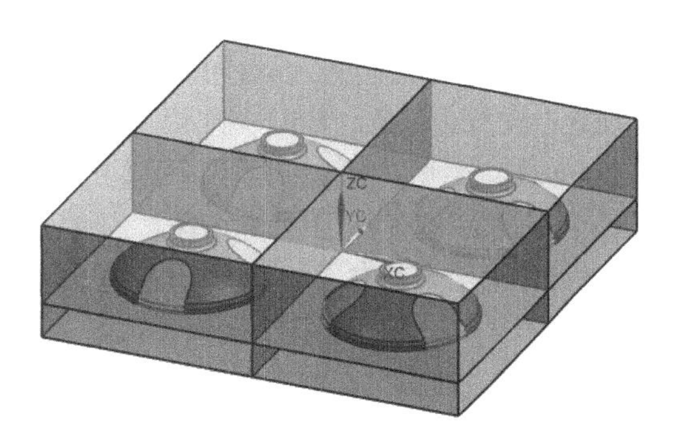

图 2-20　分型结果

七、创建型芯镶件

1）在“装配导航器”页面中，单击“项目二 _layout_021”前的“+”，再单击“项目二 _prod_002”前的“+”，鼠标右键单击“项目二 _core_005”，在弹出的快捷菜单中选择“在窗口中打开”。

零件分模设计 2（镶件）

2）单击“曲线”菜单，在“曲线”工具栏中单击“圆弧 / 圆”按钮，弹出“圆弧 / 圆”对话框。“类型”设置为“三点画圆弧”，在“限制”中勾选“整圆”，然后依次选择凹槽底部圆上的三个点，单击“确定”按钮，得到的圆弧如图 2-21 所示。

3）单击“主页”菜单，在“特征”工具栏中单击“拉伸”按钮，弹出“拉伸”对话框。“选择曲线”选择步骤 2）所绘的圆弧，在“限制”选项区中开始距离设置为“–100”、结束距离设置为“50”，“布尔”设置为“无”，在“设置”选项区中“体类型”设置为“片体”，单击“确定”按钮，拉伸片体如图 2-22 所示。

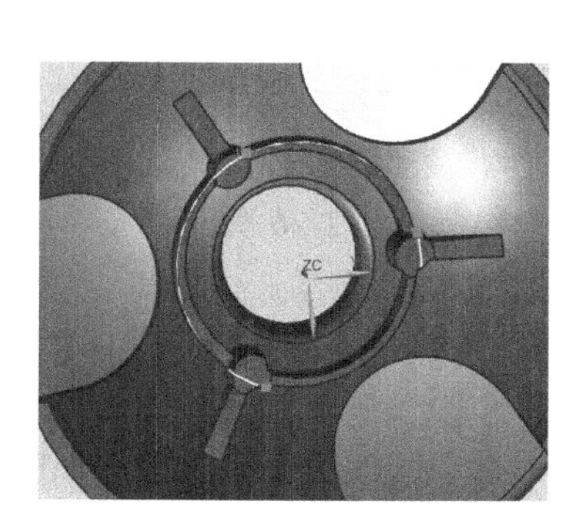

图 2-21　圆弧

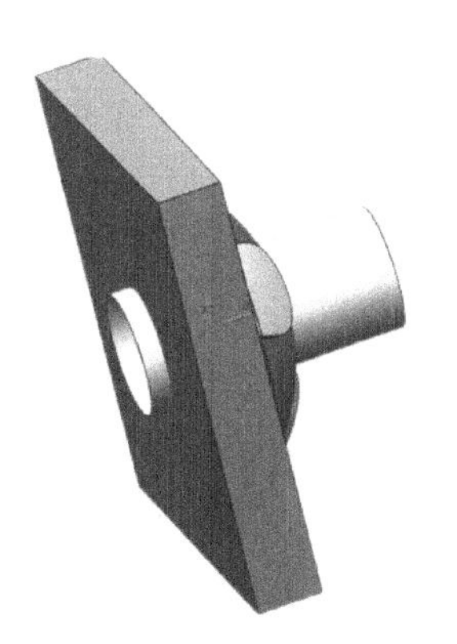

图 2-22　拉伸片体

4）单击“主页”菜单，在“特征”工具栏中单击“拆分体”按钮，弹出“拆分体”对话框。“目标”（“选择体”）选择型芯，“工具选项”设置为“面或平面”，“工具”（“选择面或平面”）选择拉伸片体，单击“确定”按钮。

5）移除参数。在选择条中单击“菜单”→“编辑”→“特征”→“移除参数”命令，弹出“移除参数”对话框。键盘同时按下 <Ctrl> 键和 <A> 键，单击“确定”按钮，弹出“移除参数”信息框；单击“是”按钮。

6）删除片体。单击选择创建的片体，键盘同时按下 <Ctrl> 键和 <D> 键。

7）单击中间的镶件，键盘同时按下 <Ctrl> 键和 <J> 键，打开“编辑对象显示”对话框。将“颜色”设置为绿色，单击“确定”按钮，镶件如图 2-23 所示。

8）单击“主页”菜单，在“特征”工具栏中单击“拆分体”按钮，弹出“拆分体”对话框。“目标”（“选择体”）选择镶件，“工具选项”设置为“新建平面”，“指定平面”选择镶件的底面，“距离”设置为“–5”，单击“确定”按钮。

9）隐藏型芯。单击选择型芯主体，键盘同时按下 <Ctrl> 键和 <B> 键。

10）单击“主页”菜单，在“同步建模”工具栏中单击“偏置区域”按钮，弹出“偏置区域”对话框。“距离”设置为“5”，“面”选择图 2-24 所示的侧面，单击“确定”按钮。

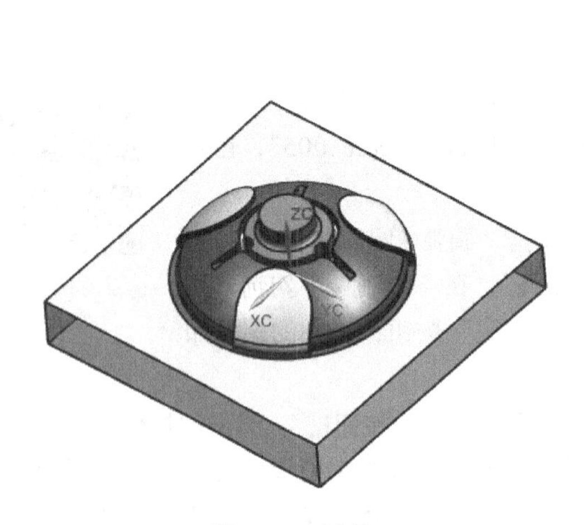

图 2-23　镶件

图 2-24　偏置区域

11）合并镶件。在“特征”工具栏中单击“合并”按钮，弹出“合并”对话框。“目标”（“选择体”）选择镶件主体，“工具”（“选择体”）选择偏置的实体，单击“确定”按钮。

12）在“特征”工具栏中单击“拆分体”按钮，弹出“拆分体”对话框。如图 2-25 所示，“目标”（“选择体”）选择镶件，“工具选项”设置为“新建平面”，“指定平面”设置为“XC”，“距离”设置为“24”，单击“确定”按钮。拆分体结果如图 2-26 所示。

注：对镶件头部进行拆分，是为了防止镶件在使用过程中发生转动。

13）显示全部零件。键盘同时按下 <Ctrl> 键、<Shift> 键和 <U> 键。

14）合并零件。在“特征”工具栏中单击“合并”按钮，弹出“合并”对话框。“目标”（“选择体”）选择型芯主体，“工具”（“选择体”）选择拆分下来的圆弧状实体，单击“确定”按钮。

图 2-25　“拆分体”对话框

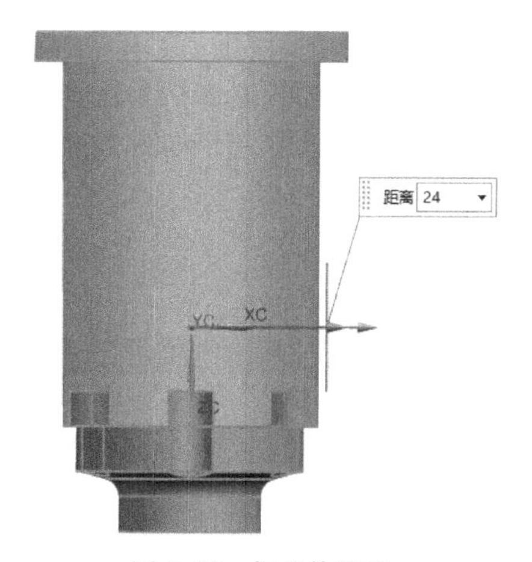

图 2-26　拆分体结果

15）在“特征”工具栏中单击“减去”按钮，弹出“求差”对话框。“目标”（“选择体”）选择型芯主体，“工具”（“选择体”）选择镶件，在“设置”中勾选“保存工具”，单击“确定”按钮，减去结果如图 2-27 所示。

图 2-27　减去结果

16）移除参数。单击“菜单”→“编辑”→“特征”→“移除参数”，弹出“移除参数”对话框。键盘同时按下 <Ctrl> 键和 <A> 键，单击“确定”按钮，弹出“移除参数”信息框，单击“是”按钮。

17）隐藏镶件。单击选择镶件，键盘同时按下 <Ctrl> 键和 <B> 键。

18）偏置区域。在“同步建模”工具栏中单击“偏置区域”按钮，弹出“偏置区域”对话框。如图 2-28 所示，“选择面”选择“圆弧面”，“距离”设置为“–1”，单击“确定”按钮，偏置结果如图 2-29 所示。

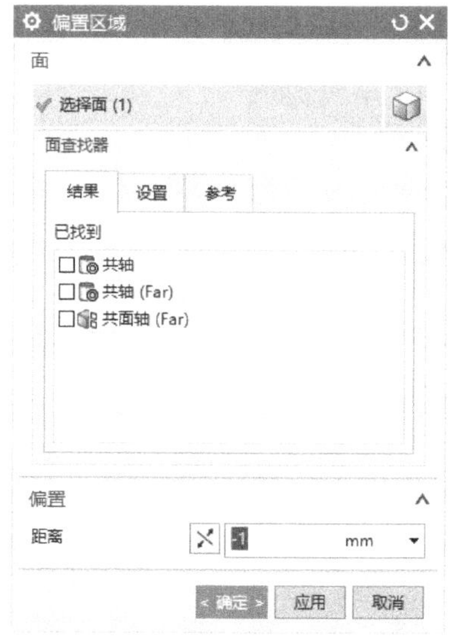

图 2-28　“偏置区域”对话框

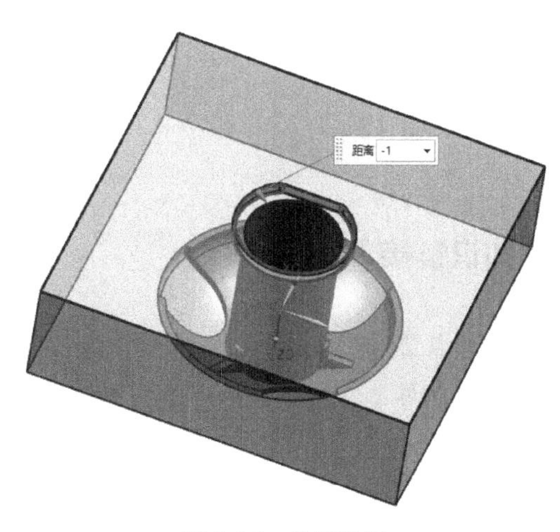

图 2-29　偏置结果

19）边倒圆。在“特征”工具栏中单击“边倒圆”按钮，弹出“边倒圆”对话框。如图 2-30 所示，“选择边”选择两条短直线（圆弧面与平面的交线），“半径 1”设置为“5”，单击“确定”按钮，边倒圆结果如图 2-31 所示。

图 2-30 “边倒圆”对话框

图 2-31 边倒圆结果

20）显示全部零件。键盘同时按下 <Ctrl> 键、<Shift> 键和 <U> 键。

21）单击资源条选项中的“装配导航器”按钮，在“装配导航器”页面中选择“项目二_core_005”并单击鼠标右键，在弹出的快捷菜单中选择“在窗口中打开父项”→“项目二_top_009”，切换到分型结果，如图 2-32 所示。

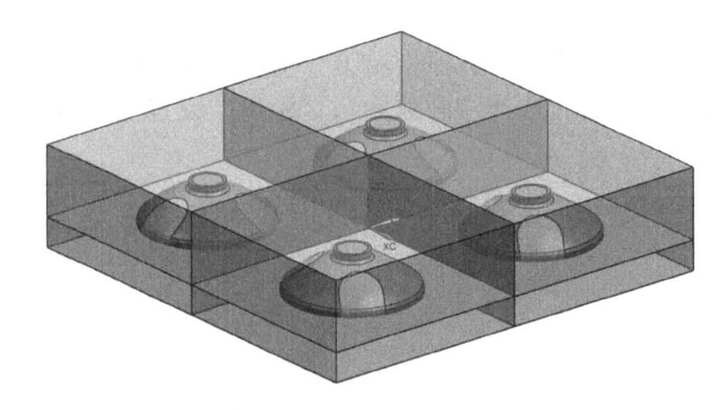

图 2-32 分型结果

【知识链接】

知识点 2 成型零件

成型零件是与塑料直接接触、构成型腔的零件，包括型腔、型芯、螺纹型芯、螺纹型环等。

型腔：指合模时用来填充塑料、成型制品的空间。

凹模（型腔）：成型制品外表面的零件。

凸模（型芯）：成型制品内表面的零件。

对于结构简单的容器、壳、罩、盖之类的制品，成型其主体部分内表面的零件称为凸模或主型芯，而成型其他小孔的型芯称为小型芯或成型杆。

凸模或主型芯可分为整体式和组合式两种。

（1）整体式凸模或主型芯　整体式凸模或主型芯结构牢固，但不便加工，消耗的模具材料多，主要用于工艺试验或小型模具上形状简单的型芯。

（2）组合式凸模或主型芯　为了便于加工，形状复杂的凸模或主型芯往往采用组合式结构。这种结构是将凸模或主型芯单独加工后，再镶入模板中。采用螺钉紧固时，凸模或主型芯用台肩和模板连接，再用垫板、螺钉紧固，这种方式连接牢固，是最常用的结构。对于固定部分是圆柱面而型芯有方向性的场合，可采用销或键定位。

组合式凸模或主型芯结构的优缺点和组合式凹模结构的优缺点基本相同。设计和制造这类型芯时，必须注意结构合理，保证型芯和镶块的强度，防止热处理时变形且应避免尖角与壁厚突变。小型芯靠得太近时，热处理时薄壁部位易开裂，故应采用将大的型芯制成整体式，再镶入小型芯。在设计型芯结构时，应注意塑料的溢料飞边不应该影响脱模取件。溢料飞边的方向与制品的脱模方向垂直时，会影响制品的取出；溢料飞边的方向与制品的脱模方向一致时，便于脱模。

知识点 3　镶件

注塑模具中的镶件也称为嵌件，也有人称其为入子，指的是用于镶嵌在注塑模具成型零件中的模具配件，对精度的要求非常高。

制作镶件主要有以下几个目的：

（1）节省注塑模具制造材料　众所周知，注塑模具的模架材料是固定形状的比较规则的块状钢材，当成型零件上有部位高出其他面很多时，可采用镶件来降低高度，节省材料。

（2）方便改模　注塑模具经常修改的地方，可以拆下来做成镶件，以后换模具时只要换镶件，甚至开模时还可以多做几块镶件替换，这样便于对模具进行修改。

（3）有利于注塑模具排气　注塑模具的排气非常重要。如果排气不好，模具腔内会出现困气，尤其是在相对较深的加强筋（深骨位）。注射成型时，产品容易出现气泡或收缩、缺胶、变白或黑点等不良现象。因此，可以在模具需要排气的地方设计镶件，并利用镶件的配合间隙进行排气。

（4）方便注塑模具加工　注塑模具中有些深骨位，刀具难以进行加工，虽然可以用电火花加工（EDM），但 EDM 加工速度慢，加工效率不高，所以一般会选择设计镶件，可减小加工难度，也便于排气。另外，深骨型抛光时，出模抛光很不方便，但在这些地方设计镶件，拆开抛光就方便多了。

（5）延长注塑模具的使用寿命　通常来说，注塑模具需要设计镶件的地方，往往是模具中易损坏的地方，一旦镶件损坏就可进行更换，从而延长注塑模具的使用寿命。

任务三 模架设计

【任务描述】

1）加载合适尺寸的龙记大水口模架。

2）创建符合加工工艺要求的腔体。

模架设计

【任务实施】

一、加载模架

1）单击“注塑模向导”菜单，在“主要”工具栏中单击“模架库”按钮，弹出“模架库”对话框。

2）单击“重用库”中的“LKM_SG”，在“成员选择”中单击“A”图标，弹出“信息”对话框，如图2-33所示。

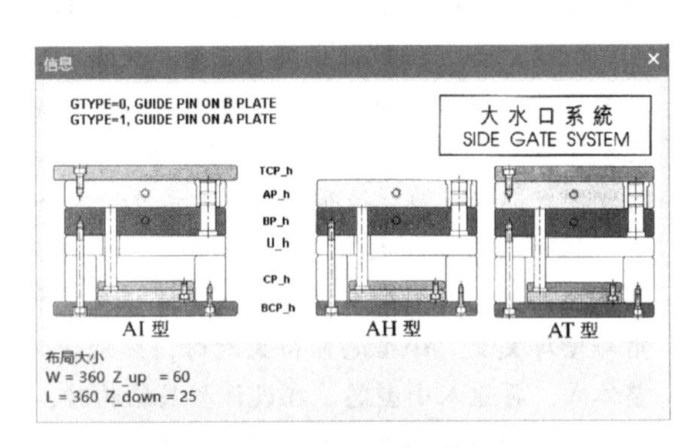

图 2-33 “信息”对话框

3）在“模架库”对话框（图2-34）中，“index”设置为“5050”，“AP_h”设置为“90”，“BP_h”设置为“50”，“CP_h”设置为“120”，“U_h”设置为“60”，“Mold_type”设置为“600：I”，“fix_open”设置为“0.5”，“move_open”设置为“0.5”，“EJB_open”设置为“–5”，单击“确定”按钮，模架加载结果如图2-35所示。

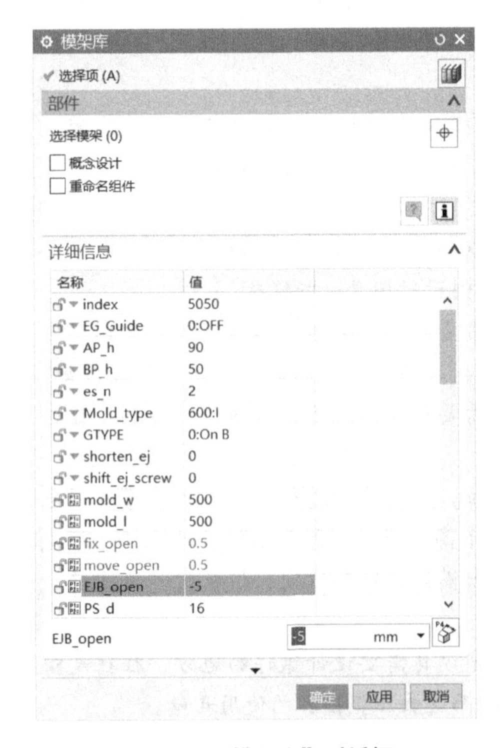

图 2-34 “模架库”对话框

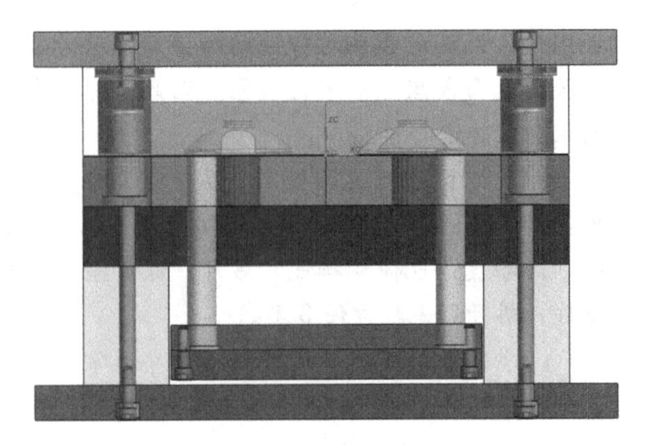

图 2-35 模架加载结果

二、模架开框

1）单击“主要”工具栏中的“型腔布局”按钮，弹出“型腔布局”对话框。单击“编辑布局”下的“编辑插入腔”按钮，弹出“插入腔”对话框；“R”设置为“10”，“type”设置为“2”，单击“确定”按钮返回“型腔布局对话框”；单击“关闭”按钮，得到的腔体如图 2-36 所示。

2）单击“主要”工具栏中的“腔”按钮，弹出“开腔”对话框。如图 2-37 所示，“模式”设置为“去除材料”，“目标”选择模架中的定模板（A 板）与动模板（B 板），单击“工具”下的“查找相交”按钮，最后单击“确定”按钮。

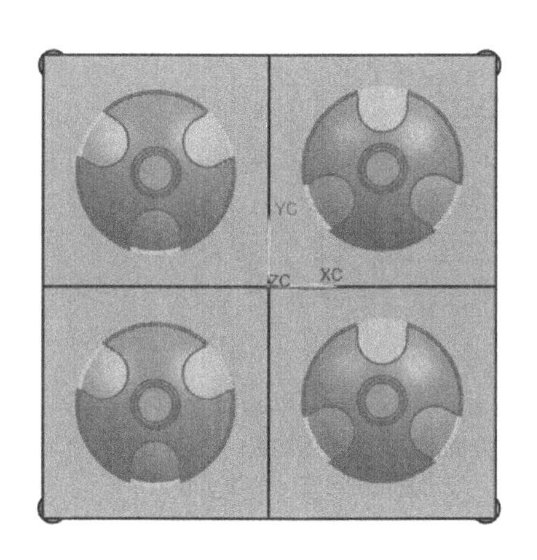

图 2-36　腔体

图 2-37　“开腔”对话框

3）单击资源条选项中的“装配导航器”按钮，在“装配导航器”页面中单击“项目二_misc_004”前的“+”，选择“项目二_pocket_054”并单击鼠标右键，在弹出的快捷菜单中选择“替换引用集”→“Empty”，开框结果如图 2-38 所示。

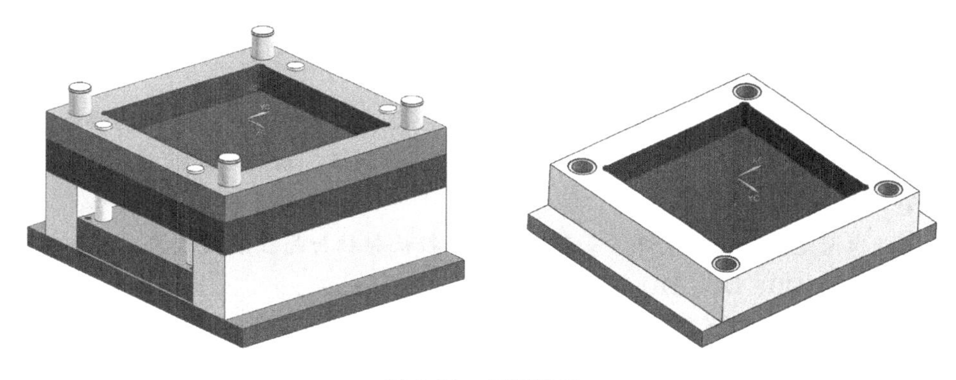

图 2-38　开框结果

【知识链接】

知识点4　一模多腔注塑模具

本项目中的模具为一模多腔结构的单分型面模具，采用产品侧面浇注，用动模支承板支承型芯。模具各部分零件的名称如图2-39所示。

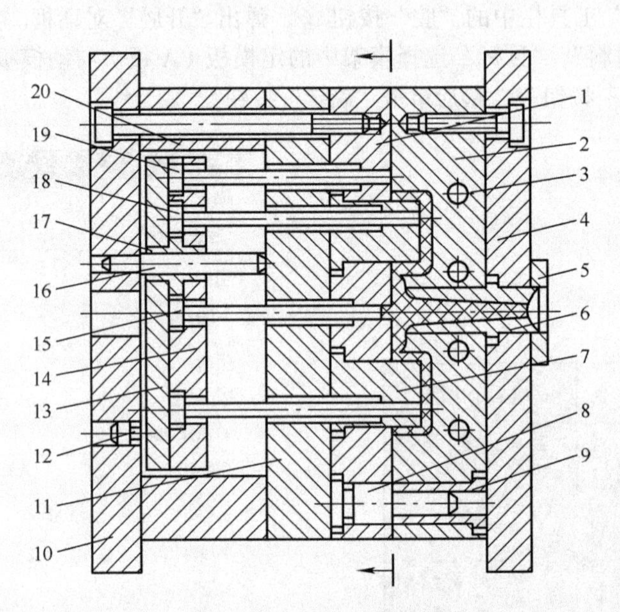

图2-39　一模多腔模具结构

1—动模板　2—定模板　3—冷却水道　4—定模座板　5—定位圈　6—浇口套　7—型芯　8—导柱　9—导套　10—动模座板　11—动模支承板　12—支承钉　13—推板　14—顶杆固定板　15—拉料杆　16—推板导柱　17—推板导套　18—顶杆　19—复位杆　20—垫块

知识点5　注塑模架的类型及名称

注塑模架已标准化，根据模架结构特征可分为36种主要结构，应用时可查看国家标准《塑料注射模模架》(GB/T 12555—2006)，这里只介绍基本型模架。

1）按照在模具中的应用方式，模架分为直浇口与点浇口两种形式。

标准模架有二板模模架（又称直浇口系统模架）、标准型三板模模架（又称点浇口系统模架）和简化型三板模模架（又称简化点浇口系统模架）三种。这是三种基本型模架，其他模架都是由这三种模架演变而成的派生型模架。

直浇口模架的基本型有A、B、C、D四种。A型为定模两模板，动模两模板；B型为定模两模板，动模两模板，加装推件板；C型为定模两模板，动模一模板；D型为定模两模板，动模一模板，加装推件板。

点浇口模架是在直浇口模架的基础上加装推料板和拉杆导柱后制成的，其基本型也分为四种，即DA、DB、DC、DD型。

2）根据需要，模架有工字模和直身模之分。通常大型模具和三板模采用工字模，二板模和中小型模具采用直身模。

3）按导柱和导套的安装形式，模架可分为正装（代号为Z）和反装（代号为F）两种。正装是指导柱装在定模侧，导套装在动模侧；反装是指导柱装在动模侧，导套装在定模侧。

知识点6　模架选用的原则

选用何种模架由制品的特点和模具型腔数来决定。模架选用的一般原则如下：

1）根据模具的结构型式、满足模具成型目的和按客户指定模架要求标准选用，能用二板模的，不使用三板模，因为二板模结构简单，制造成本低。

2）优先选取标准模架。如果标准模架的尺寸满足不了设计要求，可采用非标准模架，不要勉强使用标准模架。当制品必须采用点浇口时，则选用三板模模架。热流道模具都采用二板模模架。

3）所选取的模架要适合注射机的技术参数，即能满足最大与最小的闭合高度，满足在开模行程中的顶出行程和顶出方式，外形尺寸要小于注射机立柱间距5mm。在保证模具有足够强度和刚性的前提下，尺寸宜小不宜大。

4）对于直身模与工字模，通常三板模选用工字模，一般模具由于外形受到注射机的限制，而采用直身模。

5）当模具的凹模、型芯采用整体结构时，A板、B板要按动、定模板要求的材料定做标准模板，在订购模架的图中要标明材料牌号和热处理要求。

6）采用镶块结构的标准模架，最好要求生产厂家把模架上的镶框尺寸加工好，或留有2～5mm加工余量，以防变形。

7）模架的四个导柱孔中有一个是偏移的，因此，设计模具时要注意模架的设计基准，应将偏移的导柱孔的直角边作为基准。

8）精度高、寿命要求高的模具尽量采用标准型三板模。

知识点7　模架尺寸的确定

首先对制品图样分析后，考虑模具的结构型式和制造工艺的可行性。一般根据构想图，确定一个最佳的模具结构设计方案，然后再确定模架尺寸。

确定模架尺寸的方法：一种是通过计算；另一种是根据制品投影面积，用经验值来确定模板和镶件的尺寸。

模架的尺寸取决于成型零件的外形尺寸和动、定模的结构，而成型零件的外形尺寸又取决于制品的尺寸，同时与模具的结构特点和型腔数有关。从经济的角度来看，在满足刚度和强度要求的前提下，模具的结构尺寸越紧凑越好。

模架是标准件，模具设计时只要确定定模板（A板）和动模板（B板）的长、宽、高，其他模板的大小及其他标准件（如螺钉和复位杆等）的大小和位置都随之确定。所以这里主要说明定模板（A板）和动模板（B板）的长、宽、高尺寸如何确定。

（1）定模板（A板）和动模板（B板）长、宽尺寸的确定

1）内模镶件的长、宽尺寸确定后，就可以确定模架长、宽尺寸。一般来说，在没有侧向抽芯的模具中，模板的开框尺寸应大致等于模架顶杆固定板尺寸，在标准模架中，尺寸是一一对应的，所以可以在标准模架手册中找到模架尺寸。

当模架尺寸确定后，复位杆的直径也就确定了。

2）当模具有侧向抽芯机构时，要视滑块大小相应加大模架。对于小型滑块（滑块宽度<80mm），模具的长、宽尺寸在以上确定的基础上加大50～100mm；对于中型滑块（80mm<滑块模宽≤200mm），模具的长、宽尺寸在以上确定的基础上加大100～150mm；对于大型滑块（滑块宽度>200mm），模具的长、宽尺寸在以上确定的基础上加大150～200mm。

（2）A板、B板厚度尺寸的确定

1）有面板时，对于小型模具（模宽≤250mm），厚度$H=a+$（15～20mm）；对于中型模具（250mm<模宽≤400mm），$H=a+$（20～30mm）；对于大型模具（模宽>400mm），$H=a+$（30～40mm）。

2）定模板的高度尽量取小些，原因有二：其一，尽量减小主流道长度，减轻模具的排气负担，缩短成型周期；其二，定模安装在注射机上生产时，紧贴注射机定模板，无变形的后患。

动模板的高度一般等于开框深度加30～60mm。动模板的高度尽量取大些，以增加模具的强度和刚度。

3）动、定模板的长、宽、高尺寸都已标准化，设计时尽量取标准值，避免采用非标准模架。

（3）垫铁高度的确定　垫铁的高度已标准化，一般情况下，当定模板和动模板的长、宽、高确定后，垫铁的高度也就可以确定了。垫铁的高度h等于推板和顶杆固定板的厚度加上制品顶出距离、限位钉高度、限位柱高度（安全距离为10～15mm）的总高度。必须使顶杆固定板有足够的顶出距离，以保证制品安全脱离模具。

如果顶出距离不够，则需要将垫铁加高，这时才采用非标准高度的垫铁。下列情况下，垫铁需要加高。

1）制品很深或很高，顶出距离大，标准垫铁高度不够。

2）双推板二次顶出时，因垫铁内有四块板，缩小了顶杆固定板的顶出距离，为将制品安全顶出，需要加高垫铁。

3）采用内螺纹推出模具时，因垫铁内有齿轮传动，有时也要加高垫铁。

4）采用斜顶杆抽芯的模具，若抽芯距离较大，需要增高垫铁。

5）为了满足注射机最小的闭合高度，需要加高垫铁。

6）垫铁加高的尺寸较大时，为提高模具的强度和刚度，有时还要加大垫铁的宽度。

（4）确定模架尺寸应注意的事项

1）确定型腔数目、分型面的位置及浇口类型后，确定制品在模具中的排布及动、定模的制品开框尺寸。注意制品在模具中的排布方式会直接影响模架的大小。

2）需要考虑模架的整体要有足够的强度。

3）确定动、定模型腔的成型结构型式，即根据模具结构特点来确定采用整体式还是镶拼式，同时确定整体式尺寸或型腔镶块的大致尺寸。

4）确定侧向抽芯机构和导向机构，定位机构，顶出机构，如滑块、斜导柱、斜滑块、斜楔、斜顶杆、导柱、导套、复位杆、顶杆、液压缸等的结构及位置排布。确定冷却水道的分布形式及空间位置等，如对于点浇口三板模，要考虑安放拉杆的位置等。

5）根据模具结构，确定动模板（B 板）和定模板（A 板）的厚度。同时要考虑各部分的合适比例、镶块的固定深度、滑块的高度与长宽比等，选定动、定模板的厚度。另外，垫铁的高度需根据实际制品的特点而定。若型腔较深，需加高垫铁，以保证足够的顶出距离。

6）采用标准模架。根据结构型式和模板外形大小、厚度的要求，在标准模架中查找相近的模架尺寸选定模架，并要尽量选用模架标准中的尺寸系列。

7）在基本确定模架的规格型号和尺寸大小后，还应对模架的整体结构进行校核，检查模架有关尺寸是否与客户所提供的注射机参数相符，如模架的外形尺寸、最大开模行程、顶杆孔距、顶出方式和顶出行程等。

任务四　顶出系统设计

【任务描述】

1）加载合适尺寸的顶杆。

2）进行顶杆后处理。

3）完成顶杆所在处的开腔。

顶出系统设计

【任务实施】

加载顶杆

1）隐藏动模侧模架。在“装配导航器”页面中单击“项目二 _moldbase_042”前的“+”，去除“项目二 _movehalf_031”前的“√”。

2）隐藏型芯。单击选择型芯，键盘同时按下 <Ctrl> 键和 <B> 键。

3）测量直径。单击“分析”菜单，在“测量”工具栏中单击“测量距离”按钮，弹出“测量距离”对话框。“类型”选择“直径”，“选择对象”单击灯罩内侧凸出的圆柱，测得直径为 8.048mm，单击“确定”按钮。

4）加载顶杆标准件。单击“注塑模向导”菜单，在“主要”工具栏中单击“标准件库”按钮，弹出“标准件管理”对话框。在资源条选项中单击“重用库”，选择“DME_MM” / “Ejection”，在“成员选择”中单击“Ejector Pin[Straight]”；如图 2-40 所示，在“选择标准件”中选择“新建组件”，在“详细信息”中，“CATALOG_DIA”设置为“8”，“CATALOG_LENGTH”设置为“250”，单击“确定”按钮。

5）在原始腔产品背面圆台圆心处放置顶杆，其他三腔中的顶杆自动完成创建。顶杆布置如图 2-41 所示。

6）顶杆后处理。单击“注塑模向导”菜单，在“主要”工具栏中单击“顶杆后处理”按钮，弹出“顶杆后处理”对话框。如图 2-42 所示，在“目标”中单击选择顶杆，按住 <Shift> 键，单击其余顶杆，单击“确定”按钮，顶杆后处理结果如图 2-43 所示。

图 2-40　顶杆参数

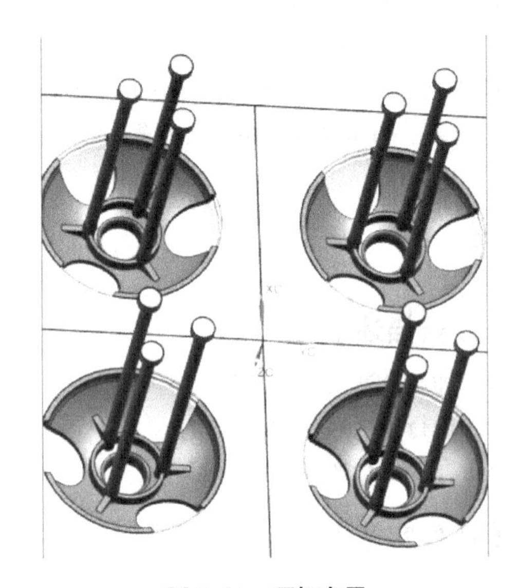

图 2-41　顶杆布置

图 2-42　“顶杆后处理”对话框

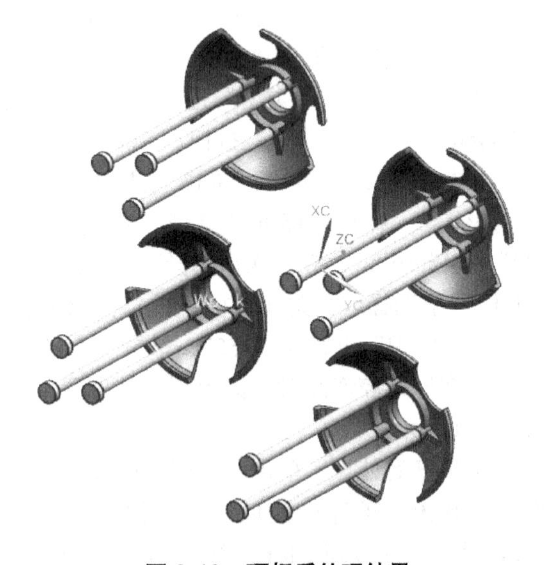

图 2-43　顶杆后处理结果

任务五　成型零件处理

【任务描述】

1）合并凹模（型腔）与型芯。

2）创建螺钉。

成型零件处理 1（合并腔）

【任务实施】

一、合并腔

1）显示全部零件。键盘上同时按下 <Ctrl> 键、<Shift> 键和 <U> 键。

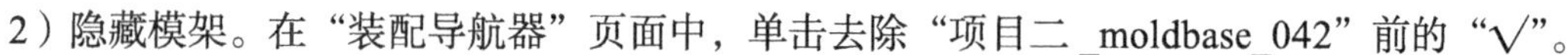

2）隐藏模架。在“装配导航器”页面中，单击去除“项目二 _moldbase_042”前的“√”。

3）合并型腔。单击“注塑模向导”菜单，在“注塑模工具”工具栏中单击“合并腔”按钮，弹出“合并腔”对话框。如图 2-44 所示，单击“项目二 _comb-cavity_023”，依次选中四个型腔零件，单击“应用”按钮。

4）合并型芯。在“合并腔”对话框中，单击“项目二 _comb-core_015”，选择四个型芯零件，单击“确定”按钮，合并型芯结果如图 2-45 所示。

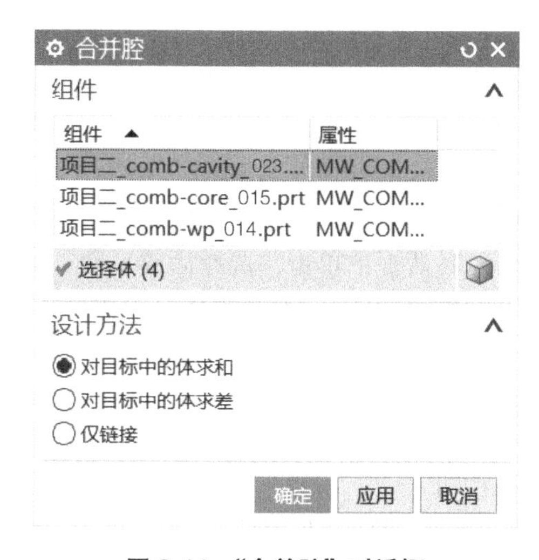

图 2-44　“合并腔”对话框

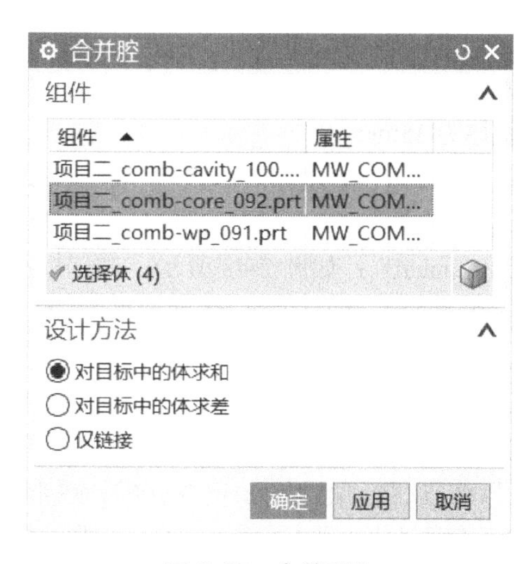

图 2-45　合并型芯

5）复制镶件。在“注塑模工具”工具栏中单击“复制实体”按钮，弹出“复制实体”对话框。如图 2-46 所示，“体”选择原始腔镶件，“父”选择“装配导航器”页面中的“项目二 _layout_021”/“项目二 _combined_012”，在“设置”下勾选“新建组件”，单击“确定”按钮。其余三个镶件依次复制即可。

6）在“装配导航器”页面中，选择“项目二 _prod_002”/“项目二 _cavity_001”并单击鼠标右键，在弹出的快捷菜单中选择“替换引用集”→“Empty”。

7）在“装配导航器”页面中，选择“项目二 _prod_002”/“项目二 _core_005”并单击鼠标右键，在弹出的快捷菜单中选择“替换引用集”→“Empty”。复制实体结果如图 2-47 所示。

图 2-46 “复制实体”对话框

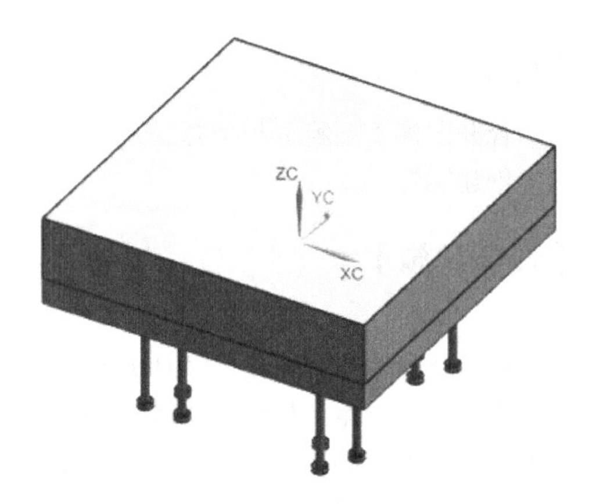

图 2-47 复制实体结果

二、加载螺钉

成型零件处理 2（加载螺钉）

1）显示全部零件。键盘上同时按下 <Ctrl> 键、<Shift> 键和 <U> 键。

2）隐藏定模座板。单击选择定模座板，键盘上同时按下 <Ctrl> 键和 <B> 键。

3）计算板厚。由定模板厚度为 90mm、型腔板厚度为 55mm，可得到中间部分板厚为 35mm。

4）加载定模侧螺钉。在“主要”工具栏中单击“标准件库”按钮，弹出“标准件管理”对话框。在“重用库”中选择“DME_MM”/“Screws”，在“成员选择”中单击“SHCS[Manual]”；如图 2-48 所示，在“标准件管理”对话框中单击“选择面或平面”，然后选择定模板的上表面，在“详细信息”中，“SIZE”设置为“16”，“LENGTH”设置为“40”，“PLATE_HEIGHT”设置为“35”，单击“确定”按钮，弹出“标准件位置”对话框。如图 2-49 所示，在“标准件位置”对话框中，“X 偏置”输入“160”，“Y 偏置”输入“160”，单击“应用”按钮；“X 偏置”输入“–160”，单击“应用”按钮；“Y 偏置”输入“–160”，单击“应用”按钮；“X 偏置”输入“–160”，单击“确定”按钮。

5）隐藏动模支承板和型芯。单击选择动模支承板和型芯，键盘上同时按下 <Ctrl> 键和 <B> 键。

6）零件反向显示。键盘同时按下 <Ctrl> 键、<Shift> 键和 <B> 键。

7）动模支承板板厚 U_h 为 60mm。

8）加载动模侧螺钉。在“主要”工具栏中单击“标准件库”按钮，弹出“标准件管理”对话框。在“重用库”中选择“DME_MM”/“Screws”，在“成员选择”中单击“SHCS[Manual]”；在“标准件管理”对话框中单击“选择面或平面”，然后选择动模支承板的表面，在“详细信息”中，“SIZE”设置为“16”，“LENGTH”设置为“70”，“PLATE_HEIGHT”设置为“60”，单击“确定”按钮，弹出“标准件位置”对话框。在“标准件位置”对话框中，“X 偏置”输入“160”，“Y 偏置”输入“160”，单击“应用”按钮；“X 偏置”输入“–160”，单击“应用”按钮；“Y 偏置”输入“–160”，单击“应用”按钮；“X 偏置”输入“–160”，单击“确定”按钮。

9）显示全部零件。键盘同时按下 <Ctrl> 键、<Shift> 键和 <U> 键。

图 2-48 螺钉参数

图 2-49 “标准件位置”对话框

10）螺钉开腔。在“主要”工具栏中单击“腔”按钮，弹出“开腔”对话框。在对话框中，“目标”选择动模板、动模支承板、型腔和型芯，在“工具”中单击“查找相交”按钮，再单击“确定”按钮。

任务六 浇注系统设计

【任务描述】

1）加载合适尺寸的定位圈。

2）加载合适尺寸的浇口套，根据实际情况确定浇口套长度。

3）完成定位圈和浇口套所在处的开腔。

浇注系统设计

【任务实施】

一、定位圈设计

单击“注塑模向导”菜单，在“主要”工具栏中单击“标准件库”按钮，弹出“标准件管理”对话框。单击资源条选项中的“重用库”，选择“FUTABA_MM”/“Locating Ring Interchangeable”，在“成员选择”中单击“Locating Ring[M-LRJ]”，单击“确定”按钮。定位圈数据和定位圈图示分别如图 2-50 和图 2-51 所示。

图 2-50　定位圈数据

图 2-51　定位圈图示

二、浇口套设计

1）加载浇口套。在“主要”工具栏中单击“标准件库”按钮，弹出“标准件管理”对话框。在“重用库”页面中选择“FUTABA_MM”/“Sprue Bushing”，在“成员选择”中单击“Sprue Bushing[M-SJA...]”，单击“确定”按钮。浇口套数据和浇口套图示分别如图 2-52 和图 2-53 所示。

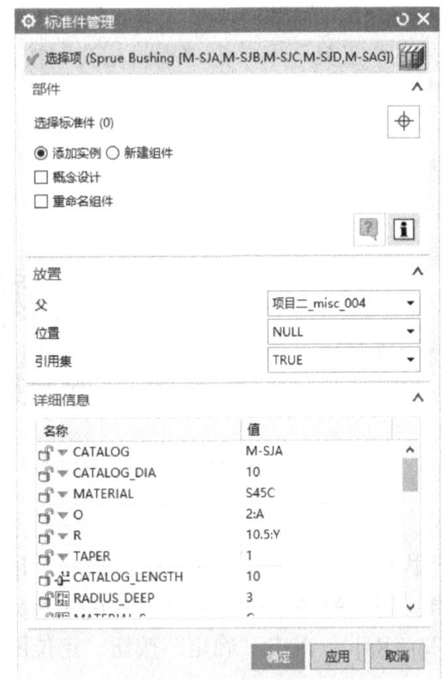

图 2-52　浇口套数据

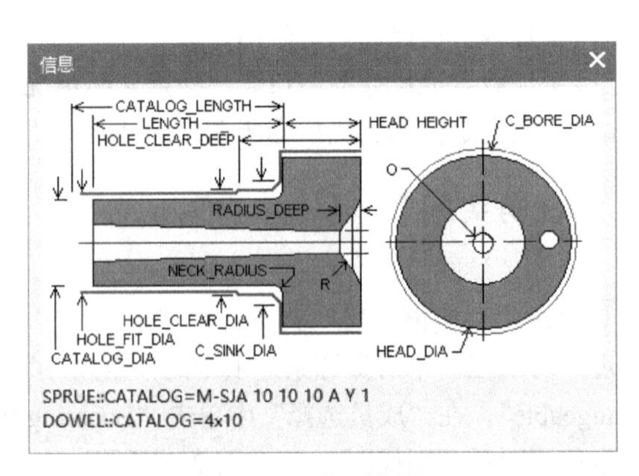

图 2-53　浇口套图示

2）隐藏定模座板、定模板和型腔三个零件。单击定模座板、定模板，键盘同时按下 <Ctrl> 键和 <B> 键；单击型腔，键盘同时按下 <Ctrl> 键和 <B> 键。

3）测量长度。测量浇口套管口到分型面的距离。单击“分析”菜单，在“测量”工具栏中单击“测量距离”按钮，弹出“测量距离”对话框；“类型”设置为“距离”，“起点”选择浇口套的下端面，“终点”选择分型面，测得距离为 105.5mm，单击“确定”按钮。

4）浇口套长度修改。选择浇口套并单击鼠标左键，在弹出的快捷工具条中选择“编辑工装组件”，弹出“标准件管理”对话框；在“详细信息”中，将“CATALOG_LENGTH”设置为“115.5”，单击“确定”按钮。

三、分流道设计

1）单击“注塑模向导”菜单，在“主要”工具栏中单击“设计填充”按钮，弹出“设计填充”对话框。在“重用库”页面中，在“成员选择”中单击“Runner[4]”，分流道如图 2-54 所示。

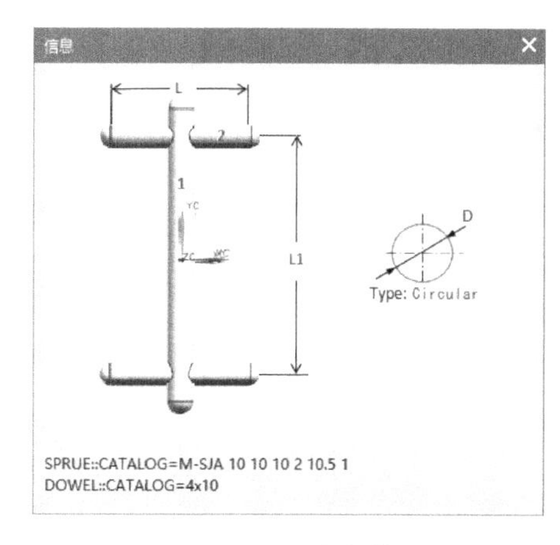

图 2-54　分流道

2）在“设计填充”对话框（图 2-55）中，“Section_Type”设置为“Circular”，“D1”设置为“8.5”，“L1”设置为“172”，“L”设置为“58”，“D”设置为“6”，放置“指定点”选择浇口套底面圆心处，单击“确定”按钮，分流道结果如图 2-56 所示。

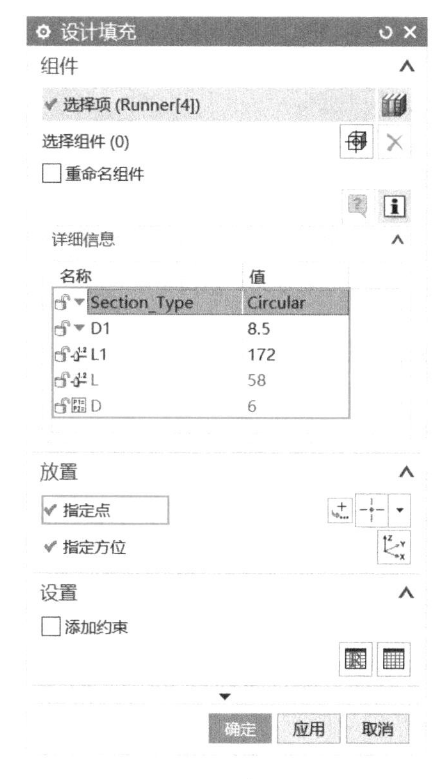

图 2-55　“设计填充”对话框

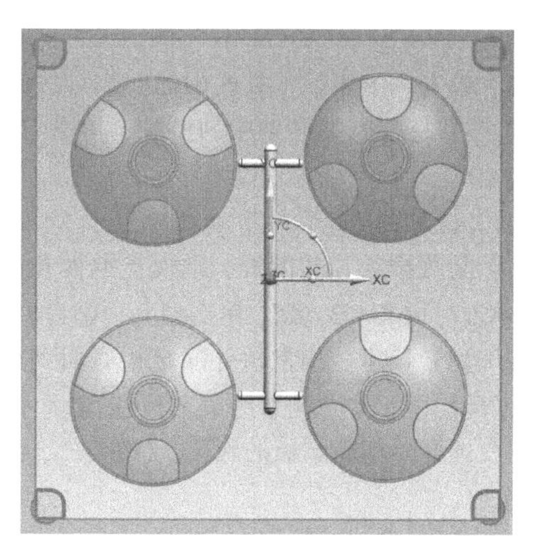

图 2-56　分流道结果

四、浇口设计

1）在“主要”工具栏中单击“设计填充”按钮，弹出“设计填充”对话框。在“重用库”页面中，在“成员选择”中单击“Gate[Side]”。

2）在“设计填充”对话框中，如图 2-57 所示，“Section_Type”设置为“Semi_Circular”，“D”设置为“6”，“L”设置为“0”，“L1”设置为“6”，“W”设置为“2”，“T”设置为“1”，“放置”选择分流道末端的球心，双击箭头调整浇口的方向，单击“应用”按钮。依次完成其他三处浇口，结果如图 2-58 所示。

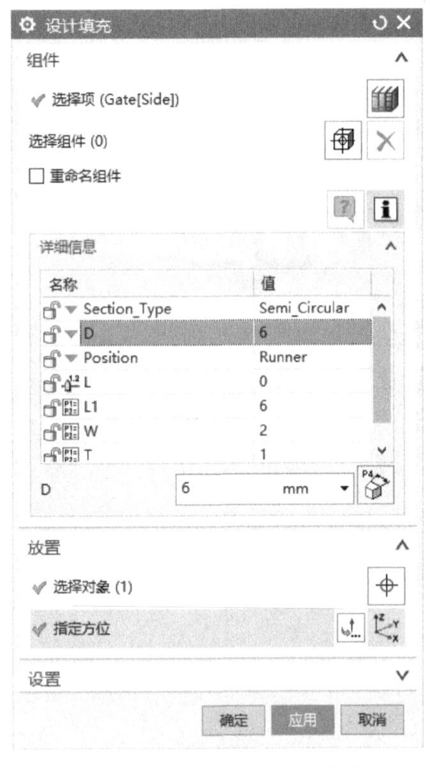

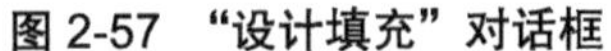
图 2-57 “设计填充”对话框

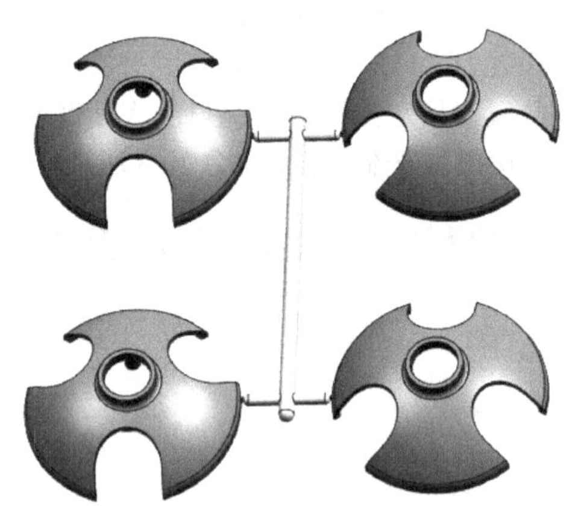

图 2-58 浇口结果

3）单击“主要”工具栏中的“腔”按钮，弹出“开腔”对话框；“模式”设置为“去除材料”，“目标”选择模架中的型腔，单击“工具”下的“查找相交”按钮，再单击“确定”按钮。

五、拉料杆（勾料针）设计

1）隐藏推板、动模板、动模支承板和型芯。单击推板、动模板、动模支承板，键盘同时按下 <Ctrl> 键和 <B> 键；单击型芯，键盘同时按下 <Ctrl> 键和 <B> 键。

2）测量长度。测量顶杆固定板底面到型腔板下表面的距离。单击“分析”菜单，在“测量”工具栏中单击“测量距离”按钮，弹出“测量距离”对话框；“类型”设置为“距离”，“起点”选择顶杆固定板的底面，“终点”选择型腔板下表面，测得距离为 195.5mm，单击“确定”按钮。

3）单击“注塑模向导”菜单，在“主要”工具栏中单击“标准件库”按钮，弹出“标准件管理”对话框。单击“重用库”，选择“FUTABA_MM”/“Sprue Puller”，在“成员选择”

中单击“Sprue Puller[M-RLA]”。在图 2-59 所示对话框中，“选择面或平面”选择顶杆固定板的下表面，在“详细信息”中，“CATALOG_DIA”设置为“8”，“CATALOG_LENGTH”设置为“198”，“C_BORE_DEEP”设置为“8”，单击“确定”按钮，弹出“标准件位置”对话框；单击“确定”按钮。勾料针结果如图 2-60 所示。

图 2-59　“标准件管理”对话框

图 2-60　勾料针结果

4）显示全部零件。键盘同时按下 <Ctrl> 键、<Shift> 键和 <U> 键。

5）单击“主要”工具栏中的“腔”按钮，弹出“开腔”对话框；“模式”设置为“去除材料”，“目标”选择模架中的顶杆固定板、动模支承板和型芯，单击“工具”下的“查找相交”按钮，再单击“确定”按钮。

【知识链接】

知识点 8　分流道的设计

在设计多型腔或多浇口的单型腔浇注系统时，应设置分流道。分流道是指主流道末端与浇口之间的一段塑料熔体的流动通道。分流道的作用是改变熔体流向，使熔体以平稳的流态均衡地分配到各个型腔。

（1）分流道的截面形状　分流道的截面形状及特点见表 2-1。

表 2-1　分流道的截面形状及特点

名称	特　点
圆形截面	优点：比表面积最小，因此阻力小，压力损失小；冷却速度最慢，流道中心冷凝慢，有利于保压 缺点：流道需开在分型面的两侧，难度大，费用高
梯形截面	优点：比表面积比圆形截面大，加工容易，易于脱模，为常用的形式 缺点：与圆形截面分流道相比，热量损失与压力损失大，冷凝料多
U 形截面	优点：比表面积比圆形截面大，加工比较容易，易于脱模，为常用的形式 缺点：与圆形截面分流道相比，热量损失与压力损失大，冷凝料多
半圆形和矩形截面	优点；两者的比表面积均较大，其中矩形截面最大，不常采用 缺点：热量损失与压力损失大

（2）分流道的长度　根据型腔在分型面上的排布情况，分道流可分为一次分流道、二次分流道，甚至三次分流道。分流道的长度要尽可能短，且弯折少，以便减少压力损失和热量损失，节约塑料的原材料和能耗。图 2-61 所示为分流道长度的设计参数，其中 $L_1=6\sim10\text{mm}$，$L_2=3\sim6\text{mm}$，L 的尺寸根据型腔的数量和型腔的大小而定。

（3）分流道在分型面上的布置形式　分流道在分型面上的布置形式与型腔在分型面上的布置形式密切相关，如图 2-62 所示。精度要求高、物理和力学性能要求均衡稳定的制品，尽量选平衡式布置形式。

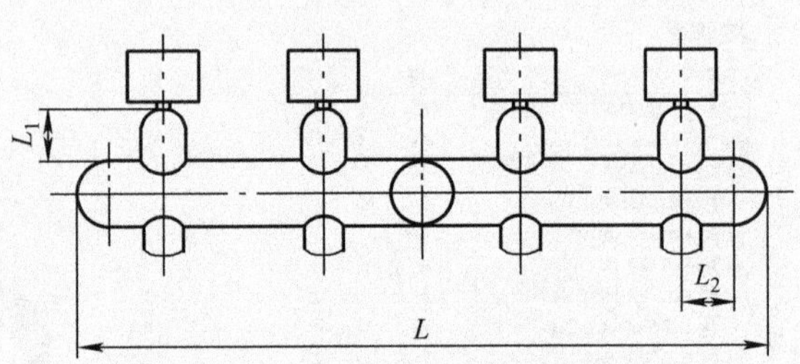

图 2-61　分流道长度的设计参数

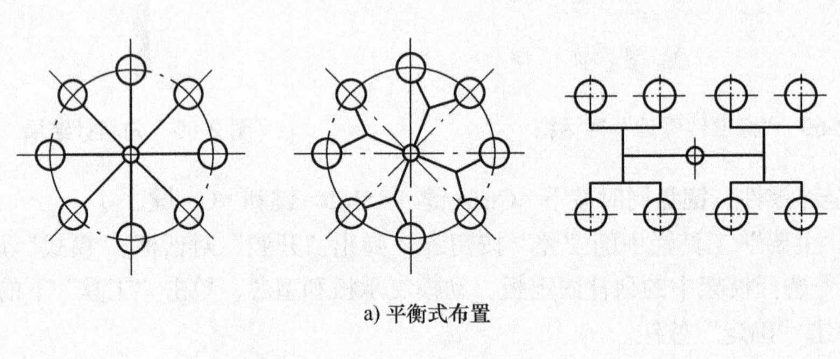

a) 平衡式布置

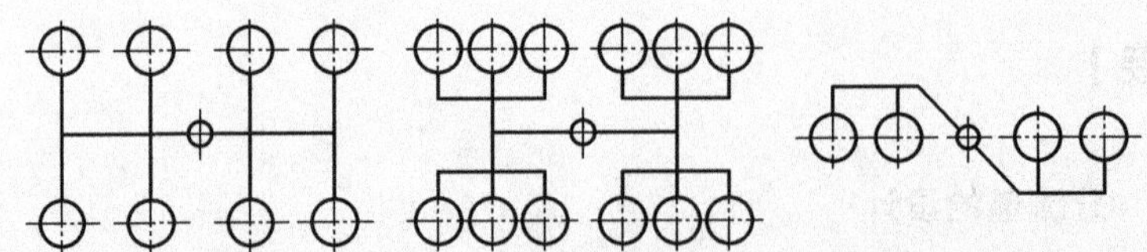

b) 非平衡式布置

图 2-62　分流道在分型面上的布置形式

（4）平衡式浇注系统的优缺点

1）优点：分流道与浇口的长度、形状、断面尺寸都对应相等，可以保证在相同的温度和压力下，所有的型腔在同一时刻被同时充满。

2）缺点：一般来说，流道较长，增加了温度和压力的损失；模板尺寸较大，增加了塑料的消耗量和模具的成本；加工比较困难。

（5）非平衡式浇注系统的优缺点

1）优点：模板的尺寸较小，模具的加工较容易。

2）缺点：分流道的长度、形状和尺寸各不相同，无法进行平衡进料。

任务七　冷却系统设计

【任务描述】

1）绘制冷却水路草图。

2）生成水路实体。

3）完成水路所在处的开腔。

冷却系统设计

【任务实施】

一、创建定模侧冷却水路

1）隐藏模架。在“装配导航器”页面中，单击去除“项目二 _moldbase_042”前的“√”。

2）隐藏浇注系统。在“装配导航器”页面中，单击去除“项目二 _misc_004”前的“√”和“项目二 _fill_013”前的“√”。

3）隐藏型腔以外零件。单击选择型腔以外的零件，键盘同时按下 <Ctrl> 键和 <B> 键。

4）将 cool_side_a 设为工作部件。在“装配导航器”中单击“项目二 _cool_000”前的“+”，双击“项目二 _cool_side_a_016”。

5）创建基准平面。单击“主页”菜单，在“特征”工具栏中单击“基准平面”按钮，弹出“基准平面”对话框；选择条中的“选择范围”设置为“整个装配”，“选择对象”选择型腔的上表面，“距离”设置为“–12”，单击“确定”按钮。

6）进入草图模式。单击“主页”菜单，在“直接草图”工具栏中单击“草图”按钮，弹出“创建草图”对话框；单击步骤 5）创建的基准平面，单击“确定”按钮。

7）着色模式。单击选择条中的“渲染样式”下拉菜单，选择“静态线框”。

8）绘制草图。在“直接草图”工具栏中单击“直线”按钮，选择条中的“选择范围”设置为“整个装配”，绘制水路草图，如图 2-63 所示，单击“完成草图”。

9）绘制直线。单击“曲线”菜单，在“曲线”工具栏中单击“直线”按钮，弹出“直线”对话框；绘制两条 Z 向直线，如图 2-64 所示，“长度”设置为“24”。

10）显示模架。在“装配导航器”页面中单击“项目二 _moldbase_042”前的“√”。

11）测量距离。单击“分析”菜单，在“测量”工具栏中单击“测量距离”按钮，弹出“测量距离”对话框；“起点”选择步骤 9）所绘直线的端点，“终点”选择“定模板”的侧面（平行于 Y 轴），测得距离为 105mm，单击“确定”按钮。

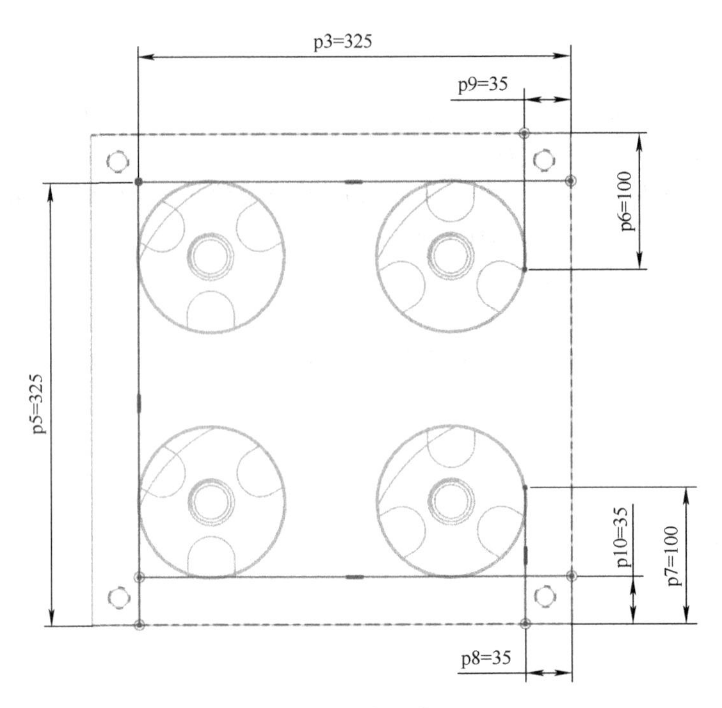

图 2-63　水路草图

12）绘制直线。单击“曲线”菜单，在“曲线”工具栏中单击“直线”按钮，弹出“直线”对话框；绘制以步骤 9）所绘直线上部端点为起点的两条 X 向直线，如图 2-65 所示，“长度”设置为“105”。

13）单击“注塑模向导”菜单，在“冷却工具”工具栏中单击“水路图样”按钮，弹出“通道图样”对话框；“选择曲线”选择所有水路直线，“通道直径”设置为“10”，单击“确定”按钮，水路图样结果如图 2-66 所示。

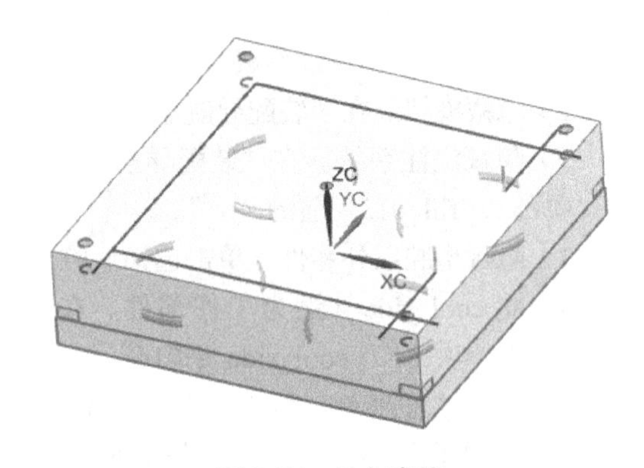

图 2-64　Z 向直线

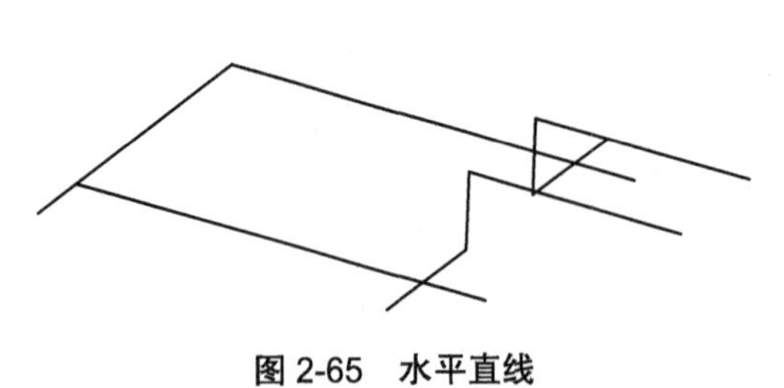

图 2-65　水平直线

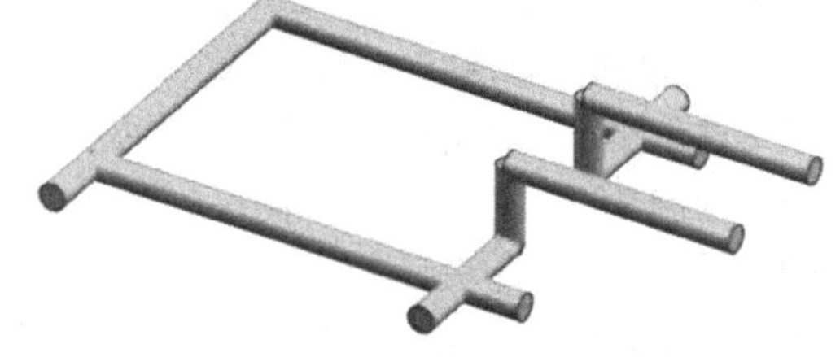

图 2-66　水路图样结果

14）延伸水路。在“冷却工具”工具栏中单击“延伸水路”按钮，弹出“延伸水路”对话框；如图 2-67 所示，“选择水路”依次单击靠近钻尖处的水路侧，“距离”设置为“5”，“末端”设置为“角度”，单击“确定”按钮，延伸结果如图 2-68 所示。

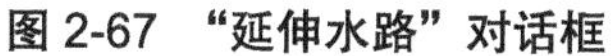
图 2-67　“延伸水路”对话框

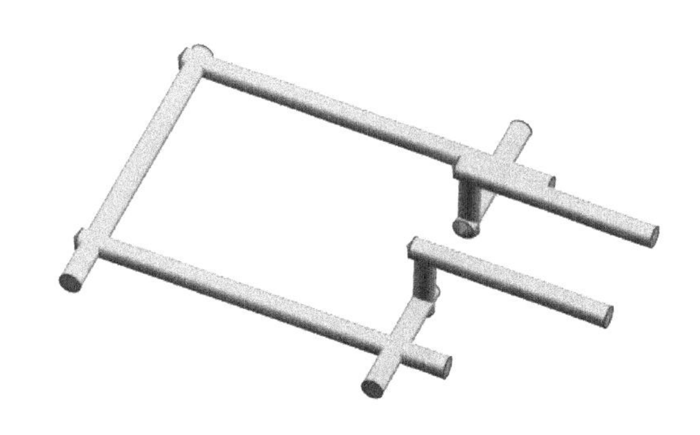
图 2-68　延伸结果

15）显示定模板。在“装配导航器”页面中单击“项目二 _moldbase_042”前的“+”，单击“项目二 _fixhalf_027”前的“+”，单击“项目二 _a_plate_029”前的“√”。

16）测量距离。单击“分析”菜单，在“测量”工具栏中单击“测量距离”按钮，弹出“测量距离”对话框；“起点”单击步骤 9）所绘直线生成水管的上端圆心，“终点”单击定模板的上表面，测得距离为 23.5mm，单击“确定”按钮。

17）单击“注塑模向导”菜单，在“冷却工具”工具栏中单击“延伸水路”按钮，弹出“延伸水路”对话框；如图 2-69 所示，“选择水路”单击步骤 9）生成的水管上端，“距离”设置为“23.5”，“末端”设置为“无”，单击“确定”按钮，延伸结果如图 2-70 所示。

图 2-69　“延伸水路”对话框

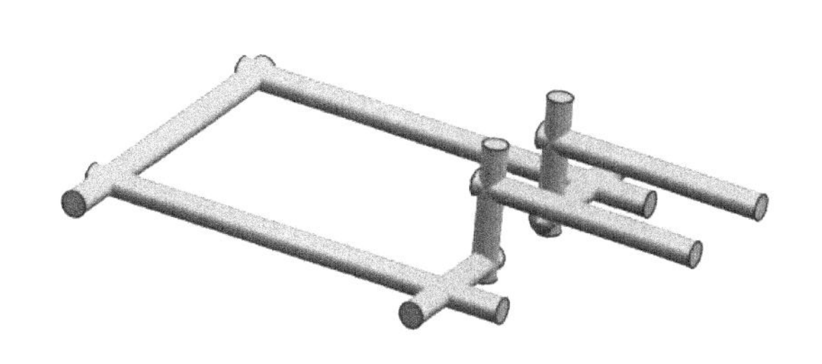
图 2-70　延伸结果

18）单击“冷却工具”工具栏中的“冷却回路”按钮，弹出“冷却回路”对话框；设置水流的方向，一端进，一端出，按照箭头方向依次进行选择，单击“确定”按钮，冷却回路结果如图 2-71 所示。

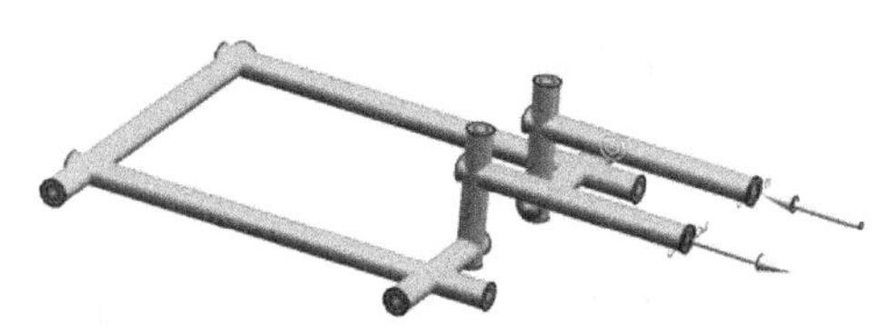

图 2-71　冷却回路结果

19）单击“主要”工具栏中的“概念设计”按钮，弹出“概念设计”对话框；按住 <Ctrl> 键同时选择两个部件，如图 2-72 所示，单击“确定”按钮，水路结果如图 2-73 所示。

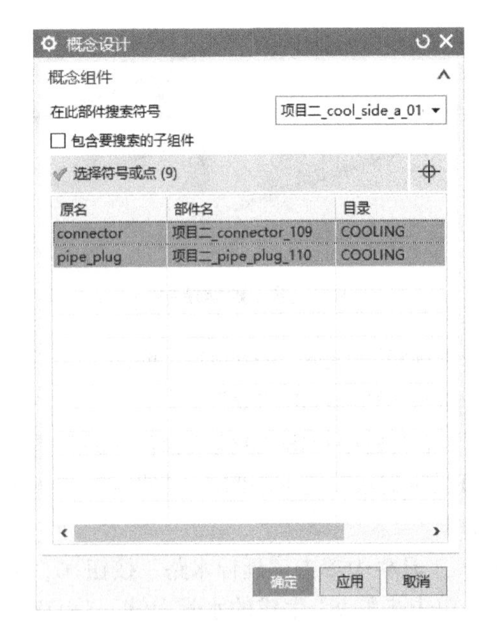

图 2-72　概念设计

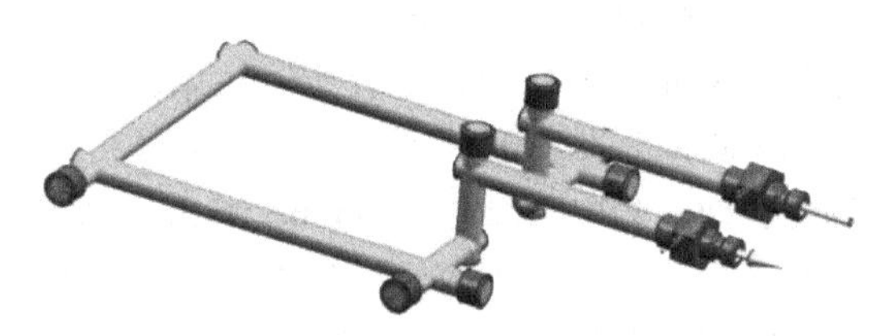

图 2-73　水路结果

20）在“主要”工具栏中单击“腔”按钮，弹出“开腔”对话框；“目标”选择定模板和型腔，单击“工具”下的“查找相交”按钮，再单击“确定”按钮。

21）显示定模板。单击选择定模板，键盘同时按下 <Ctrl> 键和 <B> 键；键盘同时按下 <Ctrl> 键、<Shift> 键和 <B> 键。

22）创建密封圈。在“冷却工具”工具栏中单击“冷却标准件库”按钮，弹出“冷却组件设计”对话框；在“重用库”中选择“COOLING”/“Water”，单击“成员选择”中的“O-RING”；在“冷却组件设计”对话框中，“位置”设置为“PLANE”，“选择面或平面”单击定模板开腔处的底面，“SCETION_DIA”设置为“2”，“FITTING_DIA”设置为“12”，单击“确定”按钮，弹出“标准件位置”对话框；“指定点”单击定模板开腔处底面上两个水管孔的圆心，单击“确定”按钮。

23）在“主要”工具栏中单击“腔”按钮，弹出“开腔”对话框；“目标”选择定模板，单击“工具”下的“查找相交”按钮，再单击“确定”按钮。

二、创建动模侧冷却水路

动模侧冷却水路可以参照定模侧水路的创建方法进行创建，在此不再赘述。

【知识链接】

知识点 9　冷却水道与型腔表面的要求

1）冷却水道的直径一般为 $\phi8 \sim \phi30$mm（$\phi8$mm、$\phi10$mm、$\phi12$mm、$\phi15$mm、$\phi20$mm、$\phi25$mm、$\phi30$mm）。

2）冷却水道的中心距为（3～5）d，如图 2-74 所示。

3）冷却水道至型腔表面的距离不可太近，也不宜太远，一般为 12～15mm 或者（1.5～2）d，应尽量相等，如图 2-75 所示。水道外壁距型腔壁的最小距离根据模具情况而定，对于小模具，最小为 6.5mm；对于中型以上模具，至少为 8～12mm；对于硬模，为 15～20mm。

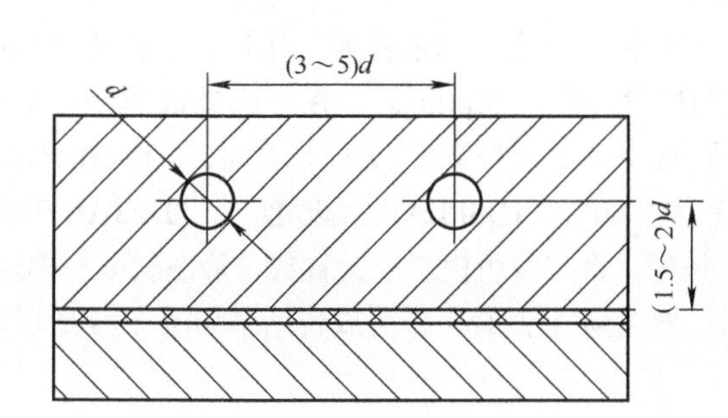

图 2-74　冷却水道的直径、间距与型腔之间的距离

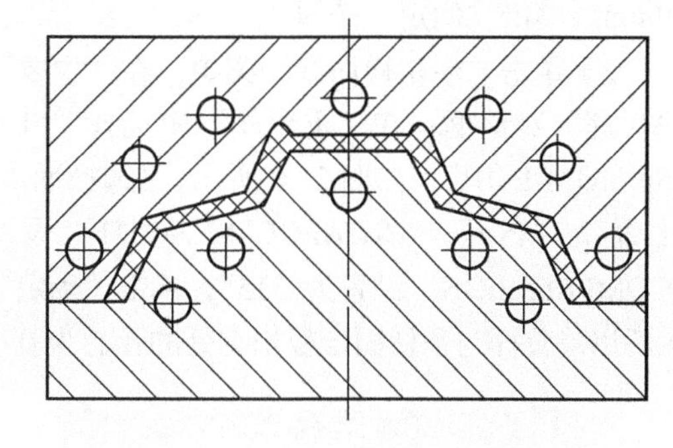

图 2-75　冷却水道至型腔表面的距离应尽量相等

4）塑料制品壁厚不同，型腔壁与冷却水道之间的距离也不同，如图 2-76 所示。

5）冷却水道钻头底部距型腔壁的距离最小为 19mm，如图 2-77 所示。

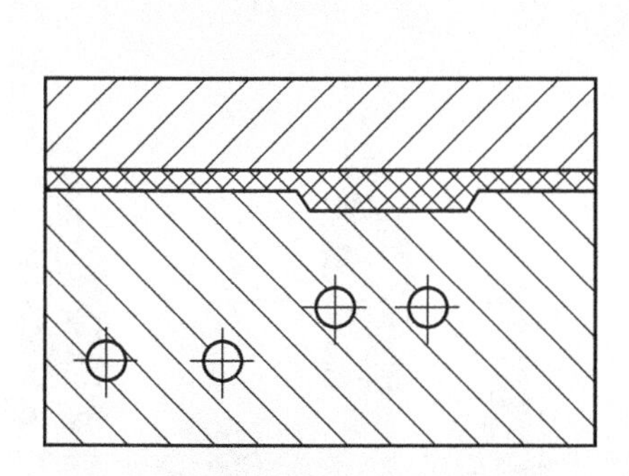

图 2-76　不同壁厚制品与冷却水道之间的距离

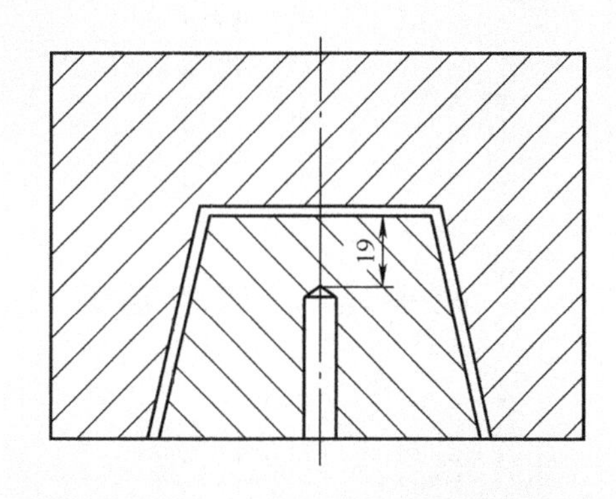

图 2-77　冷却水道钻头底部距型腔壁的最小距离

6）水管接头与吊环装配时，不能发生干涉。

任务八　其他标准件设计

【任务描述】

1）加载合适尺寸的弹簧。

2）加载合适尺寸的限位钉。

3）加载合适尺寸的吊环。

其他标准件设计

【任务实施】

一、弹簧设计

1）测量复位杆直径。单击“分析”菜单，在“测量”工具栏中单击“测量距离”按钮，弹出“测量距离”对话框；“类型”设置为“直径”，“直径对象”选择复位杆，测得直径为30mm，单击“确定”按钮。

2）单击“注塑模向导”菜单，在“主要”工具栏中单击“标准件库”按钮，弹出“标准件管理”对话框；在“重用库”中选择“FUTABA_MM”/“Springs”，在“成员选择”中单击“Spring[M-FSB]”；如图 2-78 所示，“选择面或平面”单击顶杆固定板的上表面，“DIAMETER”设置为“45.5”，“CATALOG_LENGTH”设置为“80”，“DISPLAY”设置为“DETAILED”，“COMPRESSION”设置为“15”，单击“确定”按钮；将“着色模式”设置成“静态线框”模式，然后以复位杆与顶杆固定板相交处的孔心为基准，放置 4 个弹簧。弹簧放置结果如图 2-79 所示。

图 2-78　弹簧数据

图 2-79　弹簧放置结果

二、限位钉设计

单击“注塑模向导”菜单，在“主要”工具栏中单击“标准件库”按钮，弹出“标准件管理”对话框；在“重用库”中选择“FUTABA_MM” / “Stop Buttons”，单击“成员选择”中的组件“Stop Pad（M-STR）”；选择基准面为推板的底面，使用默认数据，单击“确定”按钮；“着色模式”切换成“静态线框”，安装 4 个限位钉，安放时捕捉复位杆圆心即可。限位钉结果如图 2-80 所示。

三、吊环设计

单击“注塑模向导”菜单，在“主要”工具栏中单击“标准件库”按钮，弹出“标准件管理”对话框；在“重用库”中选择“FUTABA_MM” / “Screws”，在“成员选择”中单击“Eye Bolts[M-IBM]”，选择 A 板和 B 板上垂直于 Y 轴正向的表面为基准面放置吊环。吊环设计结果如图 2-81 所示。

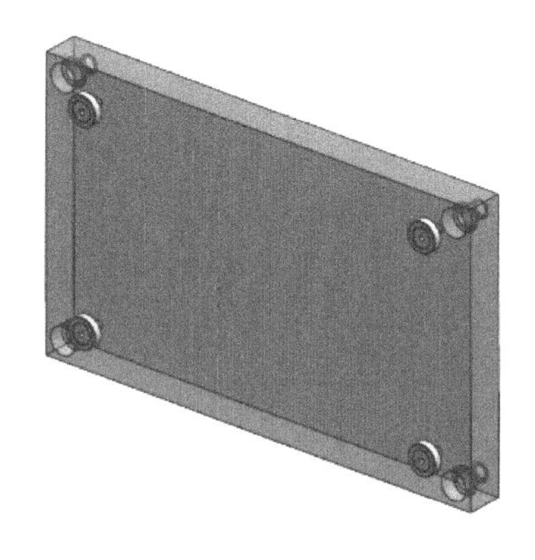

图 2-80　限位钉结果

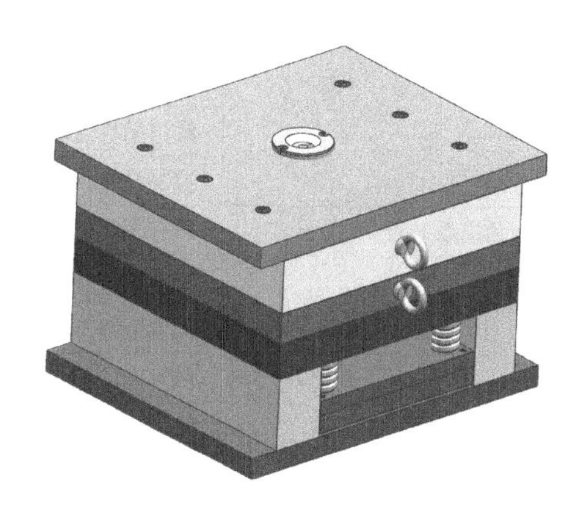

图 2-81　吊环设计

注：冷却系统设计及其他标准件设计方法同项目一和项目二，后面项目中不再赘述。

价值观——系统观念

万事万物是相互联系、相互依存的。只有用普遍联系的、全面系统的、发展变化的观点观察事物，才能把握事物发展规律。我国是一个发展中大国，仍处于社会主义初级阶段，正在经历广泛而深刻的社会变革，推进改革发展、调整利益关系往往牵一发而动全身。我们要善于通过历史看现实、透过现象看本质，把握好全局和局部、当前和长远、宏观和微观、主要矛盾和次要矛盾、特殊和一般的关系，不断提高战略思维、历史思维、辩证思维、系统思维、创新思维、法治思维、底线思维能力，为前瞻性思考、全局性谋划、整体性推进党和国家各项事业提供科学思想方法。

模具分型是模具设计大系统中的一个环节，与后续各个环节联系紧密、不可分割。分型结构不合理，会直接影响产品的生产。模具是由许多个零件组成的一个整体，每个零件均在模具中承担着不可或缺的功能，相互之间存在着依存关系。因此，我们应该充分发挥每个零件的作用，并使其整体功能得到发挥。

项目评价

项目二的评价见表 2-2。

表 2-2 项目二评价表

序号	考核项目	考核内容及要求	配分	得分	备注
1	成型零部件设计（40 分）	型腔结构合理	10		
		型芯结构合理	10		
		镶件设计合理	20		
2	模架设计（15 分）	合理选择模架尺寸	5		
		开框结构合理	5		
		固定螺钉设计合理	5		
3	浇注系统设计（25 分）	定位圈结构合理	5		
		浇口套结构合理	5		
		分流道结构合理	5		
		浇口结构合理	5		
		拉料杆设计合理	5		
4	顶出系统设计（5 分）	顶杆形状、位置、长度、数量合理	5		
5	冷却系统设计（10 分）	定模侧冷却回路设计合理	5		
		动模侧冷却回路设计合理	5		
6	其他设计（5 分）	吊环、限位钉、复位弹簧设计合理	5		
合计			100		

闯关考验

一、产品分型

1. 完成图 2-82 所示密码壳的分型设计。
2. 完成图 2-83 所示吹风机外壳的分型设计。

图 2-82 密码壳

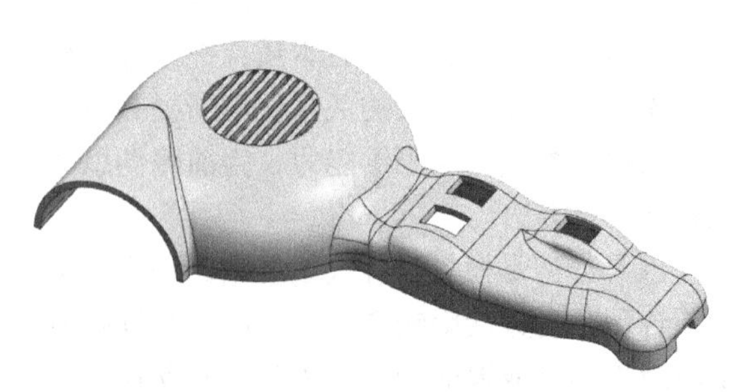

图 2-83 吹风机外壳

二、模具设计

本任务是电机盖（图 2-84）的注塑模具设计。产品材料为 ABS。要求：选择合适的分型面，一模四腔，设计出模具的浇注系统、推出系统，选用合适的模架，完成三维总装图。

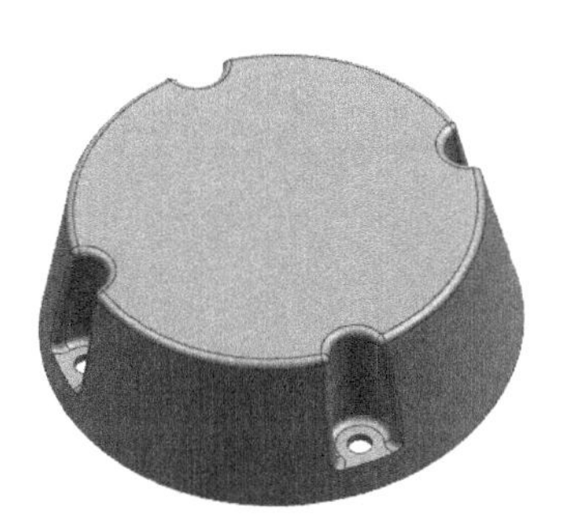

图 2-84　电机盖产品图

Project 3

项目三 肥皂盒盖多件注塑模具设计

设计任务

本项目任务为肥皂盒上、下盖的注塑模具设计。肥皂盒上、下盖的3D模型如图3-1所示。

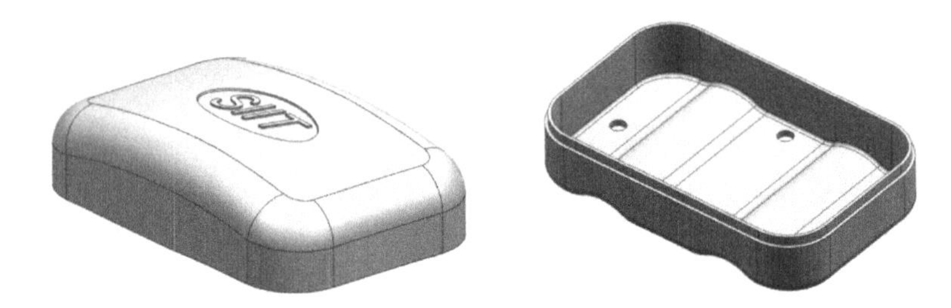

图3-1 肥皂盒上、下盖

技术要求

1）产品材料：聚碳酸酯（PC）。

2）产品外观要求：表面光洁，没有流纹、飞边等。

3）材料收缩率：0.5%。

4）产量：10万件。

设计思路

1. 产品分析

该产品属于日常用品，用于盛放肥皂。要求材料具有一定的耐磨性；外壳不能有气泡、凹穴和喷痕等瑕疵；产品的配合要求比较高。

2. 模具分析

（1）模具结构　肥皂盒产品结构比较简单，不需要进行特殊结构设计。肥皂盒由上盖和下盖两部分组成，因此采用一模两件的两板模结构。

（2）分型面　分型面取在制品最大截面处。为保证制品的外观质量和便于排气，分型面选在制品的底部。

（3）浇注方式　该制品从盒内侧浇注，浇口形状为锥形，分流道截面选择圆形，采用潜伏式浇注系统，如图3-2所示。

（4）顶出系统　顶杆设置于制品的内表面，均匀分布于内表面上。

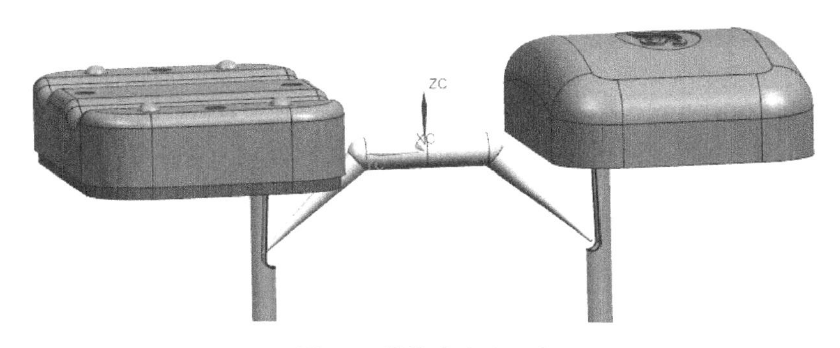

图 3-2　潜伏式浇注系统

项目实施

任务一　模具设计准备

【任务描述】

1）对肥皂盒塑料件进行初始化设置。

2）设置模具坐标系。

3）设置工件的长、宽、高尺寸。

模具设计准备

【任务实施】

一、项目初始化开始

1）单击起始菜单“开始”→“所有程序”→“Siemens NX12.0”→“NX 12.0”命令，或双击桌面上的“NX12.0”快捷图标，进入 NX 12.0 初始化环境界面。

2）打开肥皂盒上盖零件。单击工具栏中的“打开”按钮，弹出“打开”对话框；在路径中选择“soap_up.prt”文件，单击“OK”按钮。

3）单击菜单“应用模块”→“注塑模”按钮，切换到“注塑模向导”菜单栏界面。

4）初始化设置肥皂盒上盖零件。单击工具栏中的“初始化项目”按钮，弹出“初始化项目”对话框；在“路径”中选择文件保存位置，如图 3-3 所示，“Name”设置为“soap_up”，“材料”设置为“PC”，“收缩”设置为“1.0045”，单击“确定”按钮。

5）保存全部文件。单击菜单“文件”→“保存”→“全部保存”命令。

6）初始化设置肥皂盒下盖零件。单击工具栏中的“初始化项目”按钮，弹出“部件名”对话框；在对话框中选择“soap_down”文件，单击“OK”按钮，弹出“部件名管理”对话框，如图 3-4 所示；单击“确定”按钮。

图 3-3　“初始化项目”对话框

二、设置成型工件及型腔布局

1）设置肥皂盒上盖为编辑状态。在“主要”工具栏中单击“多腔模设计”按钮，弹出“多腔模设计”对话框；如图 3-5 所示，单击“soap_up”选项，单击“确定”按钮。

2）隐藏肥皂盒下盖。单击肥皂盒下盖，键盘同时按下 <Ctrl> 键和 <B> 键。

图 3-4 “部件名管理”对话框

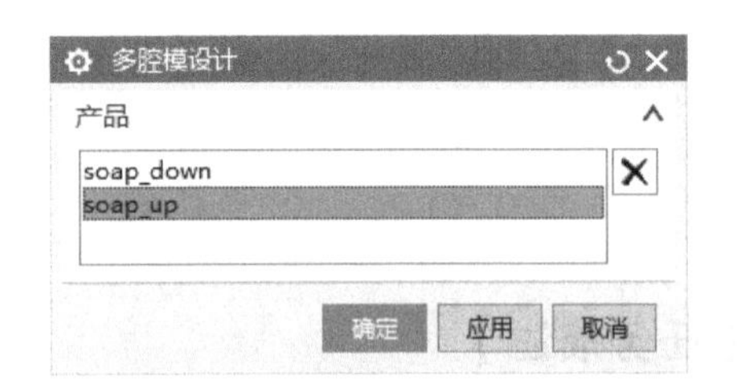

图 3-5 “多腔模设计”对话框

3）设置肥皂盒上盖模具坐标系。在“主要”工具栏中单击“模具坐标系”按钮，弹出“模具坐标系”对话框；默认选中“当前 WCS”选项，单击“确定”按钮。

4）完成 soup_up 零件的工件设计。单击“主要”工具栏中的“工件”按钮，弹出“工件”对话框；设置“开始”下的“距离”为“–25”，设置“结束”下的“距离”为“50”，如图 3-6 所示，单击“确定”按钮，工件结果如图 3-7 所示。

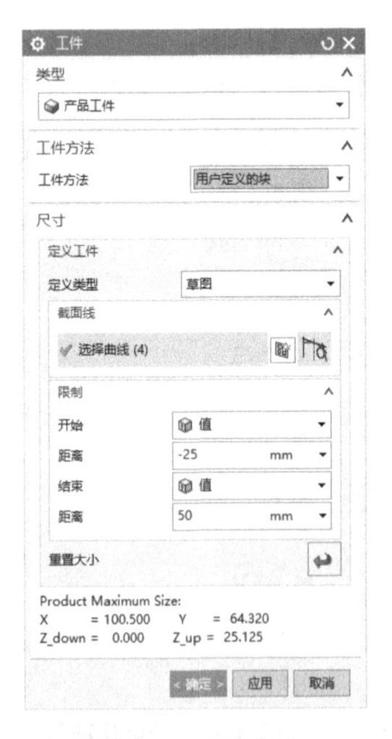

图 3-6 工件设置

图 3-7 工件结果

5）设置肥皂盒下盖为编辑状态。在“主要”工具栏中单击“多腔模设计”按钮，弹出“多腔模设计”对话框；如图 3-8 所示，单击“soap_down”，单击“确定”按钮。

6）在绘图区将肥皂盒上盖及工件隐藏。

7）设置肥皂盒下盖模具坐标系。在“主要”工具栏中单击“模具坐标系”按钮，弹出“模具坐标系”对话框；选中“选定面的中心”，取消“锁定 XYZ 位置”复选框，在绘图区选择肥皂盒下盖分型线所在的面，单击“确定”按钮，坐标系如图 3-9 所示。

图 3-8 “多腔模设计”对话框

图 3-9 下盖坐标系

8）设置 soup_down 零件的工件。单击“主要”工具栏中的“工件”按钮，弹出“工件”对话框；设置“开始”下的“距离”为“–25”，设置“结束”下的“距离”为“50”，单击“确定”按钮。

9）在“主要”工具栏中单击“型腔布局”按钮，弹出“型腔布局”对话框；在“编辑布局”中单击“变换”按钮，弹出“变换”对话框；在“变换类型”中选择“平移”，设置数据如图 3-10 所示，单击“确定”按钮。

10）移动工件几何中心至坐标中心。在“型腔布局”对话框的“编辑布局”中，单击“自动对准中心”按钮，再单击“关闭”按钮。肥皂盒上、下盖的型腔布局如图 3-11 所示。

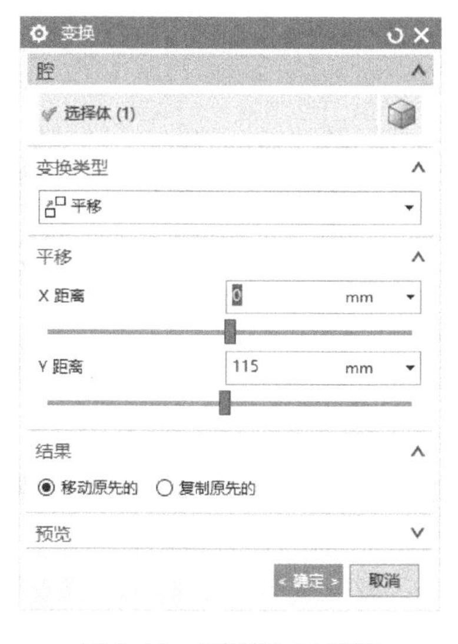

图 3-10 “变换”对话框

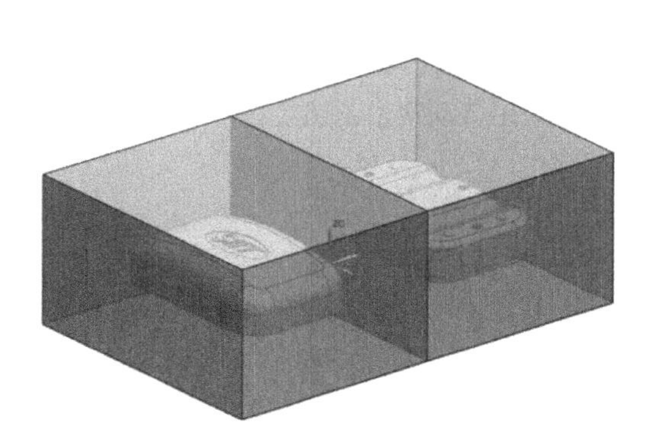

图 3-11 肥皂盒上、下盖的型腔布局

【知识链接】

知识点1　PC塑料

聚碳酸酯（PC）是在大分子主链中含有碳酸酯链节的高分子化合物的总称。聚碳酸酯的生产方法有酯交换法和光气化法。目前应用量最大、用途较广的是双酚A型芳香族聚碳酸酯和工程塑料玻璃纤维增强聚碳酸酯。

聚碳酸酯是一种透明、白色或微黄色聚合物，无定形、无味、无毒；制品刚硬、耐冲击，有良好的韧性，吸水率较低；力学性能优良；但耐疲劳强度低，容易产生开裂；耐热性和耐寒性较好，应用温度范围为-60～120℃，热变形温度为135℃左右，温度在220～230℃呈熔融态，分解温度>310℃；熔融体黏度大，流动性差，成型加工难度较大，但着色性好；有较好的电绝缘性，不易燃，有自熄性；耐酸、盐类和油、脂肪烃及醇，不耐氯烃、碱、胺、酮等介质，易溶于二氯甲烷、二氯乙烷等氯代烃类溶剂中。

聚碳酸酯是一种综合性能优良的工程塑料，其制品广泛应用在机械行业、电子电器工业、交通运输和纺织工业、医疗和生活日用品等领域。

1）机械行业。各种工作负荷不大的齿轮、齿条、凸轮、蜗杆、螺钉、螺母、管件、叶轮、阀门用零件、照相器材用零件及钟表用零件等。

2）电子电器工业。用作电子计算机、电视机、收音机、音响设备和家用电器等的绝缘接插件、线圈框架、垫片等，仪表外壳，手电钻外壳，吹风机外壳，灯具和控制器外壳等。

3）生活日用品。如太阳眼镜、打火机、烟具、洗澡盆、头盔、灯片、餐具、信号灯体等。

4）军工领域。如飞机、汽车和船用风挡玻璃，反坦克地雷，枪械握把，潜望镜等。

5）其他领域。如纺织工业用各种纬纱管、纱管、毛纺管等，建筑业和农业中用作高冲击强度的玻璃窗和玻璃暖房具，具有很高的安全性和装饰性。

任务二　分型设计

【任务描述】

1）应用“多腔模设计”和“分型”工具对肥皂盒上、下盖进行分型设计。

2）采用塑模部件验证进行型芯、型腔区域的设置，借助区域颜色对未定义的区域进行指派区域。

3）采用自动搜索创建塑料件的分型线及分型面，并创建型芯和型腔。

零件分模设计

【任务实施】

一、肥皂盒上盖的分型设计

1）在“主要”工具栏中单击“多腔模设计”按钮，弹出“多腔模设计”对话框；单击选择“soap_up”，单击“确定”按钮。

2）计算模型。单击“分型刀具”工具栏中的“检查区域”按钮，弹出“检查区域”对话框；如图3-12所示，单击“计算”按钮。

3）完成区域定义。切换到“区域”选项卡，如图 3-13 所示，单击“设置区域颜色”按钮，然后勾选“交叉竖直面”，“指派到区域”中默认选择“型腔区域”，单击“确定”按钮。

图 3-12　“检查区域”对话框

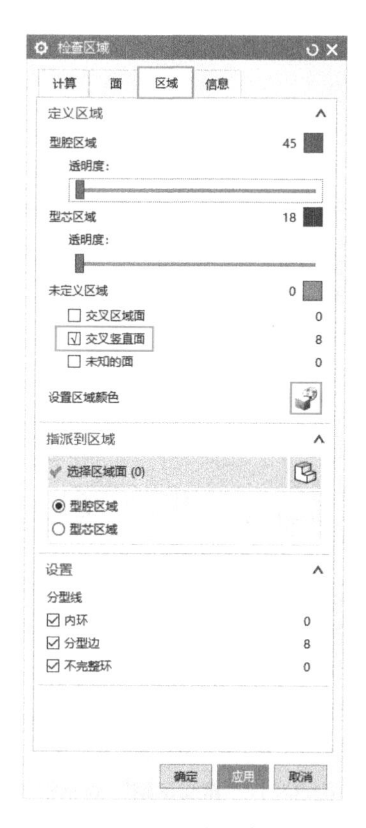

图 3-13　“区域”选项卡

4）定义区域。单击“分型刀具”工具栏中的“定义区域”按钮，弹出“定义区域”对话框；如图 3-14 所示，在“区域名称”中单击“所有面”，在“设置”中勾选“创建区域”和“创建分型线”，单击“确定”按钮。

5）设计分型面。单击“分型刀具”工具栏中的“设计分型面”按钮，弹出“设计分型面”对话框；如图 3-15 所示，在“方法”选项区默认选择“有界平面”按钮，单击“确定”按钮。

6）编辑分型面和曲面补片。单击“分型刀具”工具栏中的“编辑分型面和曲面补片”按钮，弹出“编辑分型面和曲面补片”对话框；如图 3-16 所示，“类型”设置为“分型面”，单击“确定”按钮。

7）创建型腔和型芯。单击“分型刀具”工具栏中的“定义型腔和型芯”按钮，弹出“定义型腔和型芯”对话框；如图 3-17 所示，“类型”设置为“区域”，“区域名称”设置为“所有区域”，连续单击“确定”按钮 3 次，完成模具分型。

8）单击资源条选项中的“装配导航器”按钮，在“装配导航器”页面中选择“soap_up_parting_022”并单击鼠标右键，在弹出的快捷菜单中选择“在窗口中打开父项”→“soap_up_top_009”，切换到分型结果，如图 3-18 所示。

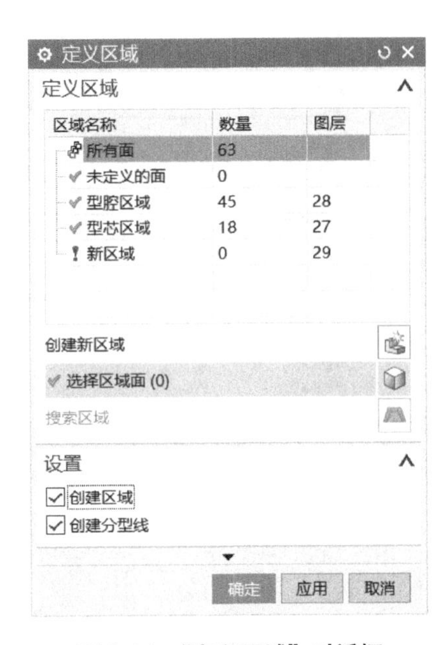

图 3-14 “定义区域”对话框

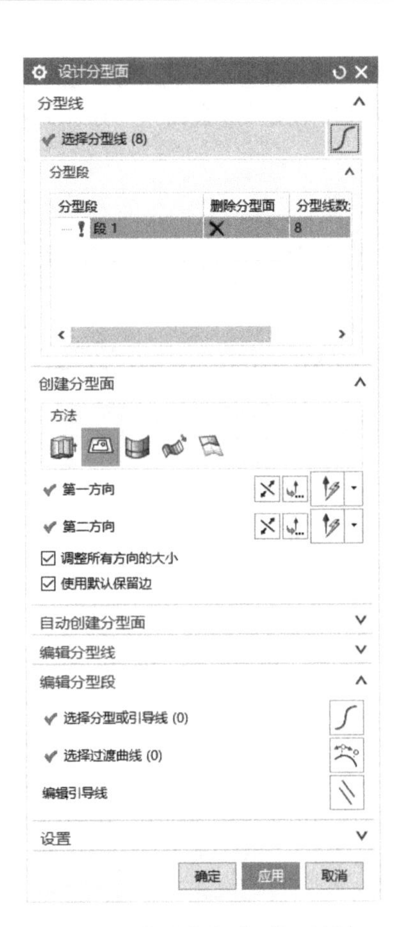

图 3-15 “设计分型面”对话框

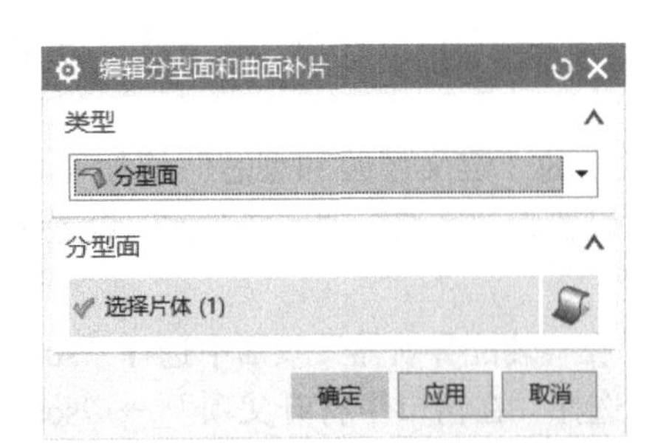

图 3-16 “编辑分型面和曲面补片”对话框

图 3-17 “定义型腔和型芯”对话框

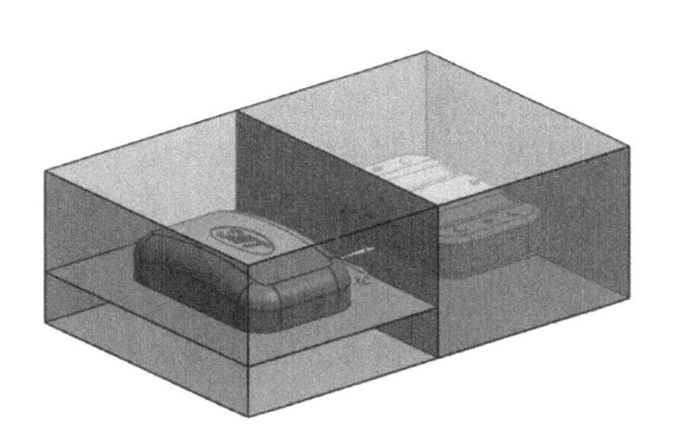

图 3-18　分型结果

二、肥皂盒下盖的分型设计

1）在“主要”工具栏中单击“多腔模设计”按钮，弹出“多腔模设计”对话框；单击“soap_down”，单击“确定”按钮。

2）计算模型。单击“分型刀具”工具栏中的“检查区域”按钮，弹出“检查区域”对话框；如图 3-19 所示，单击“计算”按钮。

3）完成区域定义。切换到“区域”选项卡，如图3-20所示，单击“设置区域颜色”按钮，然后勾选“交叉竖直面”，“指派到区域”中默认选择“型腔区域”，单击“应用”按钮；在“指派到区域”中选择“型芯区域”，然后选择产品中的 4 个内孔侧面，单击“确定”按钮。

图 3-19　“检查区域”对话框

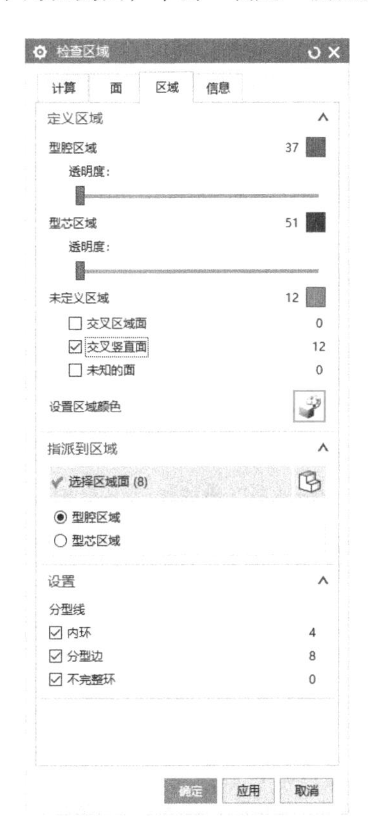

图 3-20　“区域”选项卡

4）曲面补片。单击“分型刀具”工具栏中的“曲面补片”按钮，弹出“边补片”对话框；如图 3-21 所示，“类型”设置为“体”，“选择体”单击下盖实体，单击“确定”按钮。

5）定义区域。单击“分型刀具”工具栏中的“定义区域”按钮，弹出“定义区域”对话框；如图 3-22 所示，在“区域名称”中单击“所有面”，在“设置”中勾选“创建区域”和“创建分型线”，单击“确定”按钮。

6）设计分型面。单击“分型刀具”工具栏中的“设计分型面”按钮，弹出“设计分型面”对话框；如图 3-23 所示，在“创建分型面”下的“方法”中默认选择“有界平面”按钮，单击“确定”按钮。

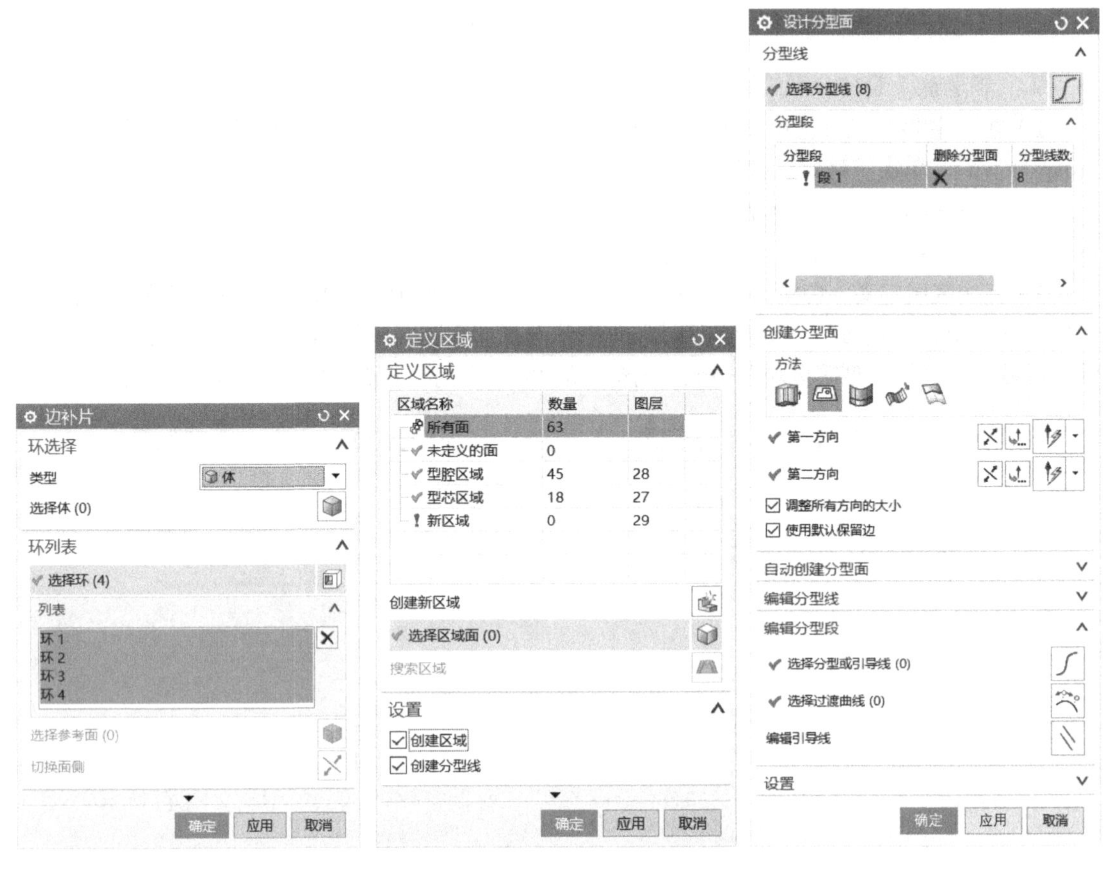

图 3-21 “边补片”对话框　　图 3-22 “定义区域”对话框　　图 3-23 “设计分型面”对话框

7）编辑分型面和曲面补片。单击“分型刀具”工具栏中的“编辑分型面和曲面补片”按钮，弹出“编辑分型面和曲面补片”对话框；“类型”设置为“分型面”，单击“确定”按钮。

8）创建型腔和型芯。单击“分型刀具”工具栏中的“定义型腔和型芯”按钮，弹出“定义型腔和型芯”对话框；“类型”设置为“区域”，“区域名称”设置为“所有区域”，连续单击“确定”按钮 3 次，完成模具分型。

9）单击资源条选项中的“装配导航器”按钮，在“装配导航器”页面中选择“soap_up_parting_034”并单击鼠标右键，在弹出的快捷菜单中选择“在窗口中打开父项”→“soap_up_top_009”，切换到分型结果如图 3-24 所示。

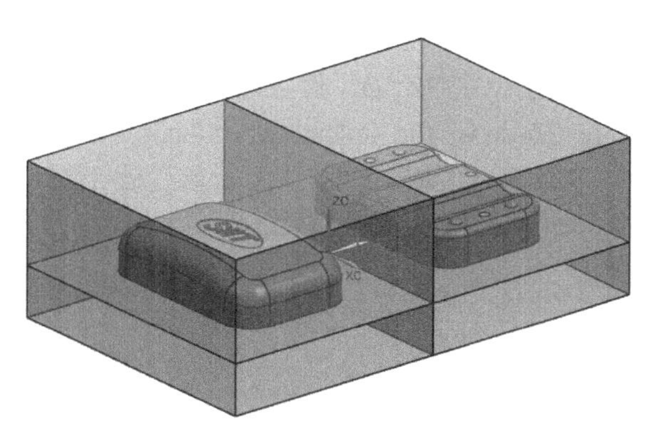

图 3-24　分型结果

任务三　模 架 设 计

【任务描述】

1）加载合适尺寸的龙记大水口模架，A 板、B 板与工件采用内六角螺钉紧固。

2）创建腔体。

模架设计

【任务实施】

一、加载模架

1）单击“主要”工具栏中的“模架库”按钮，弹出“模架库”对话框。

2）在“重用库”中选择“LKM_SG”，在“成员选择”中单击“C”图标，弹出“信息”对话框，如图 3-25 所示。

注：由图 3-25 可知，分型结果中的 W 和 L 分别是“150”和“230”。在加载模架时，单边增加约“50”，在选择模架大小时，以此为参考进行适当调节，模架大小可选为“3035”。

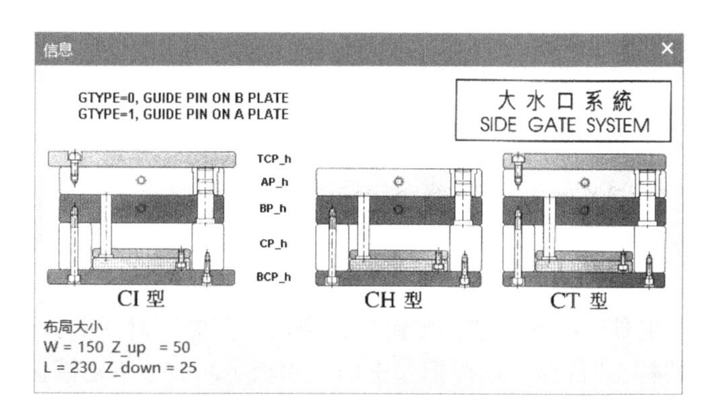

图 3-25　“信息”对话框

3）在“模架库”对话框（图 3-26）中，“index”设置为“3035”，“AP_h”设置为“80”，“BP_h”设置为“60”，“Mold_type”设置为“350：I”，“fix_open”设置成“0.5”，“move_ open”设置成“0.5”，“EJB_open”设置成“-5”；单击“确定”按钮，模架加载结果如图 3-27 所示。

注：“AP_h”是 A 板的厚度，在“Z_up”值上增加 25 ~ 30mm，“AP_h”设置成“80”；“BP_h”是 B 板的厚度，在“Z_down”值上增加 30 ~ 40mm，“BP_h”设置成“60”；“Mold_type”是模架的具体类型，本案选择“工”字型；“fix_open”是定模打开的距离；“move_open”是动模打开的距离；“EJB_open”是推板与动模座板之间的距离。

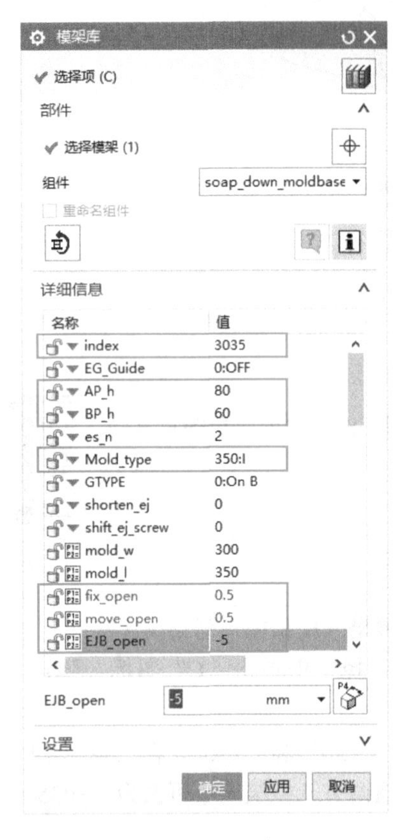

图 3-26 模架参数

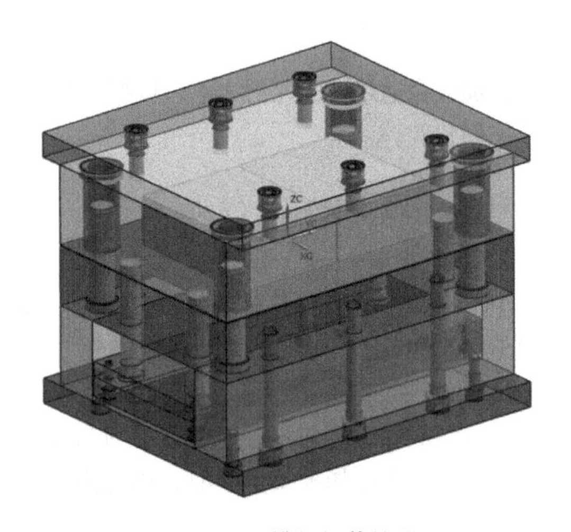
图 3-27 模架加载结果

二、模架开框

1）单击“主要”工具栏中的“型腔布局”按钮，弹出“型腔布局”对话框；单击“编辑布局”下的“编辑插入腔”按钮，弹出“插入腔”对话框；“R”设置为“10”，“type”设置为“2”，单击“确定”按钮，返回“型腔布局”对话框；单击“关闭”按钮，得到的腔体如图 3-28 所示。

2）单击“主要”工具栏中的“腔”按钮，弹出“开腔”对话框；如图 3-29 所示，“模式”设置为“去除材料”，“目标”选择模架中的定模板（A 板）与动模板（B 板），单击“工具”下的“查找相交”按钮，再单击“确定”按钮。

3）单击资源条选项中的“装配导航器”按钮，在“装配导航器”页面中选择“soap_up_misc_004”/“soap_up_pocket_065”并单击鼠标右键，在弹出的快捷菜单中选择“替换引用集”→“Empty”，开框结果如图 3-30 所示。

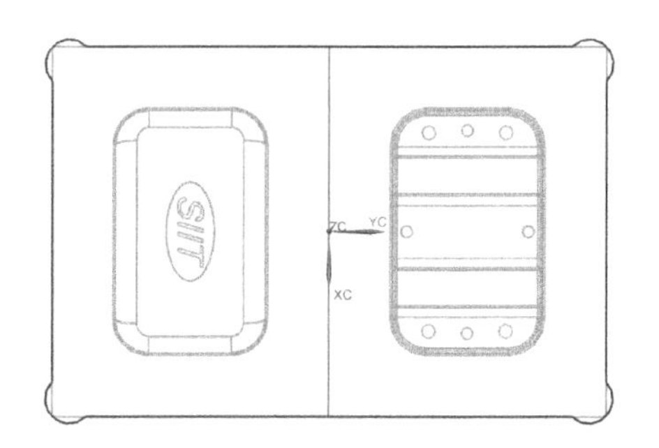

图 3-28　腔体

图 3-29　“开腔”对话框

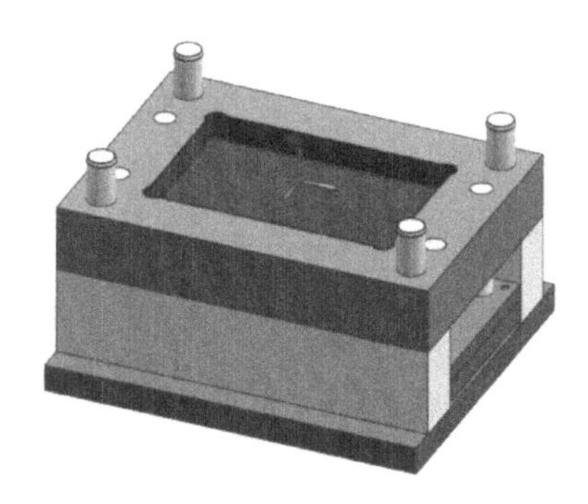

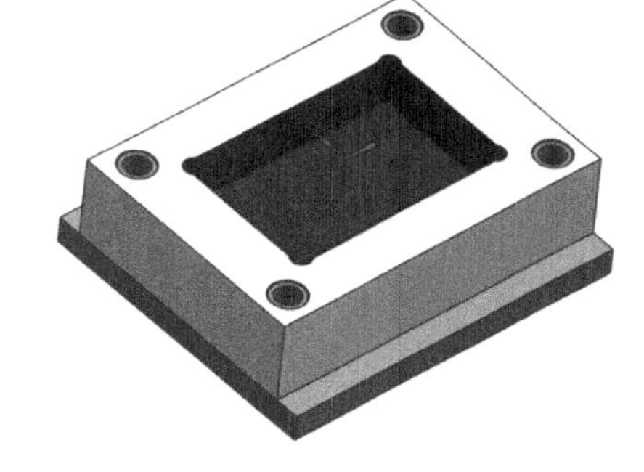

图 3-30　开框结果

任务四　顶出系统设计

【任务描述】

1）加载合适尺寸的顶杆。

2）进行顶杆后处理。

3）完成顶杆所在处的开腔。

顶出系统设计

【任务实施】

一、肥皂盒上盖的顶杆设计

1）进入上盖设计环境。单击“注塑模向导”菜单，在“主要”工具栏中单击“多腔模设计”按钮，弹出“多腔模设计”对话框；选择“soap_up”，单击“确定”按钮。

2）在“装配导航器”中，单击去除“soap_up_moldbase_mm_053”/“soap_up_move-half_042”前面勾选，隐藏动模部分，同时隐藏型芯板。

3）在“主要”工具栏中单击“标准件库”按钮，在“重用库”中选择“DME_MM”/“Ejection”，在“成员选择”中单击“Ejector Pin[Straight]”，顶杆参数和顶杆示意图如图3-31和图3-32所示；在“选择标准件”选项区点选“新建组件”，在“详细信息”中，“CATALOG_DIA”设置为“6”，“CATALOG_LENGTH”设置为“160”，“HEAD_TYPE”设置为“5”，单击“确定”按钮。

图3-31　顶杆参数

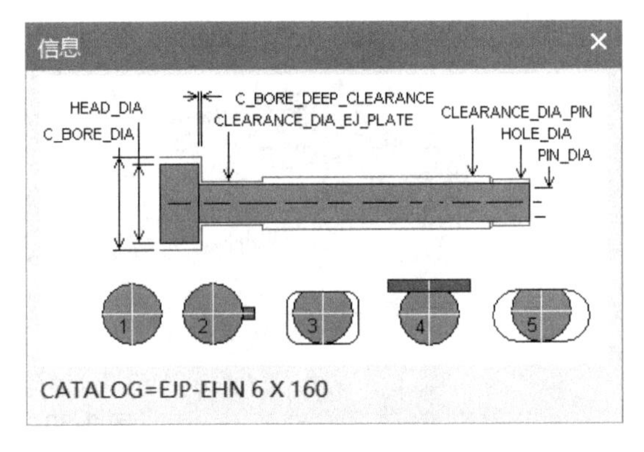

图3-32　顶杆示意图

4）放置顶杆。在弹出的“点”对话框中，分别设置坐标为（35,–42）、（–35,–42）、（0,–42）、（0,–72）、（35,–72）、（–35,–72），依次单击“确定”按钮，最后单击“取消”按钮。顶杆布置结果如图3-33所示。

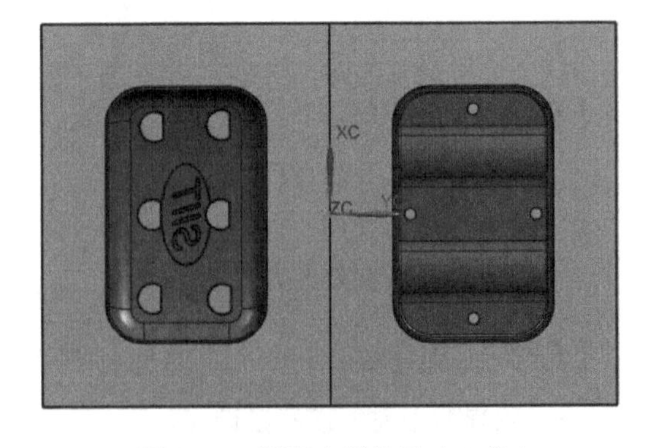

图3-33　顶杆布置结果（上盖）

5）自动修剪顶杆。在“主要”工具栏中单击“顶杆后处理”按钮，弹出“顶杆后处理”对话框；如图3-34所示，在“目标”下全选六个部件，单击“确定”按钮，顶杆后处理结果如图3-35所示。

图 3-34　“顶杆后处理”对话框

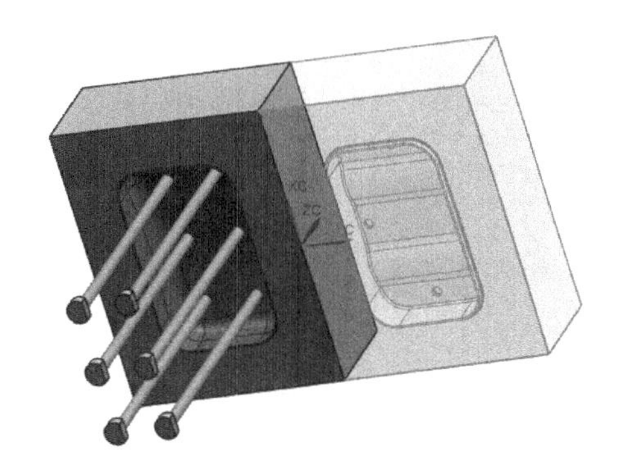

图 3-35　顶杆后处理结果

二、肥皂盒下盖的顶杆设计

1）进入下盖设计环境。单击“注塑模向导”菜单，在“主要”工具栏中单击“多腔模设计”按钮，弹出“多腔模设计”对话框；选择“soap_down”，单击“确定”按钮。

2）在“主要”工具栏中单击“标准件库”按钮，在“重用库”中选择“DME_MM”/“Ejection”，在“成员选择”中单击“Ejector Pin[Straight]”；在“标准件管理”对话框中选择“新建组件”，在“详细信息”中，“CATALOG_DIA”设置为“6”，“CATALOG_LENGTH”设置为“160”，“HEAD_TYPE”设置为“5”，单击“确定”按钮。

3）放置顶杆。在弹出的“点”对话框中，分别设置坐标为（40,40）、（–40,40）、（0,40）、（0,75）、（40,75）、（–40,75），依次单击“确定”按钮，最后单击“取消”按钮。顶杆布置结果如图 3-36 所示。

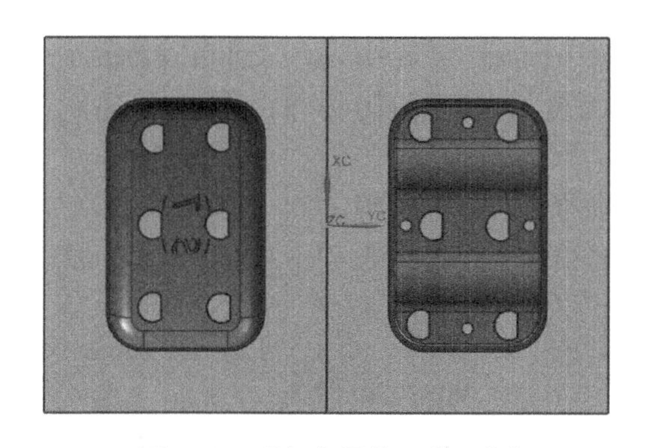

图 3-36　顶杆布置结果（下盖）

4）自动修剪顶杆。单击“注塑模向导”菜单，在“主要”工具栏中单击“顶杆后处理”按钮，弹出“顶杆后处理”对话框；如图 3-37 所示，在“目标”下全选六个部件，单击“确定”按钮。顶杆后处理结果如图 3-38 所示。

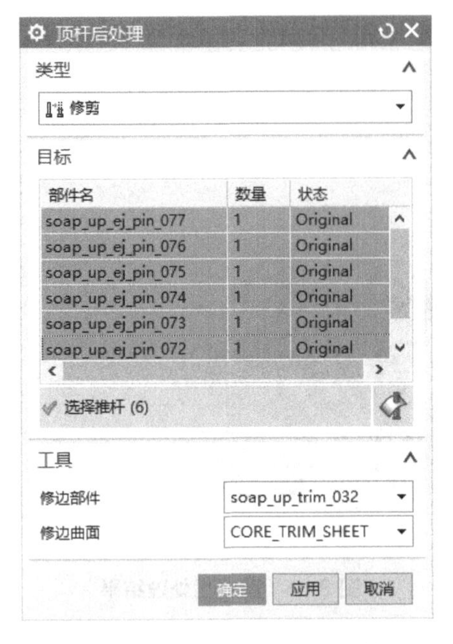

图 3-37　“顶杆后处理”对话框

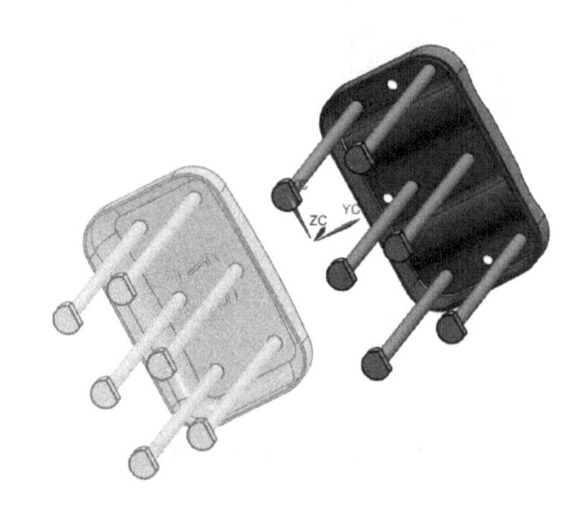

图 3-38　顶杆后处理结果

任务五　成型零件处理

【任务描述】

成型零件处理

1）合并型腔与型芯。

2）加载螺钉。

【任务实施】

一、合并腔

1）显示全部零件。键盘上同时按下 <Ctrl> 键、<Shift> 键和 <U> 键。

2）隐藏模架。在“装配导航器”页面中，单击去除“soap_up_moldbase_mm_053”前的“√”。

3）合并型腔。单击“注塑模向导”菜单，在“注塑模工具”工具栏中单击“合并腔”按钮，弹出“合并腔”对话框；单击“soap_up_comb_cavity_023”，再选择两个型腔零件，单击“应用”按钮。合并型腔如图 3-39 所示。

4）合并型芯。在“合并腔”对话框中，单击“soap_up_comb_core_015”，再选择两个型芯零件，单击“确定”按钮。合并型芯如图 3-40 所示。

5）在“装配导航器”页面中，选择“soap_up_layout_021”/“soap_up_prod_002”/“soap_up_cavity_001”并单击鼠标右键，在弹出的快捷菜单中选择“替换引用集”→“Empty”。选择“soap_up_layout_021”/“soap_up_prod_002”/“soap_up_core_005”并单击鼠标右键，在弹出的快捷菜单中选择“替换引用集”→“Empty”。

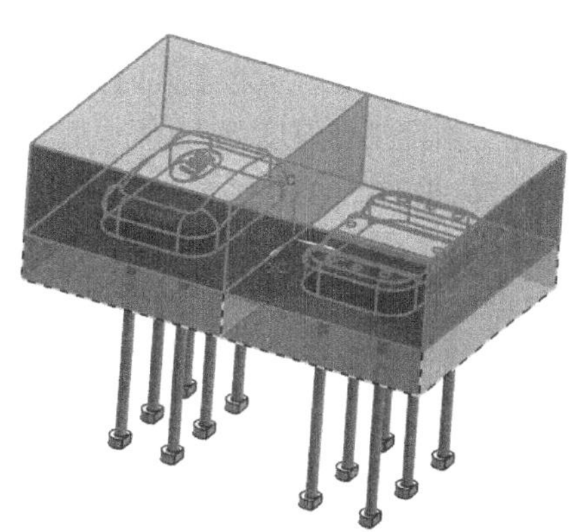

图 3-39　合并型腔

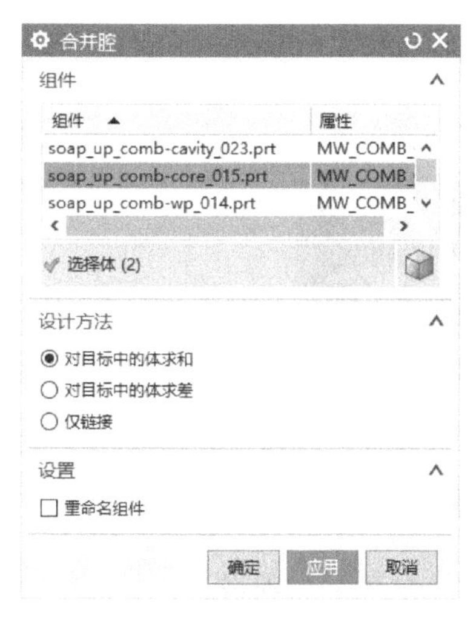

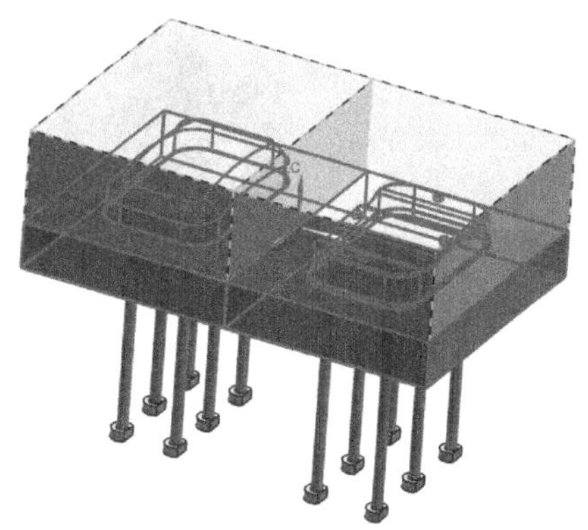

图 3-40　合并型芯

6）在“装配导航器”页面中，选择“soap_up_layout_021”/“soap_up_prod_0026”/“soap_up_core_028”并单击鼠标右键，在弹出的快捷菜单中选择“替换引用集”→“Empty”。选择“soap_up_layout_021”/“soap_up_prod_0026”/“soap_up_cavity_025”并单击鼠标右键，在弹出的快捷菜单中选择“替换引用集”→“Empty”。合并结果如图 3-41 所示。

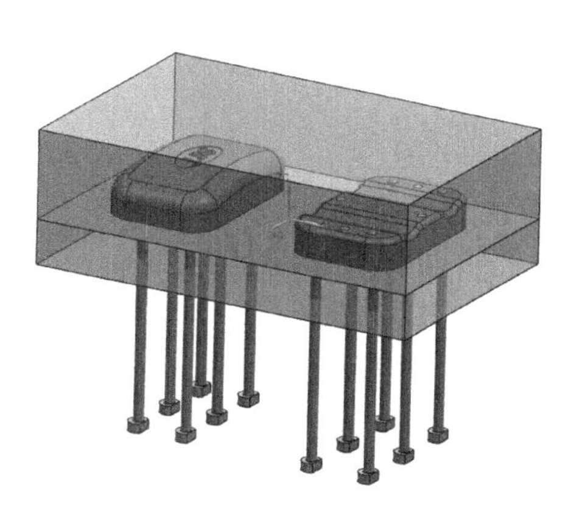

图 3-41　合并结果

二、加载螺钉

1）显示全部模型。键盘上同时按下 <Ctrl> 键、<Shift> 键和 <U> 键。

2）调整模型透明度。键盘上同时按下 <Ctrl> 键

和 <A> 键，再同时按下 <Ctrl> 键和 <J> 键，弹出“编辑对象显示”对话框；在对话框中将“着色显示”下的“透明度”调整为“40”，单击“确定”按钮。

3）隐藏定模座板。单击定模座板，键盘上同时按下 <Ctrl> 键和 <B> 键。

4）隐藏型腔。单击型腔，键盘上同时按下 <Ctrl> 键和 <B> 键。

5）计算板厚。由定模板厚度为“80”、型腔板厚度为“50”，可得到中间板厚为“30”。

6）加载螺钉标准件。在“主要”工具栏中单击“标准件库”按钮，弹出“标准件管理”对话框。在“重用库”中选择“DME_MM”/“Screws”，在“成员选择”中单击“SHCS[Manual]”。在“标准件管理”对话框中单击“选择面或平面”，然后单击定模板的上表面，在“详细信息”中，“SIZE”设置为“8”，“LENGTH”设置为“35”，“PLATE_HEIGHT”设置为“30”，单击“确定”按钮，弹出“标准件位置”对话框。在“标准件位置”对话框中，“X 偏置”输入“60”，“Y 偏置”输入“100”，单击“应用”按钮；“X 偏置”输入“–60”，单击“应用”按钮；“Y 偏置”输入“–100”，单击“应用”按钮；“X 偏置”输入“–60”，单击“应用”按钮；“Y 偏置”输入“0”，单击“应用”按钮；“X 偏置”输入“–60”，单击“确定”按钮。螺钉如图 3-42 所示。

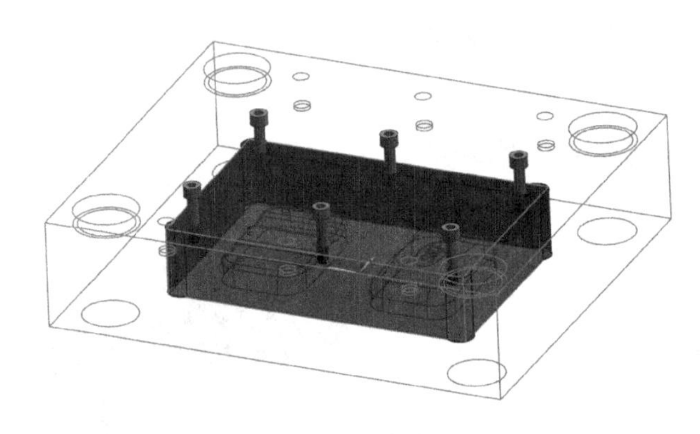

图 3-42　螺钉

7）螺钉开腔。在“主要”工具栏中单击“腔”按钮，弹出“开腔”对话框；在对话框中，“目标”选择定模板和型腔，在“工具”中单击“查找相交”按钮，再单击“确定”按钮。

任务六　浇注系统设计

【任务描述】

1）加载合适尺寸的定位圈。

2）加载合适尺寸的浇口套，根据实际情况确定浇口套长度。

3）完成潜伏式浇口设计，完成拉料杆设计。

浇注系统设计

【任务实施】

一、定位圈设计

1）显示全部零件。键盘上同时按下 <Ctrl> 键、<Shift> 键和 <U> 键。

2）加载定位圈。单击“注塑模向导”菜单，在“主要”工具栏中单击“标准件库”按钮，弹出“标准件管理”对话框。在资源条选项中单击“重用库”，选择“FUTABA_MM”/“Locating Ring Interchangeable”，在“成员选择”中单击“Locating Ring[M-LRJ]”，定位圈数据和定位圈图示如图 3-43 和图 3-44 所示，单击“确定”按钮。

图 3-43　定位圈数据

图 3-44　定位圈图示

二、浇口套设计

1）加载浇口套。在“主要”工具栏中单击“标准件库”按钮，弹出“标准件管理”对话框。在资源条选项中单击“重用库”，选择“FUTABA_MM”/“Sprue Bushing”，在“成员选择”中单击“Sprue Bushing[M-SJA...]”，浇口套数据和浇口套图示如图 3-45 和图 3-46 所示，单击“确定”按钮。

2）隐藏定模座板、定模板和型腔三个零件。单击定模座板、定模板，键盘上同时按下 <Ctrl> 键和 <B> 键；单击型腔，键盘上同时按下 <Ctrl> 键和 <B> 键。

3）测量长度。测量浇口套管口到分型面的距离。单击“分析”菜单，在“测量”工具栏中单击“测量距离”按钮，弹出“测量距离”对话框；“类型”设置为“距离”，“起点”单击浇口套的下端面，“终点”单击分型面，测得距离为 85.5mm，单击“确定”按钮。

4）修改浇口套长度。选择浇口套并单击鼠标左键，在弹出的快捷工具条中选择“编辑工装组件”按钮，弹出“标准件管理”对话框；在“详细信息”中将“CATALOG_LENGTH”设置为“95.5”，单击“确定”按钮。

图 3-45　浇口套数据

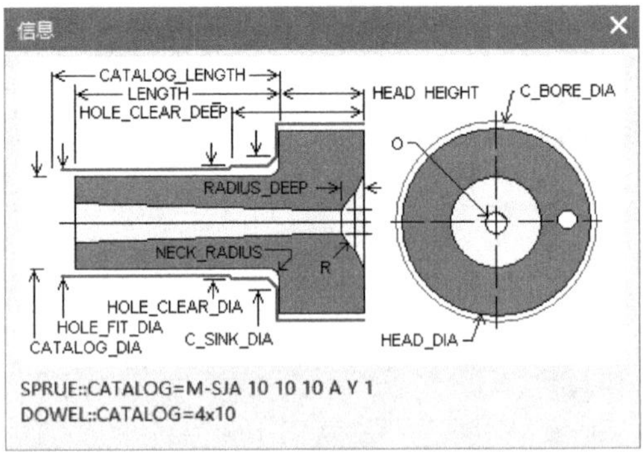

图 3-46　浇口套图示

三、潜伏式浇口设计

1）单击“注塑模向导”菜单，在“主要”工具栏中单击“设计填充”按钮，弹出“设计填充”对话框；在“重用库”的“成员选择”中单击“Gate[Subarine]”，浇口和浇口数据如图 3-47 和图 3-48 所示。

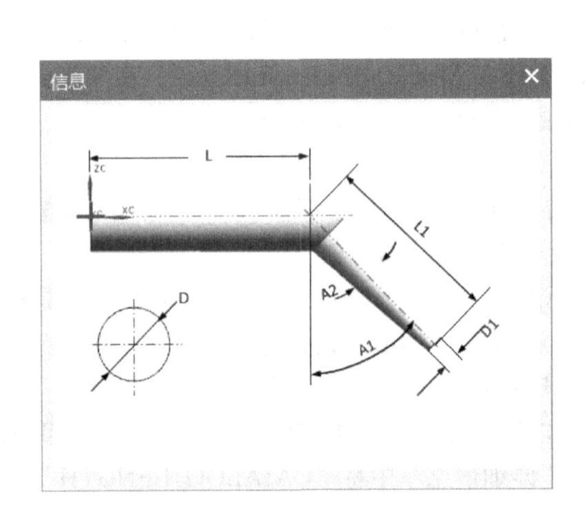

图 3-47　浇口

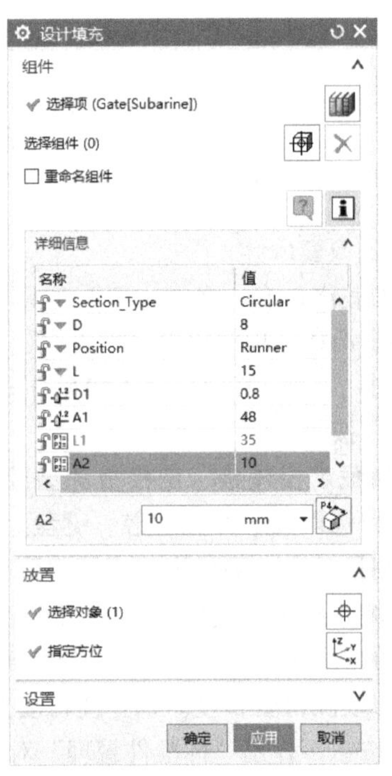

图 3-48　浇口数据

2）在“设计填充”对话框中，“Section_Type”设置为“Circular”，“D”设置为“8”，“L”设置为“15”，“D1”设置为“0.8”，“A1”设置为“48”，“L1”设置为“35”，“A2”设置为“10”；单击放置“指定点”后的“点对话框”按钮，弹出“点”对话框，然后捕捉浇口套底部圆心，并调整浇口的方向，单击“应用”按钮。依此方法完成另一侧浇口的设置，单击“确定”按钮。

四、修改浇口顶杆

1）鼠标右键单击肥皂盒下盖处的潜伏式浇口顶杆，如图 3-49 所示，在弹出的快捷菜单中选择“在窗口中打开”命令。

2）在“主页”菜单下的“特征”工具栏中，单击“基准平面”按钮，弹出“基准平面”对话框；在“类型”中选择“YC-ZC 平面”，单击“确定”按钮。

3）在“主页”菜单下的“直接草图”工具栏中，单击“草图”按钮，弹出“创建草图”对话框；在“指定坐标系”中选择步骤 2）创建的基准平面，单击“确定”按钮。利用“直接草图”工具栏中的“直线”和“圆角”等命令完成浇口顶杆草图，如图 3-50 所示，最后单击“完成草图”按钮。

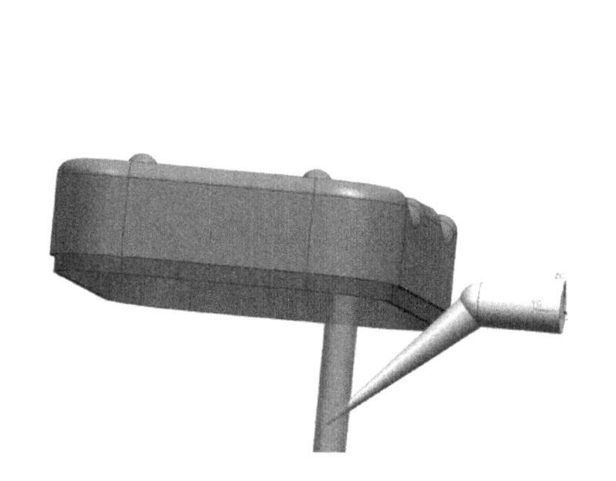

图 3-49　潜伏式浇口顶杆

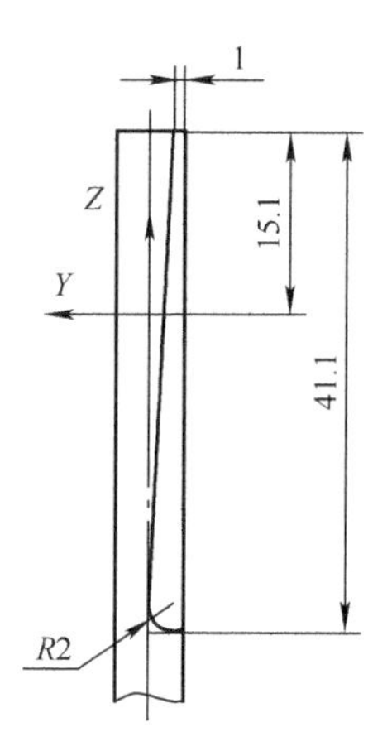

图 3-50　浇口顶杆草图

4）着色模式。单击选择条中的“渲染样式”下拉菜单，设置为“静态线框”。

5）单击“主页”菜单，在“特征”工具栏中单击“拉伸”按钮，弹出“拉伸”对话框；“选择曲线”单击步骤 3）所绘草图，“限制”中“开始”设置为“对称值”，“距离”设置为“25”，“布尔”设置为“减去”，单击“确定”按钮。

6）单击资源条选项中的“装配导航器”按钮，在“装配导航器”页面中选择“soap_up_ej_ping 072”并单击鼠标右键，在弹出的快捷菜单中选择“在窗口中打开父项”→“soap_up_top_009”，切换到顶层模式。浇口顶杆如图 3-51 所示。

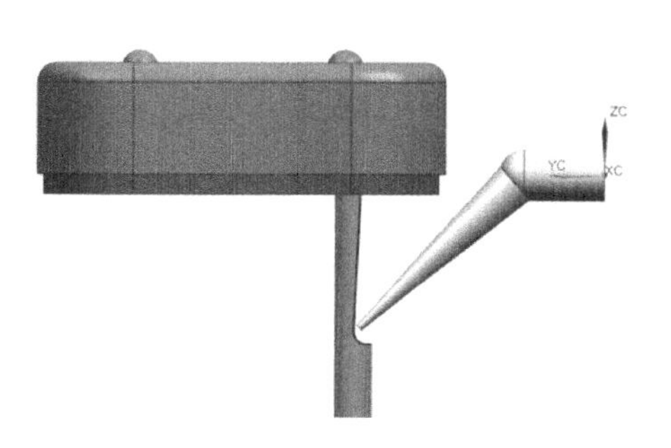

图 3-51　浇口顶杆

五、流道顶杆设计

1）单击“注塑模向导”菜单，在“主要”工具栏中单击“标准件库”按钮，在“重用库”中选择“DME_MM” / “Ejection”，在“成员选择”中单击“Ejector Pin[Straight]”。在“标准件管理”对话框中，选择“新建组件”，在“详细信息”中，“CATALOG_DIA”设置为“6”，“CATALOG_LENGTH”设置为“160”，“HEAD_TYPE”设置为“5”，单击“确定”按钮。

2）放置顶杆。在弹出的“点”对话框中，设置坐标为（0,11），单击“确定”按钮；再设置坐标为（0,–11），单击“确定”按钮，最后单击“取消”按钮。

3）自动修剪顶杆。单击“注塑模向导”菜单，在“主要”工具栏中单击“顶杆后处理”按钮，弹出“顶杆后处理”对话框；在“目标”下全选两个部件，单击“确定”按钮。

六、拉料杆（勾料针）

在“主要”工具栏中单击“标准件库”按钮，在“重用库”中选择“FUTABA_MM” / “Sprue Puller”，在“成员选择”中单击“Sprue Puller[M-RLA]”，弹出的“标准件管理”对话框如图 3-52 所示；选择推板上表面为放置位置面，设置“CATALOG_DIA”为“8”，“CATALOG_LENGTH”为“115”，单击“确定”按钮，弹出“标准件位置”对话框；单击“确定”按钮。勾料针结果如图 3-53 所示。

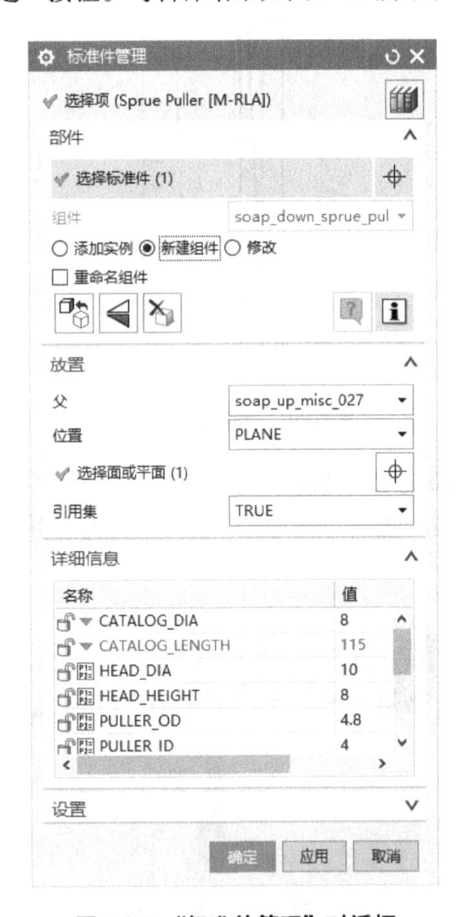

图 3-52 “标准件管理”对话框

图 3-53 勾料针结果

【知识链接】

知识点2 浇口

（1）直浇口

1）特点：熔体经主流道直接进入型腔，流程短，进料快，流动阻力小，传递压力好，保压补缩作用强，有利于排气和消除熔接痕。浇口去除困难，遗留痕迹明显，浇口部位热量集中，型腔封口迟，内应力大，易产生气孔和缩孔等缺陷。

2）应用：用于成型深腔的壳形或箱形塑件（桶、盆、显示器后盖等），适用于热敏性或流动性差的塑料成型，不宜用于成型平薄或容易变形的塑件。

（2）侧浇口

1）特点：侧浇口可根据塑件的形状特点，灵活地选择浇口的位置。如框形或环形塑件，浇口可以设在外侧，而当其内孔有足够位置时，可将浇口位置设在内侧，这样可使模具结构紧凑，流程缩短，改善成型条件。侧浇口适用于一模多件，能大大提高生产率，且去除浇口方便；但压力损失大，保压补缩作用比直浇口小，壳形件排气不便，易产生熔接痕、缩孔及气孔等缺陷。

2）应用：用于成型各种材料、各种形状的塑件，应用非常广泛。

（3）扇形浇口

1）特点：扇形浇口沿进料方向逐渐变宽减薄，与塑件连接处减至最薄，熔体均匀地通过长约1mm的台阶进入型腔。浇口的厚度由塑件的形状、尺寸和塑料特性来决定。熔体经过扇形浇口，在宽度方向得到更均匀的分配，可降低塑件的内应力和减少带入空气的可能性，去除浇口方便，扇角大小以不产生涡流为原则。这种浇口同样适用于一模多腔的场合。

2）应用：常用来成型横向宽度较大的薄片状塑件，如托盘、标尺、盖板等。浇口流程短，效果较好。

（4）薄片式浇口

1）特点：薄片式浇口又称平缝式浇口或宽薄浇口。熔体通过特别开设的平行流道，以较低的线速度呈平行流态均匀地进入型腔，因而塑件的内应力小，尤其是减少了因高分子取向而产生的翘曲变形，同时减少了气泡和缺料等缺陷。由于浇口深度很小，因而熔体通过薄浇口颈部时，使熔体进一步塑化，成型后的塑件表面光泽清晰；但去除浇口工作量大，且浇口残痕明显。

2）应用：用于成型大面积薄板塑件。

（5）点浇口

1）特点：点浇口是一种尺寸很小的特殊形式的直浇口。去除浇口后，塑件上留下的痕迹不明显，开模后可自动拉断，有利于自动化操作。熔体通过点浇口时，有很高的剪切速度，同时由于摩擦作用，提高了熔体温度。缺点是压力损失较大，塑件收缩大，变形大，而且模具应设计成双分型面模具，以便脱出流道凝料。

2）应用：用于表观黏度随剪切速率变化很敏感的塑料和黏度较低的塑料成型（如聚甲醛、聚乙烯、聚丙烯、聚苯乙烯），能获得外形清晰、表面光泽的塑件。对于流动性差和热敏性塑料及平薄易变形和形状复杂的塑件成型，不宜采用点浇口。

（6）潜伏式浇口

1）特点：潜伏式浇口是由点浇口演变而来的，其流道设置在分型面上，浇口常设在塑件侧面不影响塑件外观的较隐蔽部位，并与流道成一定角度，潜入分型面下面，斜向进入型腔，形成能切断浇口的刀口。开模时，流道凝料由推出机构（顶出系统）推出，并与塑件自动切断，省掉了切除浇口的工序。

2）应用：适用于软性塑料，如聚苯乙烯、聚丙烯、聚氯乙烯和ABS等塑料成型。对于强韧的塑料，如聚苯乙烯，不宜采用。

（7）护耳浇口

1）特点：护耳浇口用于透明度高和一切无内应力的塑件，可避免小尺寸浇口产生的喷射或在浇口附近产生较大的内应力而引起塑件翘曲。熔体经过浇口进入护耳浇口时，由于摩擦作用，温度升高，可改善其流动性。熔体再经过与浇口成直角的耳槽，冲击在耳槽对面壁上，降低了流速，改变了流向，形成平稳的料流并均匀地进入型腔，保证了塑件的外观质量。同时由于浇口离塑件较远，使浇口的残余应力不可能直接影响塑件，因此，用护耳浇口成型的塑件内应力较小。但这种浇口去除比较麻烦。

2）应用：用于聚碳酸酯、ABS、有机玻璃和硬聚氯乙烯等流动性差和对应力较敏感的塑料成型。

价值观——整体与部分

整体和部分是相互区别的。

一是含义不同：二者有严格的界限。在同一事物中，整体就是整体而不是部分，部分就是部分而不是整体，二者不能混淆。

二是二者的地位不同：整体居于主导地位，整体统率着部分，部分在事物的存在和发展过程中处于被支配的地位，部分服从和服务于整体。

三是二者的功能不同：整体具有部分所不具备的功能；当部分以有序合理优化的结构形成整体时，整体功能大于局部功能之和；当部分以无序欠佳的结构形成整体时，整体功能小于部分功能之和。

整体和部分是相互联系的。

一是相互依存：整体是由部分构成的，离开了部分，整体就不复存在；部分是整体中的部分，离开了整体，部分就不成为其部分，就要丧失其功能。

二是相互影响：整体功能状态及其变化也会影响到部分，关键部分的功能及其变化甚至对整体的功能起决定作用。

整体与部分的辩证关系的方法论的意义，一是树立整体观念和全局的思想，从整体出发，在整体上选择最佳行动方案，实现最优目标；二是重视部分的作用，使整体功能得到最大限度发挥。

整体与部分是辩证统一的，要坚持整体与部分的统一。在我国，和谐社会建设与改善民生是整体与部分的关系，二者密切联系，不可分割。

部分影响整体，关键部分对整体功能起决定作用，要求我们应重视部分的作用，用部分的发展推动整体的发展。改善民生是和谐社会建设的重点，对推进和谐社会建设具有关键作用。

整体居于主导地位，统率着部分，要求我们应树立全局观念，立足整体，统筹全局。要把改善民生置于和谐社会建设的全局中，统筹兼顾，公道安排。

模具是一个整体，模具中的每个零件就是部分。模具是由每个部分组成的，缺一不可。各个零件都具有自己独特的功能，在模具整体中发挥各自应有的作用。

项目评价

项目三的评价见表 3-1。

表 3-1　项目三评价表

序号	考核项目	考核内容及要求	配分	得分	备注
1	成型零部件设计（30 分）	型腔结构合理	10		
		型芯结构合理	10		
		多件模两腔完整	10		
2	模架设计（15 分）	合理选择模架尺寸	5		
		开框结构合理	5		
		固定螺钉设计合理	5		
3	浇注系统设计（30 分）	定位圈结构合理	5		
		浇口套结构合理	5		
		分流道结构合理	5		
		浇口结构合理	5		
		拉料杆设计合理	10		
4	顶出系统设计（10 分）	顶杆形状、位置、长度、数量合理	8		
		复位机构合理	2		
5	冷却系统设计（10 分）	定模侧冷却回路设计合理	5		
		动模侧冷却回路设计合理	5		
6	其他设计（5 分）	吊环、限位钉、复位弹簧设计合理	5		
合计			100		

闯关考验

一、产品分型

1. 完成图 3-54 所示加热器盖的分型设计。

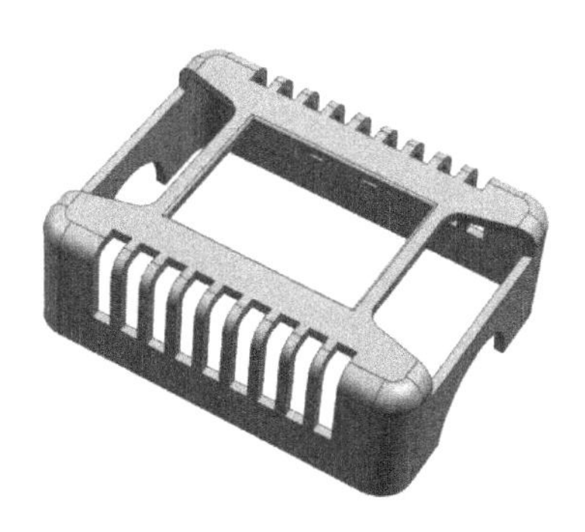

图 3-54　加热器盖

2. 完成图 3-55 所示儿童玩具的分型设计。

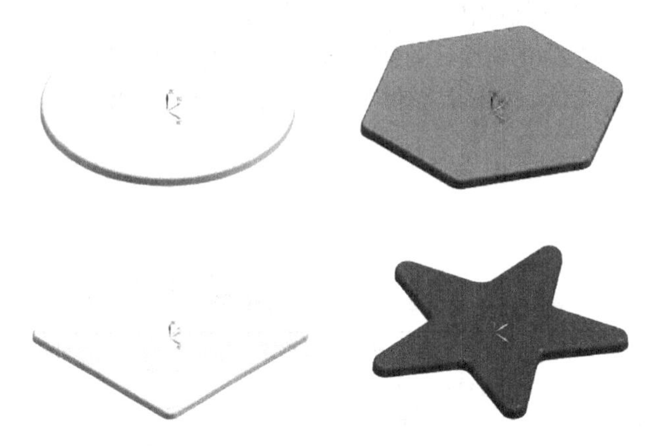

图 3-55　儿童玩具

二、模具设计

本任务是设计两个不同形状的肥皂盒盖的注塑模具，肥皂盒盖产品图如图 3-56 所示，要求在一套模具中成型两个产品，产量为 10 万件，材料选择 PC。要求：选择合适的分型面，设计模具的浇注系统、推出系统，选用合适的模架，完成三维总装图。

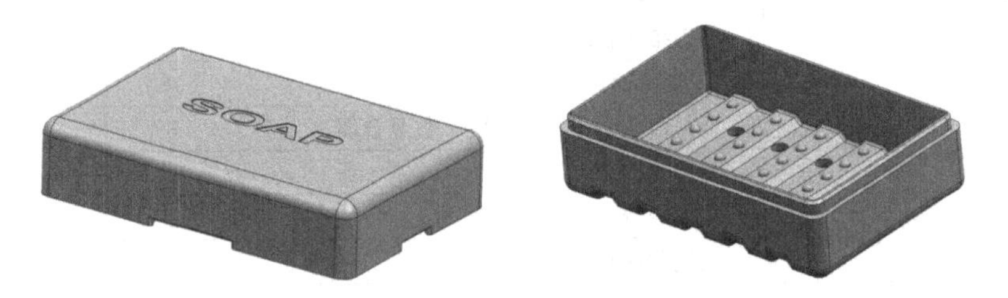

图 3-56　肥皂盒盖产品图

Project 4

项目四

电子仪表壳盖侧抽芯注塑模具设计

设计任务

本项目的任务为电子仪表壳盖的两侧抽芯注塑模具设计。电子仪表壳盖产品的3D模型如图4-1所示。

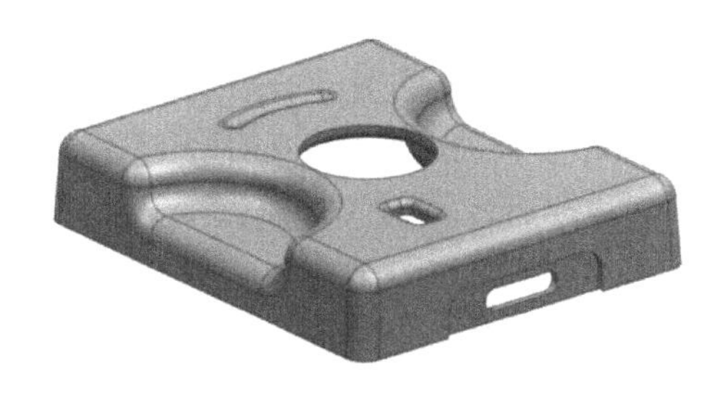

图4-1　电子仪器壳盖产品3D模型

技术要求

1）产品材料：聚甲基丙烯酸甲酯（PMMA）。

2）产品外观要求：表面光洁，没有流纹、飞边等。

3）材料收缩率：0.2%。

4）产量：10万件。

设计思路

1. 产品分析

该产品属于壳盖，要求材料具有一定的耐磨性，产品表面不能有气泡、凹穴和喷痕等瑕疵，产品的配合要求比较高。

2. 模具分析

（1）模具结构　该制品结构相对简单，但是工件坐标系不在分型面上，为了保证制品外轮廓的完整性，必须对坐标系进行调整。模具采用一模两腔的两板模结构。

（2）分型面　分型面取在制品最大截面处。为保证制品的外观质量和便于排气，分型面选在产品的底部。

（3）浇注方式　该制品从中间两侧浇注，浇口形状为矩形，分流道截面选择半圆形，分流道位于型腔上，不受型芯的阻碍。

（4）顶出系统　顶杆设置于制品的背面，均匀分布于背面上。

（5）抽芯机构　该制品有两个侧孔，因此要进行侧抽芯机构的设计，难度较高。

项目实施

任务一　模具设计准备

模具设计准备

【任务描述】

1）对壳盖进行初始化设置。
2）设置模具坐标系。
3）设置工件为矩形。

【任务实施】

一、项目初始化

1）单击起始菜单“开始”→“所有程序”→“Siemens NX 12.0”→“NX 12.0”命令，或双击桌面上的“NX 12.0”快捷图标，进入 NX 12.0 初始化环境界面。

2）打开壳盖零件。单击工具栏中的“打开”按钮，弹出“打开”对话框；在路径中选择“项目四 .prt”文件，单击“OK”按钮。

3）单击菜单“应用模块”→“注塑模”按钮，切换到“注塑模向导”菜单栏界面。

4）初始化设置壳盖零件。单击工具栏中的“初始化项目”按钮，弹出“初始化项目”对话框；在“路径”中选择文件保存位置，如图 4-2 所示，“Name”设置为“项目四”，“材料”设置为“PMMA”，“收缩”设置为“1.002”，单击“确定”按钮。

5）保存全部文件。单击菜单“文件”→“保存”→“全部保存”命令。

二、设置坐标系

单击“主要”工具栏中的“模具坐标系”按钮，弹出“模具坐标系”对话框；如图 4-3 所示，默认选择“当前 WCS”，单击“确定”按钮。

图 4-2　“初始化项目”对话框

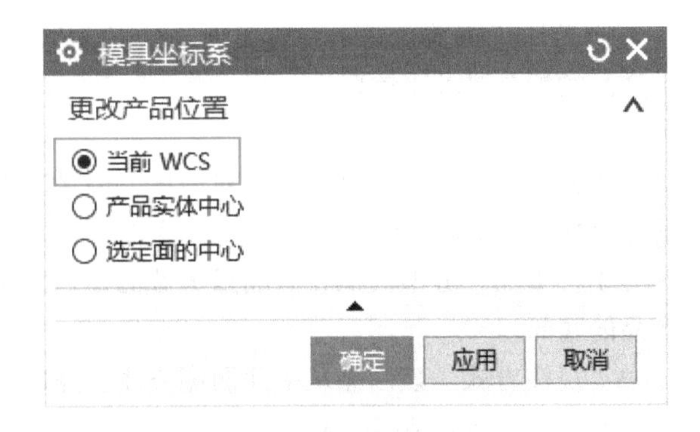

图 4-3　“模具坐标系”对话框

注：由于此模具的顶出方向恰好为模具的 Z 轴正方向，且分型面恰好位于坐标系的 XY 平面上，所以只需要使用默认的“当前 WCS”。

三、设置成型工件

1）单击“主要”工具栏中的“工件”按钮，弹出“工件”对话框，如图 4-4 所示。

2）删除初始草图。在“工件”对话框中，单击“选择曲线”后的“绘制截面”按钮；进入草图后，同时按下 <Ctrl> 键和 <A> 键，再同时按下 <Ctrl> 键和 <D> 键。

3）设置工件大小。单击“曲线”工具栏中的“矩形”按钮，弹出“矩形”工具条；单击“从中心”方式，然后捕捉坐标原点，绘制长、宽分别为“100”和“100”的矩形，单击“完成”按钮，草图如图 4-5 所示。

图 4-4 “工件”对话框

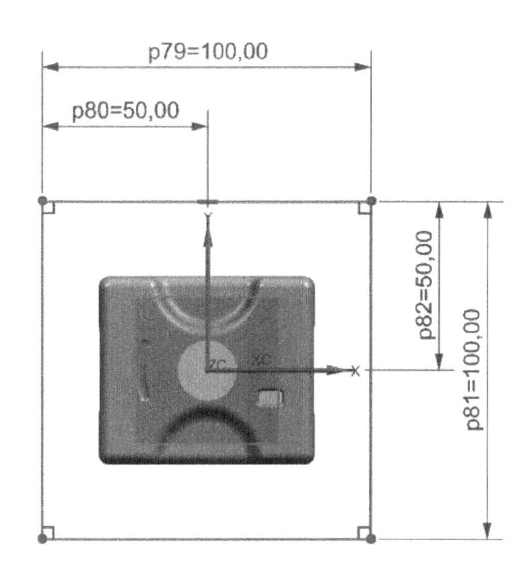

图 4-5 草图

在“工件”对话框中，开始“距离”设置为“–25”，结束“距离”设置为“35”，单击“确定”按钮。

4）保存全部文件。单击菜单“文件”→“保存”→“全部保存”命令。

【知识链接】

知识点 1　PMMA

PMMA，又称为亚克力或有机玻璃，化学名称为聚甲基丙烯酸甲酯。PMMA是一种开发较早的重要可塑性高分子材料，具有较好的透明性、化学稳定性和耐候性、易染色、易加工、外观优美，在建筑业中有着广泛应用。有机玻璃产品通常可以分为浇注板、挤出板和模塑料。

亚克力制品有亚克力板、亚克力塑胶粒、亚克力灯箱、亚克力浴缸、亚克力人造大理石、亚克力树脂、亚克力（乳胶）漆，亚克力胶黏剂等产品，种类繁多。

人们常见的亚克力产品是由亚克力粒料、板材或树脂等原材料经由各种不同的加工方法，并配合各种不同材质及功能的零配件加以组装而成的制品。

PMMA具有质轻、价廉，易于成型等优点。它的成型方法有浇铸、挤出成型、机械加工、热成型等。尤其是挤出成型，可以大批量生产。PMMA广泛用于仪器仪表零件、汽车车灯、光学镜片、透明管道等。

亚克力是继陶瓷之后能够制造洁具的最好的新型材料。与传统的陶瓷材料相比，亚克力除了无与伦比的高光亮度外，还有下列优点：①韧性好，不易破损；②修复性强，只要用软泡沫蘸点牙膏就可以将洁具擦拭一新；③质地柔和，冬季没有冰凉刺骨之感；④色彩鲜艳，可满足不同品位的个性追求。用亚克力制作台盆、浴缸、坐便器，不仅款式精美，经久耐用，而且具有环保作用，其辐射线与人体自身骨骼的辐射程度相差无几。亚克力洁具最早出现于美国，已占据整个国际市场的70%以上。

任务二　分型设计

零件分模设计

【任务描述】

1）采用补片功能对制品侧孔进行补孔操作。

2）创建型腔与型芯。

【任务实施】

一、检查区域

1）计算模型。单击“分型刀具”工具栏中的“检查区域”按钮，弹出“检查区域”对话框；如图4-6所示，单击“计算”按钮。

2）切换到“区域”选项卡，如图4-7所示，单击“设置区域颜色”按钮，然后勾选“交叉竖直面”，选择“型腔区域”，单击“应用”按钮；再选择“型芯区域”，然后选择大圆孔面已被设置为型腔的区域，单击“应用”按钮；最后单击“取消”按钮。

注：系统把模型表面区分为型腔区域（橙色）和型芯区域（蓝色），未定义的区域为青色。

二、曲面补片

进行自动补片。单击“分型刀具”工具栏中的“曲面补片”按钮，弹出“边补片”对话框；如图4-8所示，“类型”设置为“体”，“选择体”单击壳盖模型（自动找到环1、环2），单击“确定”按钮。曲面补片结果如图 4-9 所示。

图 4-6 “检查区域”对话框

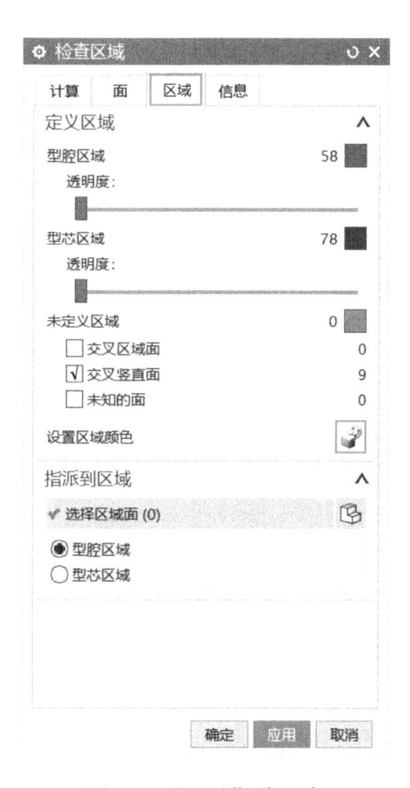

图 4-7 “区域”选项卡

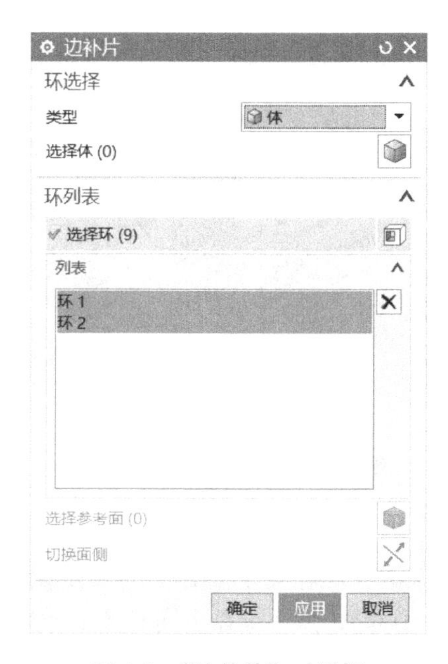

图 4-8 “边补片”对话框

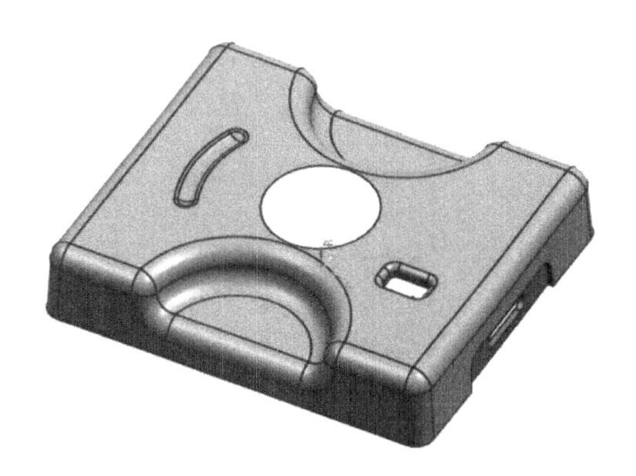

图 4-9 曲面补片结果

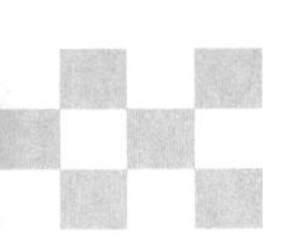

三、定义区域

单击“注塑模向导”菜单，在“分型刀具”工具栏中单击“定义区域”按钮，弹出“定义区域”对话框;在“区域名称”中单击“所有面”，在“设置”中勾选“创建区域”和“创建分型线”，单击“确定”按钮。

四、设计分型面

在“分型刀具”工具栏中单击“设计分型面”按钮，弹出“设计分型面”对话框；如图 4-10 所示，在“编辑分型段”下单击“选择过渡曲线”，然后选择左右两侧孔上方不在分型面上的 10 条过渡线，如图 4-11 所示，最后依次单击“应用”按钮，单击“应用”按钮，单击“取消”按钮。

图 4-10 “设计分型面”对话框

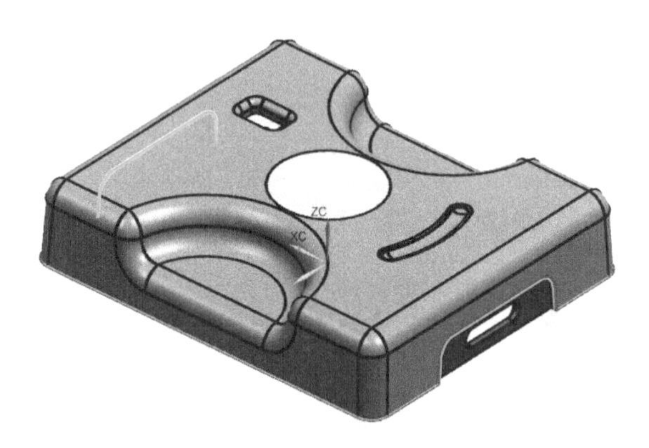

图 4-11 侧孔过渡线

五、编辑分型面和曲面补片

单击“分型刀具”工具栏中的“编辑分型面和曲面补片”按钮，弹出“编辑分型面和曲面补片”对话框；如图 4-12 所示，“类型”设置为“分型面”，然后键盘上同时按下 <Ctrl> 键和 <A> 键（全部选中），单击“确定”按钮。

六、创建型芯和型腔

1）完成模具分型。单击“分型刀具”工具栏中的“定义型腔和型芯”按钮，弹出“定义型腔和型芯”对话框；如图 4-13 所示，“类型”设置为“区域”，“区域名称”设置为“所有区域”，最后连续单击“确定”按钮 3 次。

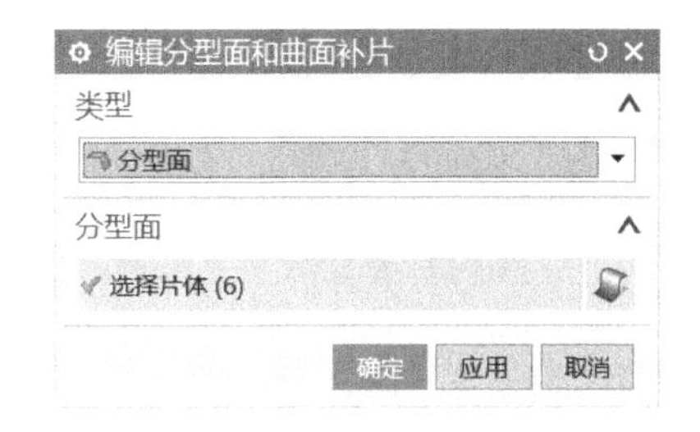

图 4-12 “编辑分型面和曲面补片”对话框

2）单击资源条选项中的“装配导航器”按钮，在“装配导航器”页面中选择“项目四 _parting_022”并单击鼠标右键，在弹出的快捷菜单中选择“在窗口中打开父项”→“项目四 _top_009”，切换到分型结果，如图 4-14 所示。

图 4-13 “定义型腔和型芯”对话框

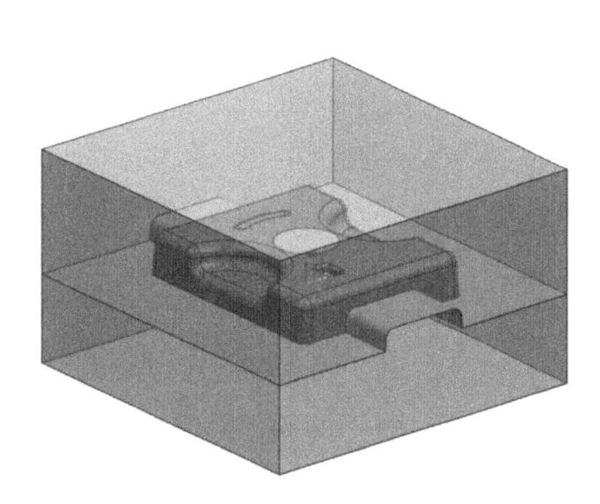

图 4-14 分型结果

任务三　模 架 设 计

【任务描述】

1）加载合适尺寸的龙记大水口模架，A 板、B 板与工件采用内六角螺钉紧固。
2）创建腔体。
3）加载螺钉。
4）设计虎口。

【任务实施】

一、加载模架

模架设计

1）单击“注塑模向导”菜单，单击“主要”工具栏中的“模架库”按钮，弹出“模架库”对话框。

2）在“重用库”中选择“LKM_SG”，在“成员选择”中单击“C”图标。在“模架库”对话框（图 4-15）中，“index”设置为“2020”，“AP_h”设置为“60”，“BP_h”设置为“60”，“Mold_type”设置为“250：I”，“fix_open”设置为“0.5”，“move_open”设置为“0.5”，“EJB_open”设置为“–5”，单击“确定”按钮。模架加载结果如图 4-16 所示。

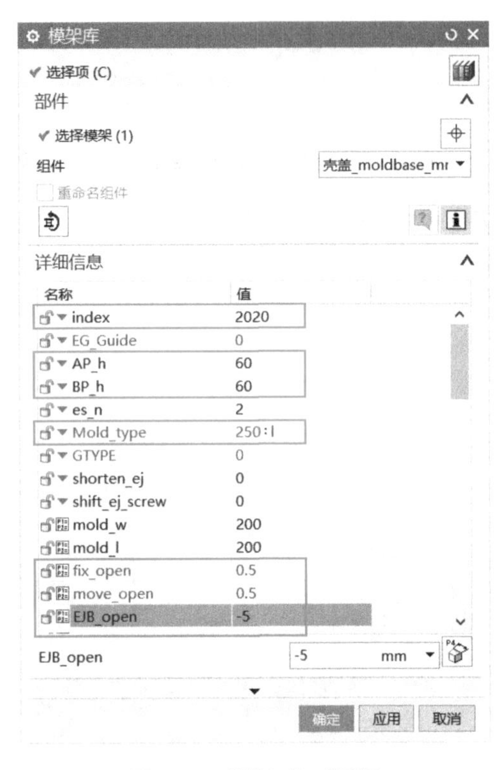

图 4-15 “模架”对话框

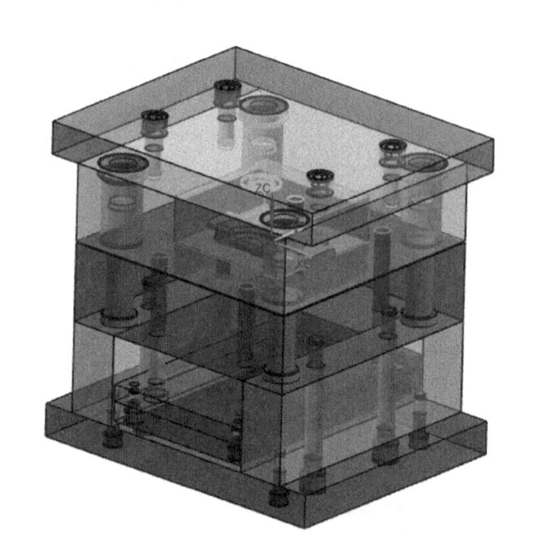

图 4-16 模架加载结果

二、模架开框

1）单击“主要”工具栏中的“型腔布局”按钮，弹出“型腔布局”对话框；单击“编辑布局”下的“编辑插入腔”按钮，弹出“插入腔”对话框；“R”设置为“10”，“type”设置为“2”，单击“确定”按钮，返回“型腔布局”对话框；最后单击“关闭”按钮。

2）单击“主要”工具栏中的“腔”按钮，弹出“开腔”对话框；“模式”设置为“去除材料”，“目标”选择模架中的定模板（A 板）与动模板（B 板），然后单击“工具”下的“查找相交”按钮，再单击“确定”按钮。

3）单击资源条选项中的“装配导航器”按钮，在“装配导航器”页面中选择“项目四_misc_004”/“项目四_pocket_054”并单击鼠标右键，在弹出的快捷菜单中选择“替换引用集”→“Empty”，开腔结果如图 4-17 所示。

三、加载螺钉

1）隐藏定模座板。单击选择定模座板，键盘上同时按下 <Ctrl> 键和 <B> 键。

2）测量板厚。单击“分析”菜单，在“测量”工具栏中单击“测量距离”按钮，弹出“测量距离”对话框；对话框中的“类型”设置为“距离”，“起点”选择定模板的上表面，“终点”选择型腔的上表面，测得距离为 25.5mm，单击“确定”按钮。

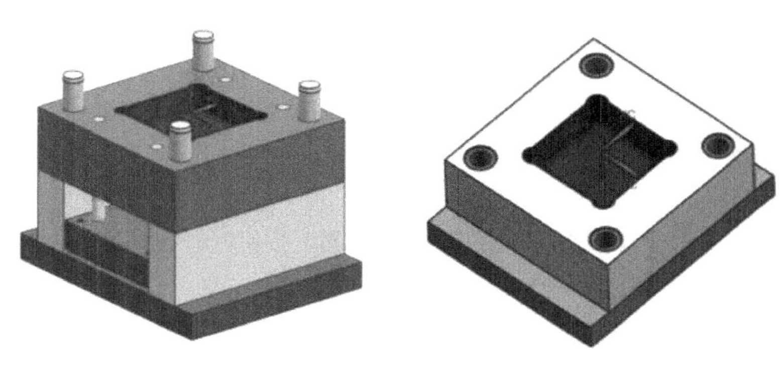

图 4-17　开腔结果

3）加载螺钉标准件。单击“注塑模向导”菜单，在“主要”工具栏中单击“标准件库”按钮，弹出“标准件管理”对话框。在“重用库”中选择“DME_MM”/“Screws”，在“成员选择”中单击“SHCS[Manual]”。如图 4-18 所示，在“标准件管理”对话框中单击“选择面或平面”，然后选择定模板的上表面，在“详细信息”中，“SIZE”设置为“6”，“LENGTH”设置为“30”，“PLATE_HEIGHT”设置为“25.5”，单击“确定”按钮。在弹出的“标准件位置”对话框中，“X 偏置”输入“42”，“Y 偏置”输入“42”，如图 4-19 所示，单击“应用”按钮；“X 偏置”输入“–42”，单击“应用”按钮；“Y 偏置”输入“–42”，单击“应用”按钮；“X 偏置”输入“–42”，单击“确定”按钮。

图 4-18　螺钉参数

图 4-19　螺钉布置

用同样方法，测量动模板底面到型芯底面的距离，然后加载动模板与型芯的固定螺钉。

4）螺钉开腔。在“主要”工具栏中单击“腔”按钮，弹出“开腔”对话框；“模式”设置为“去除材料”，“目标”选择定模板、动模板 、型腔和型芯，在“工具”中单击“查找相交”按钮，再单击“确定”按钮。

四、设计虎口

虎口设计

1）隐藏模架。单击资源条选项中的“装配导航器”按钮，单击去除“装配导航器”页面中“项目四 _moldbase_042”前的“√”。

2）选择“项目四 _layout_021”/“项目四 _prod_002”/“项目四 _core_005”并单击鼠标右键，在弹出的快捷菜单中选择“在窗口中打开”。

3）绘制草图。单击“主页”菜单，在“直接草图”工具栏中单击“草图”按钮，弹出“创建草图”对话框；在“指定坐标系”中选择型芯的分型面，单击“确定”按钮。在“直接草图”工具栏中单击“矩形”命令，弹出“矩形”工具条；使用默认的“按 2 点”方式，捕捉型芯左下角点绘制“12 × 12”的矩形，最后单击“完成草图”按钮。

4）拉伸草图。在“特征”工具栏中单击“拉伸”按钮，弹出“拉伸”对话框；“选择曲线”单击绘制的矩形草图，“开始”中的“距离”设置为“0”，“结束”中的“距离”设置为“6”，“布尔”设置为“无”，单击“确定”按钮。

5）边倒圆。在“特征”工具栏中单击“边倒圆”按钮，弹出“边倒圆”对话框；“选择边”单击右上角竖直边，“半径”设置为“3”，单击“确定”按钮，虎口结构如图 4-20 所示。

6）拔模。在“特征”工具栏中单击“拔模”按钮，弹出“拔模”对话框；如图 4-21 所示，“选择固定面”为分型平面，“选择面”为与圆角相切的两个面及圆角面，“角度”设置为“5”，单击“确定”按钮。拔模结果如图 4-22 所示。

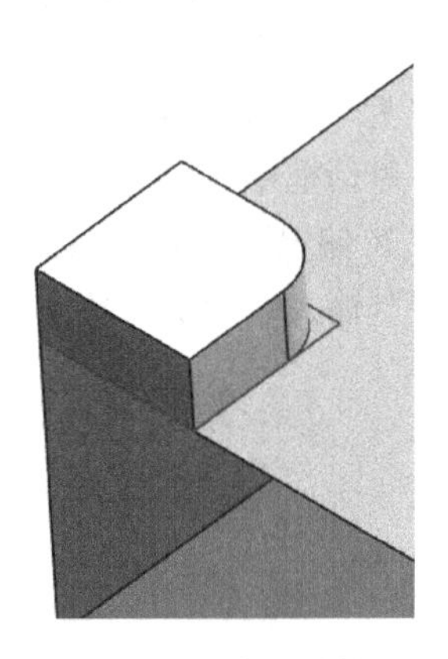

图 4-20　虎口结构

图 4-21　拔模

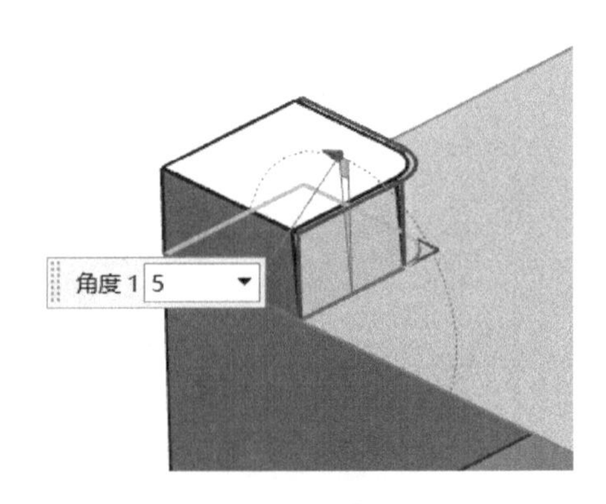

图 4-22　拔模结果

7）偏置区域。在“同步建模”工具栏中单击“偏置区域”按钮，弹出“偏置区域”对话框；“选择面”选择靠边的两个面，“距离”设置为“–1”，单击“确定”按钮。

8）倒斜角。在“特征”工具栏中单击“倒斜角”按钮，弹出“倒斜角”对话框；如图 4-23 所示，“选择边”选择与圆角相切的两条边及圆角边，“距离”设置为“1”，单击“确定”按钮。倒斜角结果如图 4-24 所示。

图 4-23　“倒斜角”对话框

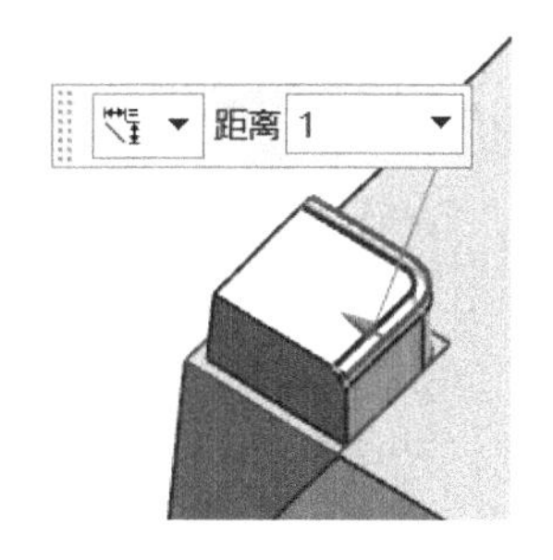

图 4-24　倒斜角结果

9）移除参数。单击“菜单”→“编辑”→“特征”→“移除参数”命令，弹出“移除参数”对话框；键盘上同时按下 <Ctrl> 键和 <A> 键，再单击“确定”按钮，弹出“移除参数”操作提示对话框；单击“是”按钮。

10）镜像特征。在“特征”工具栏中单击“镜像几何体”按钮，弹出“镜像几何体”对话框；“选择对象”为刚拉伸的实体，“指定平面”选择“XC”，单击“应用”按钮；“选择对象”为镜像前后的两个实体，“指定平面”选择“YC”，单击“确定”按钮。

11）合并型芯。在“特征”工具栏中单击“合并”按钮，弹出“合并”对话框；“目标”选择模型主体，“工具”选择在键盘上同时按下 <Ctrl> 键和 <A> 键，单击“确定”按钮。

12）在“装配导航器”中选择“项目四 _core_005”并单击鼠标右键，在弹出的快捷菜单中选择“在窗口中打开父项”→“项目四 _prod_002”。

13）单击“注塑模向导”菜单，在“主要”工具栏中单击“腔”按钮，弹出“开腔”对话框；如图 4-25 所示，“模式”选择“去除材料”，“目标”选择型腔，“工具类型”设置为“实体”，然后单击“选择对象”，并选择型芯，最后单击“确定”按钮。

14）型腔设置为显示部件。选择“项目四 _cavity_001”并单击鼠标右键，在弹出的快捷菜单中选择“在窗口中打开”。

15）单击“主页”菜单，在“同步建模”工具栏中单击“替换面”按钮，弹出“替换面”对话框；“原始面”中的“选择面”选择槽内侧共面的两个面，“替换面”中的“选择面”选择外侧平面。依此类推，替换完成其余几处面。

图 4-25　“开腔”对话框

16）在“同步建模”工具栏中单击“删除面”按钮，弹出“删除面”对话框；选择条中的“面规则”设置为“相切面”，然后依次选择虎口底部的四组相切面，单击“确定”按钮。

17）在“特征”工具栏中单击“倒斜角”按钮，弹出“倒斜角”对话框；依次选择虎口上部四组相切边，“距离”设置为“1”，单击“确定”按钮。

18）偏置区域。在“同步建模”工具栏中单击“偏置区域”按钮，弹出“偏置区域”对话框；如图 4-26 所示，“选择面”选择四个虎口底面，“距离”设置为“–0.5”，单击“确定”按钮。偏置结果如图 4-27 所示。

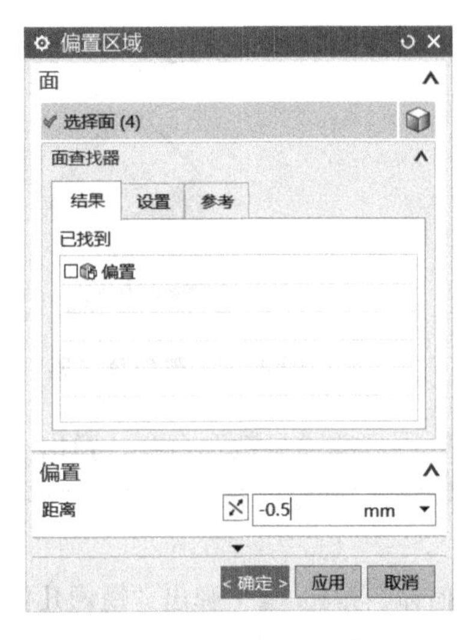

图 4-26 “偏置区域”对话框

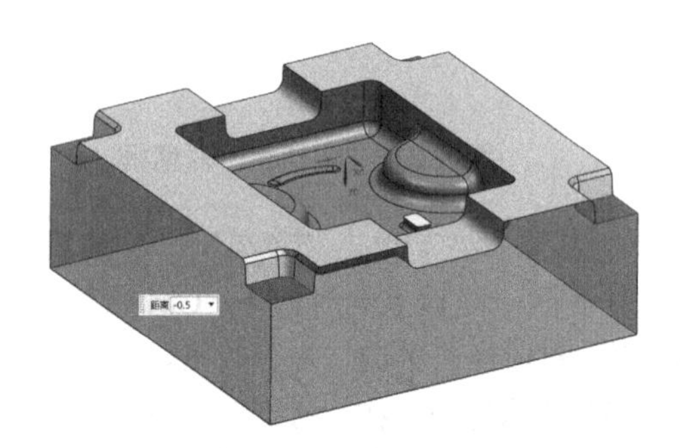

图 4-27 偏置结果

19）在“装配导航器”页面中选择“项目四 _cavity_001”并单击鼠标右键，在弹出的快捷菜单中选择“在窗口中打开父项”→“项目四 _top_009”。

20）显示模架。在“装配导航器”页面中单击“项目四 _moldbase_042”前的“√”。

任务四 浇注系统设计

【任务描述】

浇注系统设计

1）加载合适尺寸的定位圈。

2）加载合适尺寸的浇口套，根据实际情况确定浇口套长度。

3）完成定位圈和浇口套所在处的开腔。

【任务实施】

一、定位圈设计

单击“注塑模向导”菜单，在“主要”工具栏中单击“标准件库”按钮，弹出“标准件管理”对话框。单击资源条选项中的“重用库”，选择“FUTABA_MM”/“Locating Ring Interchangeable”，在“成员选择”中单击“Locating Ring[M-LRJ]”，定位圈数据和定位圈图示如图 4-28 和图 4-29 所示；单击“确定”按钮。

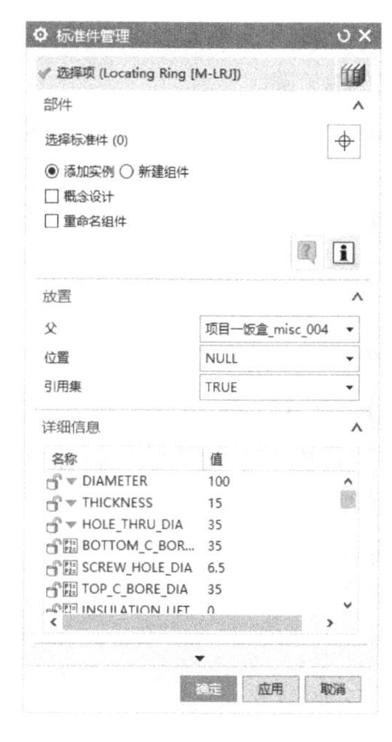

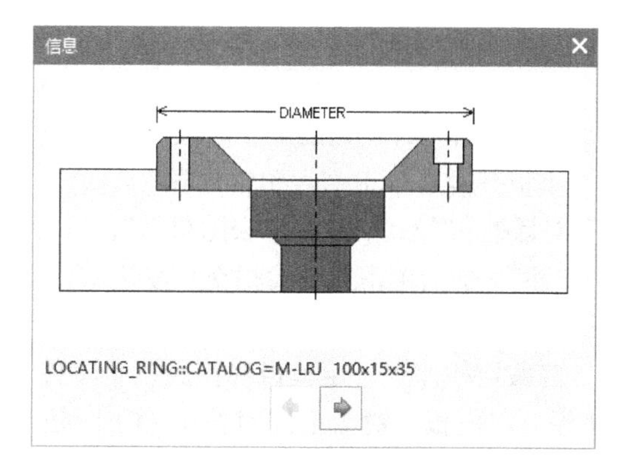

图 4-28　定位圈数据

图 4-29　定位圈图示

二、浇口套设计

1）加载浇口套。在“主要”工具栏中单击“标准件库”按钮，弹出“标准件管理”对话框。在“重用库”中选择“FUTABA_MM”/“Sprue Bushing”，在“成员选择”中单击“Sprue Bushing[M-SJA...]”，浇口套数据和浇口套图示如图 4-30 和图 4-31 所示；单击“确定”按钮。

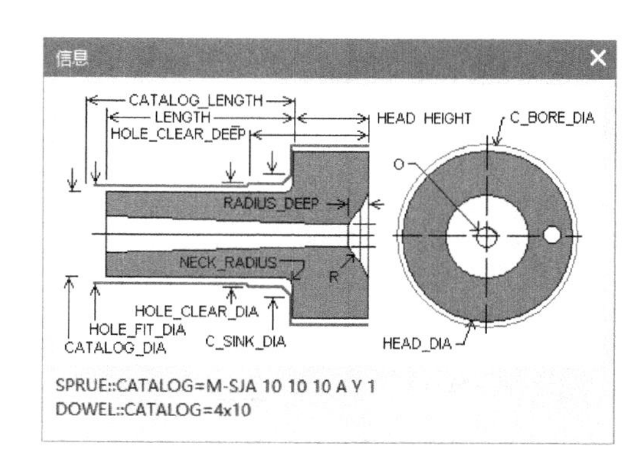

图 4-30　浇口套数据

图 4-31　浇口套图示

2）隐藏定模座板、定模板和型腔三个零件。单击定模座板、定模板，键盘上同时按下 <Ctrl> 键和 <B> 键；单击型腔，键盘上同时按下 <Ctrl> 键和 <B> 键。

3）测量长度。测量浇口套管口到产品顶面的距离。单击“分析”菜单，在“测量”工具栏中单击“测量距离”按钮，弹出“测量距离”对话框；“起点”单击浇口套的下端面，“终点”单击产品的上表面，测得距离为 53.4159mm，单击“确定”按钮。

4）修改浇口套长度。选择浇口套并单击鼠标左键，在弹出的快捷工具条中选择“编辑工装组件”，弹出“标准件管理”对话框；在“详细信息”中将“CATALOG_LENGTH”的数据改为“测量所得距离 +10”（浇口管本身长 10mm），单击“确定”按钮。

5）显示全部零件。键盘上同时按下 <Ctrl> 键、<Shift> 键和 <U> 键。

6）模板开腔。单击“注塑模向导”菜单，在“主要”工具栏中单击“腔”按钮，弹出“开腔”对话框；“模式”选择“去除材料”，“目标”选择定模座板、定模板和型腔，“工具类型”选择“组件”，然后单击“查找相交”按钮，最后单击“确定”按钮。

三、分流道设计

1）隐藏定模座板、定模板和型腔三个零件。单击定模座板、定模板，键盘上同时按下 <Ctrl> 键和 <B> 键；单击型腔，键盘上同时按下 <Ctrl> 键和 <B> 键。

2）在“主要”工具栏中单击“设计填充”按钮，弹出“设计填充”对话框。在“重用库”的“成员选择”中单击“Runner[2]”，分流道信息和流道数据如图 4-32 和图 4-33 所示。

3）在“设计填充”对话框中，将“Section_Type”设置为“Semi_Circular”，“D”设置为“6”，“L”设置为“10”，放置“指定点”选择浇口套底部的圆心，单击“确定”按钮。流道结果如图 4-34 所示。

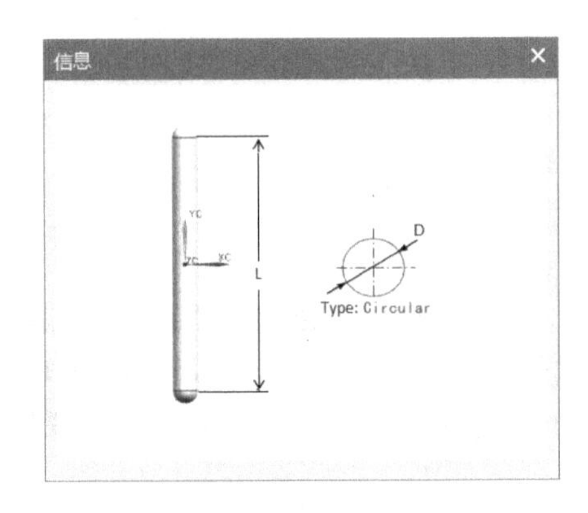

图 4-32 分流道信息

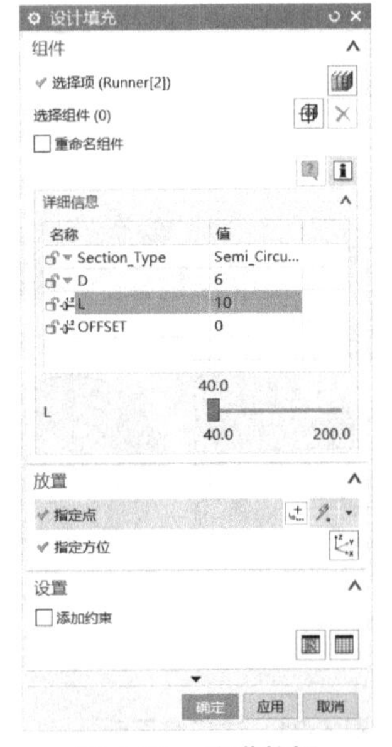

图 4-33 流道数据

图 4-34 流道结果

四、浇口设计

1）在“主要”工具栏中单击“设计填充”按钮，弹出“设计填充”对话框。在“重用库”的“成员选择”中单击“Gate[side]”。

2）在“设计填充”对话框（图 4-35）中，将“Section_Type”设置为“Semi_Circular”，“D”设置为“6”，“L”设置为“0”，“L1”设置为“4”，“放置”中的“选择对象”选择分流道端部的球心，并双击箭头调整浇口的方向，单击“应用”按钮。按同样方法设置另一侧浇口，结果如图 4-36 所示；单击“确定”按钮。

图 4-35　浇口参数

图 4-36　浇口

3）显示全部零件。键盘上同时按下 <Ctrl> 键、<Shift> 键和 <U> 键。

4）隐藏定模部分零件。

5）单击“主要”工具栏中的“腔”按钮，弹出“开腔”对话框；“模式”设置为“去除材料”，“目标”选择模架中的型芯，“工具类型”选择“实体”，然后单击“选择对象”，依次选择分流道和两个浇口，单击“确定”按钮。

五、拉斜杆（勾料针）设计

1）隐藏推板、动模板和型芯。单击推板、动模板和型芯，键盘上同时按下 <Ctrl> 键和 <B> 键。

2）在“主要”工具栏中单击“标准件库”按钮，弹出“标准件管理”对话框。在“重用库”中选择“FUTABA_MM”/“Sprue Puller”，在“成员选择”中单击“Sprue Puller[M-RLA]”。如图 4-37 所示，在“标准件管理”对话框中，“放置”中的“选择面或平面”选择顶杆固定板的下表面，在“详细信息”中，“CATALOG_DIA”设置为“6”，“CATALOG_LENGTH”设置为“40”，“C_BORE_DEEP”设置为“6”，单击“确定”按钮。在弹出的“标准件位置”对话框中，单击“确定”按钮。勾料针结果如图 4-38 所示。

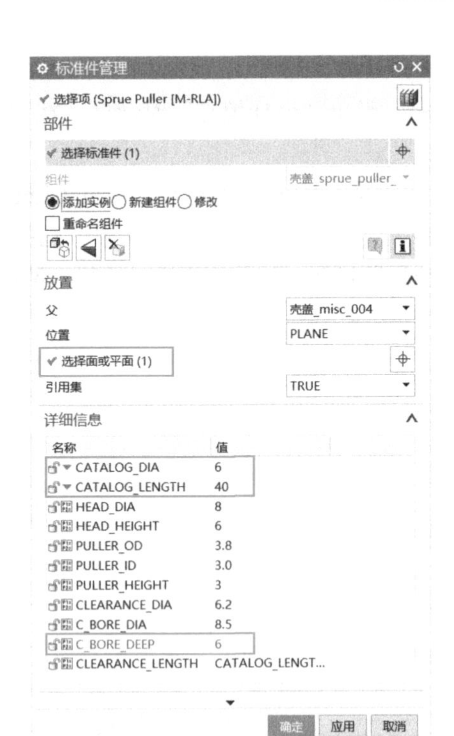

图 4-37　勾料针参数

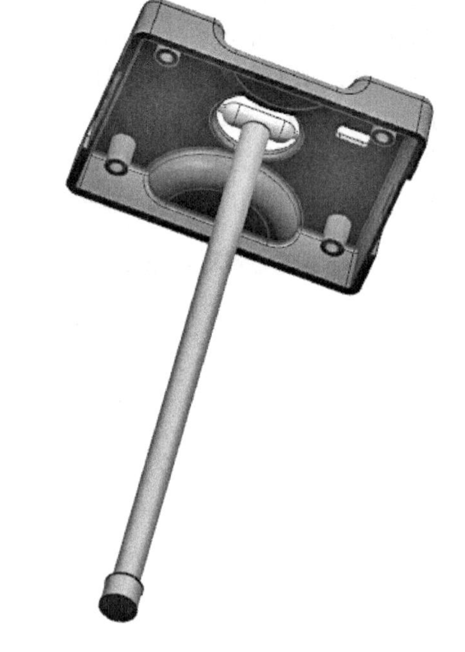

图 4-38　勾料针结果

3）测量长度。测量勾料针顶面到分流道表面的距离。单击“分析”菜单，在“测量”工具栏中单击“测量距离”按钮，弹出“测量距离”对话框；“类型”设置为“距离”，“起点”选择勾料针的顶面，“终点”选择分流道的表面，测得距离为 79.58412mm，单击“确定”按钮。

4）修改勾料针长度。选择勾料针并单击鼠标左键，在弹出的快捷工具条中选择“编辑工装组件”，弹出“标准件管理”对话框；在“详细信息”中将“CATALOG_LENGTH”设置为“40+79.58412”，单击“确定”按钮。

5）显示全部零件。键盘上同时按下 <Ctrl> 键、<Shift> 键和 <U> 键。

6）单击“注塑模向导”菜单，单击“主要”工具栏中的“腔”按钮，弹出“开腔”对话框；“模式”设置为“去除材料”，“目标”选择模架中的顶杆固定板、动模板和型芯，“工具类型”设置为“组件”，然后单击“工具”下的“查找相交”按钮，最后单击“确定”按钮。

任务五　顶出系统设计

【任务描述】

顶出系统设计

1）加载合适尺寸的顶管（司筒）、顶针（司针）和顶杆。

2）进行司筒、司针和顶杆后处理。

3）完成司筒、司针和顶杆所在处的开腔。

【任务实施】

1）隐藏动模侧模架。在“装配导航器”页面中单击去除“项目四 _moldbase_042”/“项目

四 _movehalf_031”前的“√”。

2）隐藏型芯。单击型芯，键盘上同时按下 <Ctrl> 键和 <B> 键。

3）测量直径。测量产品背面圆柱和圆孔的直径。单击“分析”菜单，在“测量”工具栏中单击“测量距离”按钮，弹出“测量距离”对话框。“类型”设置为“直径”，单击圆柱，得直径为 5.1381mm ；单击圆孔，得直径为 2.7054mm ；单击“确定”按钮。

4）加载司筒。单击“注塑模向导”菜单，在“主要”工具栏中单击“标准件库”按钮，弹出“标准件管理”对话框。在“重用库”中选择“DME_MM”/“Ejection”，在“成员选择”中双击“Ejector Sleeve Assy[S,KS]”，“标准件管理”对话框和“信息”对话框如图 4-39 和图 4-40 所示。在“选择标准件”中选择“新建组件”，在“详细信息”中，“PIN_CATALOG_DIA”选择为“2.7”，“PIN_CATALOG_LENGTH”设置为“160”，“SLEEVE_CATALOG_LENGTH”设置为“125”，单击“确定”按钮。弹出“点”对话框后，选择一个圆柱的圆心，单击“确定”按钮。依次完成其他三处司筒的加载。

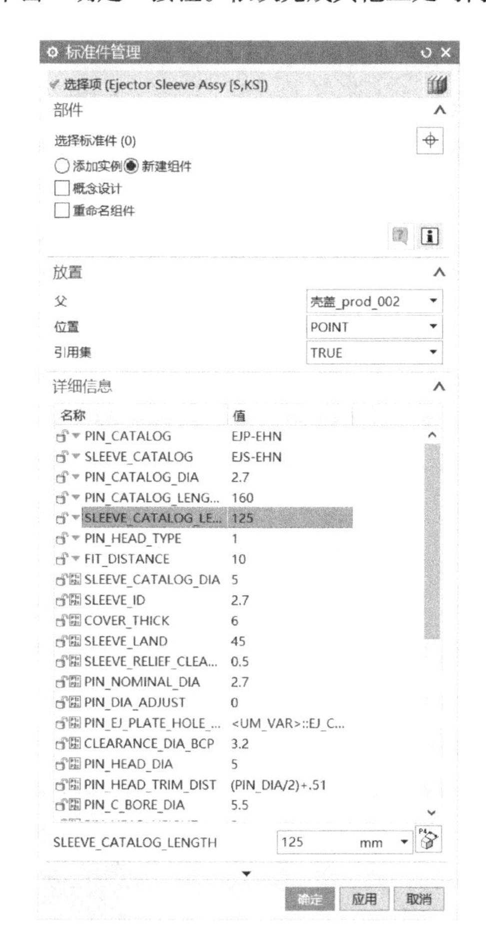

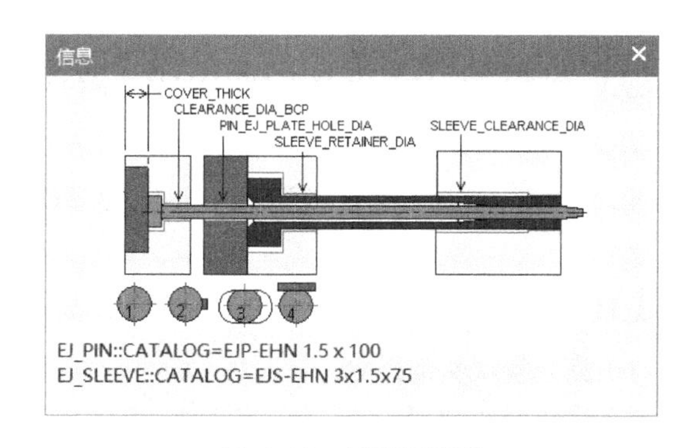

图 4-39　司筒参数

图 4-40　司筒示意图

5）顶杆后处理。单击“注塑模向导”菜单，在“主要”工具栏中单击“顶杆后处理”按钮，弹出“顶杆后处理”对话框；“目标”选择司针，按住 <Shift> 键，单击选择其余司筒，单击“确定”按钮。司筒结果如图 4-41 所示。

6）加载顶杆。在“主要”工具栏中单击“标准件库”按钮，弹出“标准件管理”对话框。在“重用库”中选择“DME_MM”/“Ejection”，在“成员选择”中单击“Ejector Pin[Straight]”。在“选择标准件”中选择“新建组件”，在“详细信息”中，“CATALOG_DIA”设置为“5”，“CATALOG_LENGTH”设置为“160”，单击“确定”按钮。

7）放置顶杆。在弹出的“点”对话框中，设置 X、Y 坐标为（0，20），单击“确定”按钮；再设置坐标为（0，–20），单击“确定”按钮。顶杆布置结果如图 4-42 所示。

图 4-41　司筒结果

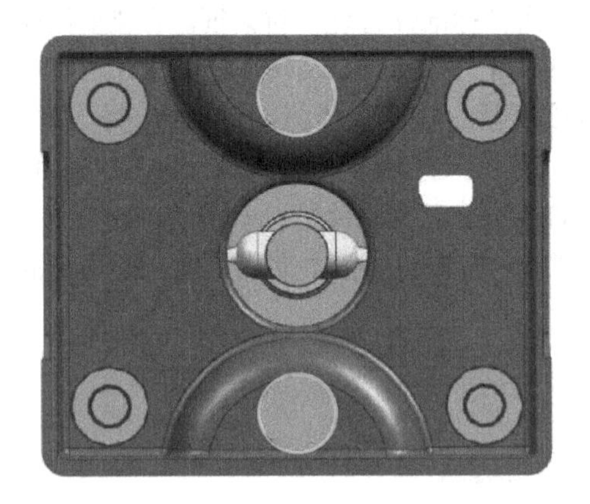

图 4-42　顶杆布置结果

8）自动修剪顶杆。单击“注塑模向导”菜单，在“主要”工具栏中单击“顶杆后处理”按钮，弹出“顶杆后处理”对话框；“目标”选择两个顶杆，单击“确定”按钮。

【知识链接】

知识点 2　Mold Wizard 中的司筒参数

1）PIN_CATALOG_LENGTH：司针的长度。

2）PIN_CATALOG_DIA：司针的直径。

3）SLEEVE_CATALOG_DIA：司筒的直径。

4）SLEEVE_CATALOG_LENGTH：司筒的长度。

任务六　侧向抽芯机构设计

【任务描述】

侧向抽芯机构设计

1）完成滑块头部拆分。

2）完成滑块加载。

3）完成滑块所在处实体开腔。

【任务实施】

1）隐藏模架。在“装配导航器”页面中单击去除“项目四_moldbase_042”前的“√”。

2）在“装配导航器”页面中，选择“项目四_layout_021”/“项目四_prod_002”/“项

目四 _core_005”，单击鼠标右键，在弹出的快捷菜单中选择“在窗口中打开”，打开的型芯如图 4-43 所示。

3）单击“主页”菜单，在“特征”工具栏中单击“拆分体”按钮，弹出“拆分体”对话框。“目标”选择型芯，“工具选项”设置为“新建平面”，“距离”设置为“0”，“指定平面”选择分型面，选择“应用”按钮；“目标”选择型芯上半部分，“指定平面”选择型芯右端面，单击“应用”按钮；“目标”选择型芯上半部分，“指定平面”选择型芯左端面，单击“确定”按钮。拆分体如图 4-44 所示。

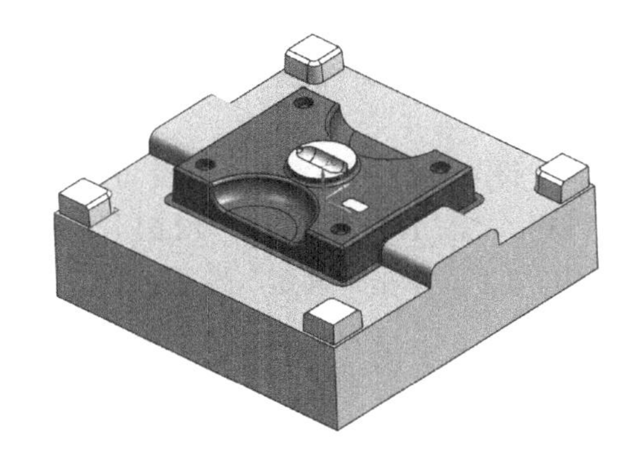

图 4-43 型芯

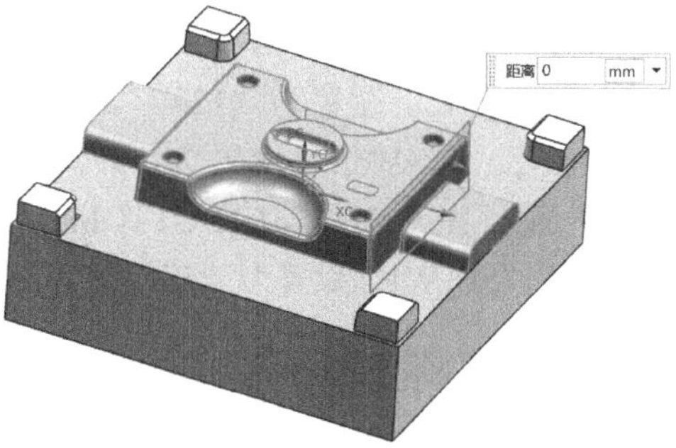

图 4-44 拆分体

4）合并型芯。单击“特征”工具栏中的“合并”按钮，弹出“合并”对话框；“目标”选择型芯主体，“工具”依次选择除滑块头部之外的部分，单击“确定”按钮。

5）移除参数。单击“菜单”→“编辑”→“特征”→“移除参数”命令，弹出“移除参数”对话框；键盘上同时按下 <Ctrl> 键和 <A> 键，单击“确定”按钮，在弹出的“移除参数”操作提示对话框中，单击“是”按钮。

6）单击资源条选项中的“装配导航器”按钮，在“装配导航器”页面中选择“项目四 _core_005”并单击鼠标右键，在弹出的快捷菜单中选择“在窗口中打开父项”→“项目四 _top_009”，切换到顶层。

7）复制滑块头部。单击“注塑模向导”菜单，在“注塑模工具”工具栏中单击“复制实体”按钮，弹出“复制实体”对话框。“体”中的“选择体”选择滑块头部，“父”中的“选择父项”选择“项目四 _prod_002”，在“设置”中勾选“新建组件”，单击“应用”按钮；“体”中的“选择体”选择滑块另外一侧头部，“父”中的“选择父项”选择“项目四 _prod_002”，单击“确定”按钮。

8）删除滑块头部原始件。选择“项目四 _core_005”并单击鼠标右键，在弹出的快捷菜单中选择“在窗口中打开”，然后选择滑块头部，按下 <Delete> 键。

9）单击资源条选项中的“装配导航器”按钮，在“装配导航器”页面中选择“项目四 _core_005”并单击鼠标右键，在弹出的快捷菜单中选择“在窗口中打开父项”→“项目四 _top_009”，切换到顶层。

10）显示坐标系。在键盘上按下 <W> 键。

11）移动坐标系。在坐标系上双击鼠标左键，将坐标原点放置到滑块头部底边的中点处，如图 4-45 所示。

12）单击“注塑模向导”菜单，在“主要”工具栏中单击“滑块和浮升销库”按钮，弹出“滑块和浮升销设计”对话框。在“成员选择”中单击“Slide_5”，滑块参数如图 4-46 所示；根据图 4-47 所示滑块示意图在对话框中设置参数：“SLIDE_TYPE”设置为“Y”，“SL_W”设置为“35”，“CAM_L”设置为“25”，“PIN_N”设置为“1”，“AP_D”设置为“10”，“SPRING_D”设置为“4.7”，“SPRING_L”设置为“12”，“ANG”设置为“15”，“TRAVEL”设置为“5”，“SPRING_N”设置为“1”，“SL_L”设置为“30”，“SL_TOP”设置为“17”，“SL_BOTTOM”设置为“18”，“SL_H1”设置为“12.61”，“SL_T”设置为“7”，“SL_W1”设置为“5”，“AP_X0”设置为“17”，单击“确定”按钮。

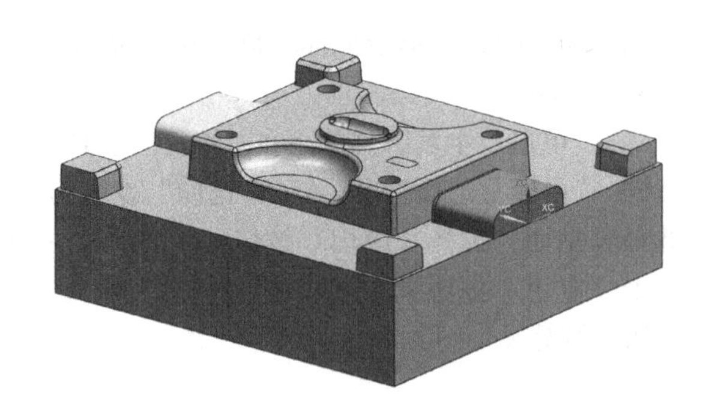

图 4-45　设置坐标系

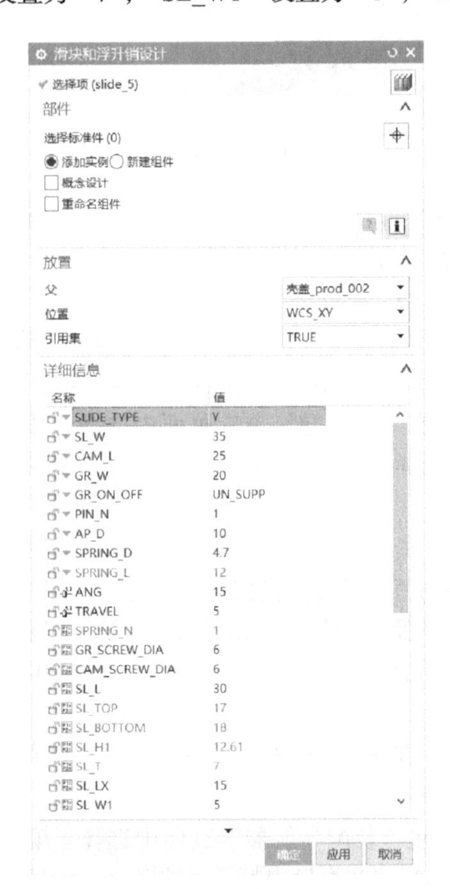

图 4-46　滑块参数

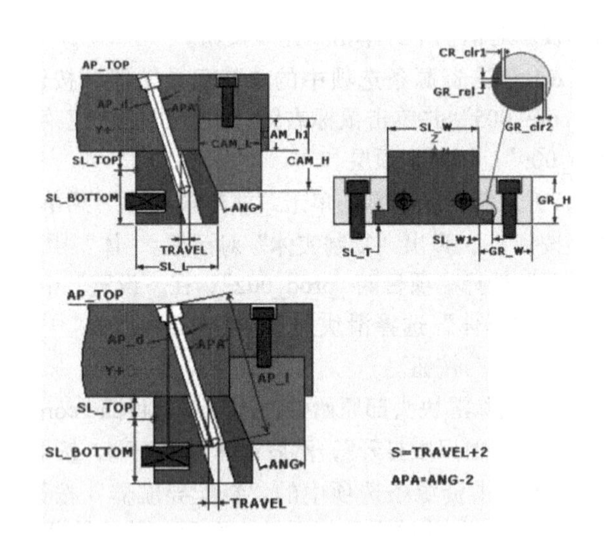

图 4-47　滑块示意图

13）双击 WCS 坐标系，将坐标原点设置在另一侧的滑块头部底边的中点处，如图 4-48 所示。

14）因两侧滑块头部结构一致，故只需在之前所做滑块上单击鼠标左键，在弹出的快捷工具栏中选择“编辑工装组件”，在弹出的对话框中选择“新建组件”，再单击“确定”按钮。

15）复制滑块头部。单击“注塑模向导”菜单，在“注塑模工具”工具栏中单击“复制实体”按钮，弹出“复制实体”对话框。“体”中的“选择体”选择滑块头部和滑块主体，“父”中的“选择父项”选择“slide_assm_087”，单击“应用”按钮；“体”中的“选择体”选择滑块另外一侧头部滑块头部和滑块主体，“父”中的“选择父项”选择“slide_assm_095”，单击“确定”按钮。滑块复制结果如图 4-49 所示。

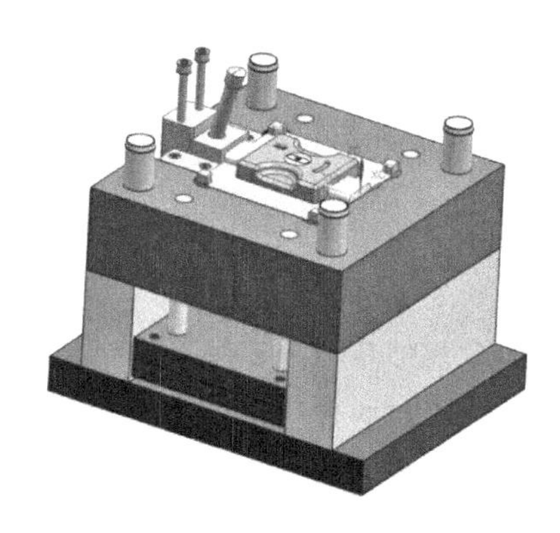

图 4-48 设置坐标系原点（另一侧）

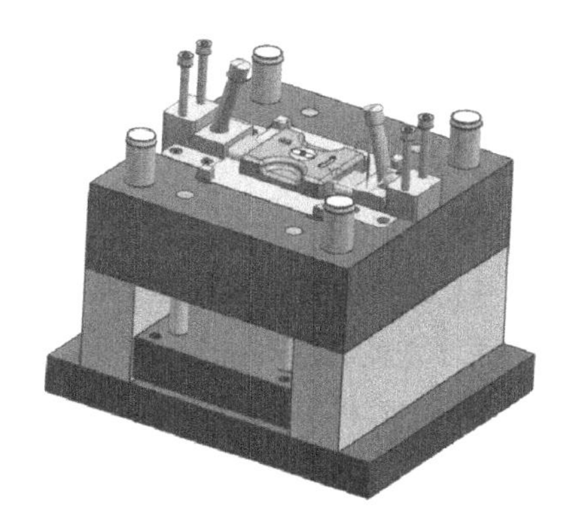

图 4-49 滑块复制

【知识链接】

知识点 3 Mold Wizard 中的滑块参数

1）SLIDE_TYPE：滑块头部形状类型。
2）SL_W：滑块的宽度。
3）CAM_L：楔紧块的长度。
4）GR_W：压条的宽度。
5）PIN_N：斜导柱的数量。
6）AP_D：斜导柱的直径。
7）SPRING_D：弹簧的直径。
8）SPRING_L：弹簧的长度。
9）ANG：楔紧块的斜面角度。
10）TRAVEL：抽芯距。
11）SPRING_N：弹簧的数量。
12）GR_SCREW_DIA：压条螺钉的直径。
13）CAM_SCREW_DIA：楔紧块螺钉的直径。
14）SL_L：滑块的长度。
15）SL_TOP：滑块零点上方的高度。
16）SL_BOTTOM：滑块零点下方的高度。
17）SL_H1：滑块右侧竖直面的高度。

18）SL_T：滑块台面高度。

19）SL_W1：滑块台面宽度。

20）CAM_H：楔紧块的高度。

21）CAM_W：楔紧块的宽度。

22）CAM_h1：楔紧块镶入座板的深度（更改此深度可调整螺钉的长度）。

23）AP_X0：斜导柱运动方向的坐标值。

24）PIN_DIST：斜导柱之间的间距（多个斜导柱时设置）。

25）APA：斜导柱的角度（一般比楔紧块角度小 2°）。

26）SPRING_DIST：弹簧之间的间距（多个弹簧时设置）。

27）GR_H：压条的高度。

知识点 4　斜导柱侧抽芯注塑模具

当塑料产品有侧孔、侧凹或凸台时，其侧向型芯必须能够移动，否则，制品无法脱模。带动侧向型芯移动的机构称为侧向分型与抽芯机构。图 4-50 所示为斜导柱侧抽芯注塑模具，其中的侧向抽芯机构是由斜导柱 12 和侧型芯滑块 11 所组成的，此外还有楔紧块 13、挡块 17、滑块拉杆 14 和弹簧 15 等一些辅助零件。

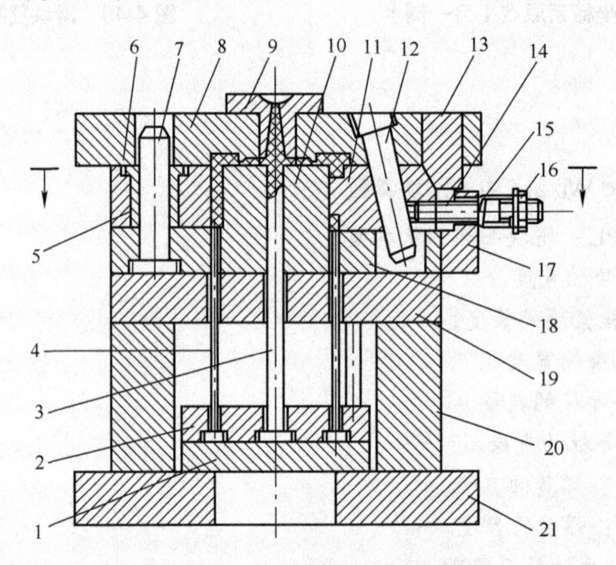

图 4-50　斜导柱侧抽芯注塑模具

1—推板　2—顶杆固定板　3—拉料杆　4—顶杆　5—导套　6—定模板　7—导柱　8—定模座板　9—浇口套　10—型芯　11—侧型芯滑块　12—斜导柱　13—楔紧块　14—滑块拉杆　15—弹簧　16—螺母　17—挡块　18—动模板　19—支承板　20—垫块　21—动模座板

知识点 5　斜导柱滑块抽芯机构的工作原理

斜导柱侧向分型抽芯机构主要依靠注射机上的开模力传递给抽芯机构零件实现分型与抽芯。也就是说，开模时斜导柱与侧滑块产生相对运动，侧滑块在斜导柱的作用下一边沿开模方向运动，一边沿侧向运动，其中侧向的运动使模具的侧向成型零件脱离制品内、外侧的凹凸抽芯结构。侧滑块在动模侧的斜导柱滑块外侧抽芯机构是最常用的抽芯机构，抽芯动作瞬间完成，适用于自动化注塑成型效率较高的环境。斜导柱滑块抽芯机构的特点是结构紧凑、动作安全可靠、加工方便、侧抽芯距比较大，因此是当前注塑模具常用的侧向分型与抽芯机构。

知识点 6　斜导柱滑块抽芯机构的设计原则

1）斜导柱滑块抽芯要尽量避免定模抽芯，因为这样会使模具结构更复杂。也就是说，滑块的设置应优先考虑在动模侧，斜导柱固定在定模侧。当制品有多组抽芯时，应尽量避免过长的斜导柱侧向抽芯。滑块设在定模的情况下，为保证制品留在定模上，开模前必须先抽出侧向型芯，此时必须设置定向定距分型装置。

2）滑块的活动配合长度应大于滑块高度的 1.5 倍，但是汽车部件的模具很难做到这一点，所以大都应用液压抽芯机构。

3）滑块抽芯距必须大于成型凸凹部分 3 ~ 5mm。

4）滑块完成抽芯动作以后，留在滑槽内的长度应大于整个滑槽长度的 2/3，避免滑块在开始复位时产生倾斜而损坏模具。

5）斜导柱的夹角最大不得超过 23°（最好为 12° ~ 18°），斜导柱与模板的配合为 H7/m6。斜导柱的长度与直径的关系为 $L/d > 1$，斜导柱与滑块上斜导柱孔的配合间隙为 0.5 ~ 1mm。

6）滑块与导滑槽和压板的配合为 H7/f7。

7）楔紧块的楔角要大于斜导柱角度 2° ~ 3°，避免抽芯动作发生干涉。

8）滑块抽出后必须有定位装置。滑块的侧面要求有弹簧，弹簧最好使用导向销，这样弹簧不易折断。注意导向销应有足够的固定长度。

知识点 7　斜导柱滑块抽芯机构的具体要求

1）10kg 以上的大型滑块，需要开设吊环孔。

2）制品精度要求高时，大中型滑块需要设置冷却装置，条件受到限制的成型部分用铍青铜材料。

3）对于复杂、大型滑块，应考虑加工工艺需要和热处理方便及成本，滑块可采用组合结构。

4）滑块成型件的分型面尽量采用平面，封闭宽度尺寸至少为 8mm。

5）滑块成型部分深度较大、面积较大、包紧力较大的情况下，应计算抽拔力是否足够。

6）设计滑块时，应注意滑块的重心、压板槽的高低位置，以便于滑块移动顺畅。

7）若将滑块的斜导柱孔加大，或斜导柱的入口处倒角加大，会使滑块延迟开合。若将滑块的斜导柱孔单边加大，也会获得同样效果。

8）滑块成型部分有顶杆时，若发生干涉，要先设置复位机构。

知识点 8　斜导柱滑块抽芯机构的组成零件

斜导柱滑块抽芯机构的五个功能部分（动力、锁紧、成型、定位、导滑）由以下零件组成：斜导柱、楔紧块、导套、导套压板、内六角螺钉（在定模）、滑块、导滑槽、滑块压板及定位销、定位装置、耐磨块、导向条及弹簧、限位挡块等（在动模）。

（1）斜导柱　斜导柱主要用于驱动滑块的开闭运动。

1）斜导柱的结构与配合要求。斜导柱头部可做成半球或锥台形，如图 4-51 所示。为了减小斜导柱与滑块斜孔之间的摩擦与磨损，在斜导柱外圆周上可铣出两个对称平面。斜导柱的表面粗糙度 Ra 值为 0.63～1.25μm。斜导柱与其固定板采用过渡配合 H7/m6。斜导柱与滑块斜孔之间可采用较松的间隙配合（如 H11/b11），或在二者之间保留 0.5～1mm 的间隙，当分型抽芯有延时要求时，可以放大到 1mm 以上。

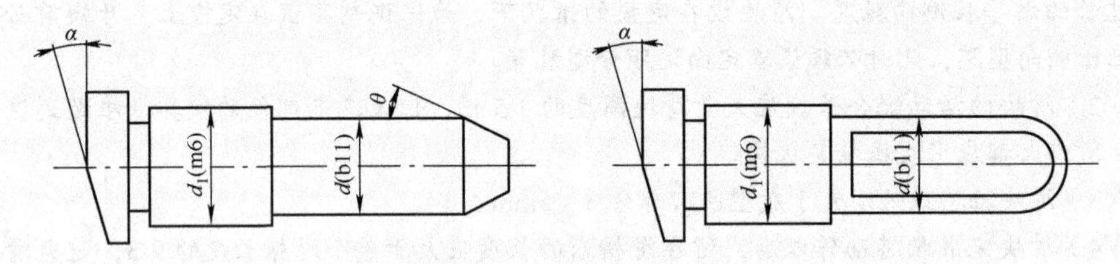

图 4-51　斜导柱的结构

2）斜导柱的倾斜角 α。斜导柱的轴线与开模方向的夹角称为斜导柱的倾斜角 α，如图 4-52 所示，它是决定斜导柱侧向分型与抽芯机构工作效果的重要参数。α 的大小对斜导柱的有效工作长度、抽芯距和受力状况等有决定性的影响。

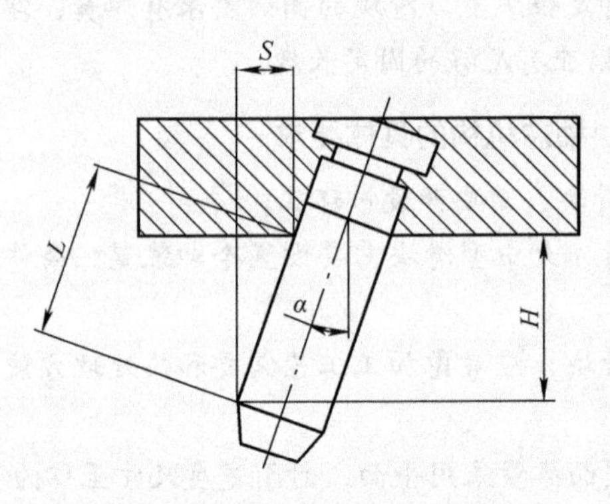

图 4-52　倾斜角与工作长度的关系

由图 4-52 可知：

$$L = S/\sin\alpha \tag{4-1}$$

$$H = S\cot\alpha \tag{4-2}$$

式中　L——斜导柱的工作长度；

S——抽芯距；

α——斜导柱的倾斜角（°）；

H——与抽芯距 S 对应的开模距。

由此可得出开模力为

$$F_k = F_t \tan\alpha \tag{4-3}$$

$$F_w = \frac{F_t}{\cos\alpha} \tag{4-4}$$

式中　F_w——侧抽芯时斜导柱所受的弯曲力；

F_t——侧抽芯时的脱模力，其大小等于抽芯力 F_c；

F_k——侧抽芯时所需的开模力。

由式（4-1）~ 式（4-4）可知：α 增大，L 和 H 减小，有利于减小模具尺寸，但 F_w 和 F_k 增大，影响斜导柱和模具的强度和刚度；反之，α 减小，斜导柱和模具受力减小，但要获得相同的抽芯距，斜导柱的长度就要增长，开模距就要变大，因此模具尺寸会增大。综合考虑并经实际推导，α 值一般不得大于 25°，通常采用 15° ~ 23°。

3）斜导柱直径的确定。斜导柱的直径取决于所需承受的弯曲力，而弯曲力又取决于抽芯力、斜导柱的倾斜角及工作长度。

4）斜导柱的材料及热处理。斜导柱多用 45 钢或碳素工具钢制造，也可用 20 钢渗碳制造，热处理硬度≥ 55HRC。

（2）滑块　滑块是斜导柱侧向分型与抽芯机构中的重要零件，它上面安装有侧型芯，抽芯的可靠性由滑块的运动精度来保证。滑块的结构形状可以根据具体制品和注塑模具的结构灵活设计，既可与型芯做成一个整体，也可采用组合式装配结构。整体式结构多用于型芯较小和形状简单的场合，采用组合式结构可以节省优质钢材，并使加工变得比较容易。

（3）楔紧块　为了防止侧型芯在制品成型时受力而移动，对侧型芯和滑块应用楔紧块锁位，开模时又需使楔紧块首先脱开（一般不允许斜导柱起锁紧侧型芯的作用）。锁紧的角度一般取 $\beta = a + (2° \sim 3°)$。整体式结构的特点是紧固可靠，能承受较大的侧向力，但加工比较麻烦且耗材较多；采用销定位、螺钉紧固，结构简单，加工方便，应用较普遍，但承载能力较差；采用 T 形槽固定并用销定位，加工较困难，但能承受较大的侧向力；将楔紧块上方镶嵌在模板中，在楔紧块背后加设一个后挡块，它们均能对楔紧块起加强作用，能承受很大的侧向力；采用两个楔紧块，加强作用很大，但安装调整很困难。

（4）定位装置　定位装置的作用是在开模过程中保证滑块停留在刚刚脱离斜导柱的地方，不发生任何移动，以避免再次合模时斜导柱不能准确地插进滑块的斜孔中。常用的定位形式有：利用滑块自重停靠在限位挡块上，结构简单，适用于向下抽芯的模具；依靠拉簧使滑块停留在限位挡块上，弹簧的弹力是滑块重力的 1.5 ~ 2 倍，适用于任何方向的抽芯动作；采用弹簧顶销或弹簧钢球的形式，只是安装弹簧的方法有所不同，这种结构适用于水平侧向的抽芯动作，弹簧钢丝直径可选 1 ~ 1.5mm，钢球可取 5 ~ 10mm。

价值观——绿色发展

大自然是人类赖以生存发展的基本条件。尊重自然、顺应自然、保护自然，是全面建设社会主义现代化国家的内在要求。必须牢固树立和践行绿水青山就是金山银山的理念，站在人与自然和谐共生的高度谋划发展。

我们要推进美丽中国建设，坚持山水林田湖草沙一体化保护和系统治理，统筹产业结构调

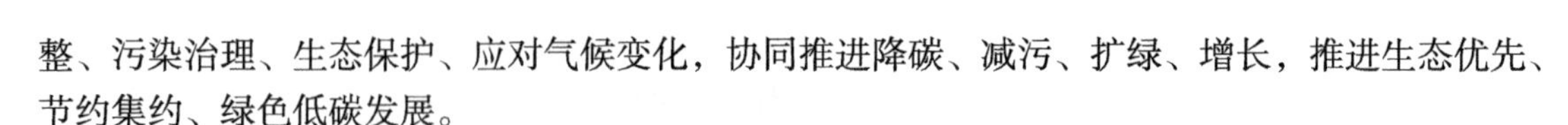

整、污染治理、生态保护、应对气候变化，协同推进降碳、减污、扩绿、增长，推进生态优先、节约集约、绿色低碳发展。

（1）加快发展方式绿色转型　推动经济社会发展绿色化、低碳化是实现高质量发展的关键环节。加快推动产业结构、能源结构、交通运输结构等调整优化。实施全面节约战略，推进各类资源节约集约利用，加快构建废弃物循环利用体系。完善支持绿色发展的财税、金融、投资、价格政策和标准体系，发展绿色低碳产业，健全资源环境要素市场化配置体系，加快节能降碳先进技术研发和推广应用，倡导绿色消费，推动形成绿色低碳的生产方式和生活方式。

（2）深入推进环境污染防治　坚持精准治污、科学治污、依法治污，持续深入打好蓝天、碧水、净土保卫战。加强污染物协同控制，基本消除重污染天气。统筹水资源、水环境、水生态治理，推动重要江河湖库生态保护治理，基本消除城市黑臭水体。加强土壤污染源头防控，开展新污染物治理。提升环境基础设施建设水平，推进城乡人居环境整治。全面实行排污许可制，健全现代环境治理体系。严密防控环境风险。深入推进中央生态环境保护督察。

（3）提升生态系统多样性、稳定性、持续性　以国家重点生态功能区、生态保护红线、自然保护地等为重点，加快实施重要生态系统保护和修复重大工程。推进以国家公园为主体的自然保护地体系建设。实施生物多样性保护重大工程。科学开展大规模国土绿化行动。深化集体林权制度改革。推行草原森林河流湖泊湿地休养生息，实施好长江十年禁渔，健全耕地休耕轮作制度。建立生态产品价值实现机制，完善生态保护补偿制度。加强生物安全管理，防治外来物种侵害。

（4）积极稳妥推进碳达峰碳中和　实现碳达峰碳中和是一场广泛而深刻的经济社会系统性变革。立足我国能源资源禀赋，坚持先立后破，有计划分步骤实施碳达峰行动。完善能源消耗总量和强度调控，重点控制化石能源消费，逐步转向碳排放总量和强度“双控”制度。推动能源清洁低碳高效利用，推进工业、建筑、交通等领域清洁低碳转型。深入推进能源革命，加强煤炭清洁高效利用，加大油气资源勘探开发和增储上产力度，加快规划建设新型能源体系，统筹水电开发和生态保护，积极安全有序发展核电，加强能源产供储销体系建设，确保能源安全。完善碳排放统计核算制度，健全碳排放权市场交易制度。提升生态系统碳汇能力。积极参与应对气候变化全球治理。

项目评价

项目四的评价见表 4-1。

表 4-1　项目四评价表

序号	考核项目	考核内容及要求	配分	得分	备注
1	成型 零部件设计 （20 分）	型腔结构合理	5		
		型芯结构合理	5		
		虎口设计合理	10		
2	模架设计 （15 分）	合理选择模架尺寸	5		
		开框结构合理	5		
		固定螺钉设计合理	5		
3	浇注系统设计 （20 分）	定位圈结构合理 浇口套结构合理	5		
		分流道结构合理	5		
		浇口结构合理	5		
		拉料杆设计合理	5		

（续）

序号	考核项目	考核内容及要求	配分	得分	备注
4	顶出系统设计（10分）	顶杆形状、位置、长度、数量合理	8		
		复位机构合理	2		
5	侧抽芯机构设计（20分）	滑块头部拆分合理	5		
		滑块结构设计合理	15		
6	冷却系统设计（10分）	定模侧冷却回路设计合理	5		
		动模侧冷却回路设计合理	5		
7	其他设计（5分）	吊环、限位钉、复位弹簧设计合理	5		
合计			100		

闯关考验

一、产品分型

1. 完成图 4-53 所示充电器外壳的分型设计。

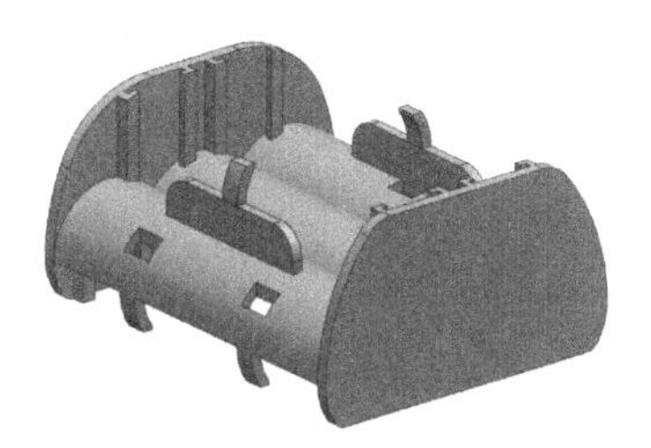

图 4-53 充电器外壳

2. 完成图 4-54 所示仪器外壳的分型设计。

图 4-54 仪器外壳

二、模具设计

依据图 4-55 所示电器外壳模型进行注塑模具设计。

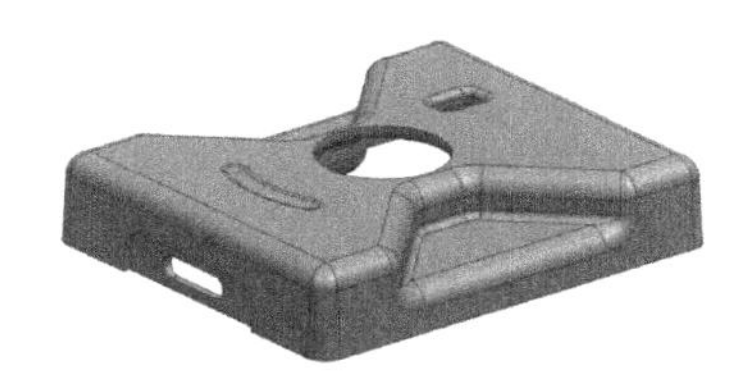

图 4-55 电器外壳

（一）产品技术要求

1）材料：PS。

2）材料收缩率：0.5%。

3）技术要求：表面光洁无毛刺、无缩痕，符合整个产品的功能要求。

（二）模具结构设计要求

1）模腔数：试样模具一模一腔，企业生产模具按照年产量 10 万件设计型腔数量，并合理布局。

2）成型零件收缩率：0.5%。

3）模具能够实现制品全自动脱模方式。

4）以满足技术要求、保证质量和生产率为前提条件，兼顾模具的制造工艺性及制造成本，充分考虑模具的使用寿命。

5）保证模具使用时的操作安全，确保模具修理、维护方便。

（三）模具成型零件尺寸

成型零件的毛坯材料均为 45 钢，尺寸及规格如下：

1）型腔镶块 100mm × 100mm × 35mm（已六面磨削加工）。

2）型芯镶块 100mm × 100mm × 42mm。

Project 5

项目五

温度控制器上盖内外抽芯注塑模具设计

设计任务

本项目的任务为温度控制器上盖的注塑模具设计。温度控制器的部分结构如图 5-1 所示，需先为温度控制器设计一个塑料上盖，与提供的模型配合，组成一个完整的产品。该产品的整体高度不低于 62mm，需在塑料上盖上设计数据线插头处对应形状的通孔，满足实际使用需要，并设计定位与固定结构。塑料上盖尺寸公差等级为 MT3，符合绿色生产要求。

图 5-1 温度控制器

1. 技术要求

塑料上盖的材料为 PS，即聚苯乙烯，材料收缩率为 0.6%，表面光洁无毛刺、无缩痕，符合整个产品的功能要求，设计的上盖高度不低于 18mm。

2. 设计要求

模具设计为一模一腔，企业生产模具按照年产量 10 万件，要求模具能够实现制品全自动脱模方式。以满足技术要求、保证质量和生产率为前提条件，兼顾模具的制造工艺性及制造成本，充分考虑模具的使用寿命。保证模具使用时的操作安全，确保模具修理、维护方便。

模具成型零件型芯、型腔、滑块和斜顶的毛坯材料均为 45 钢。型腔尺寸为 100mm × 100mm × 35mm，型芯尺寸为 100mm × 100mm × 42mm；零件已六面磨削加工。

设计思路

1. 产品分析

塑料上盖属于电子产品的面壳，要求使用材料具有一定的耐磨性；上盖表面不能有气泡、凹穴和喷痕等瑕疵；产品的配合要求比较高。

2. 模具分析

（1）模具结构　上盖零件结构相对简单，但是工件坐标系不在分型面上，为了保证零件外轮廓的完整性，必须对坐标系进行调整。该零件结构上存在两个侧孔和一个内侧凹陷区域，因此要进行内、外抽芯机构的设计，难度较高。本模具采用一模一腔的两板模结构。

（2）分型面　分型面取在制品最大截面处，为保证制品的外观质量和便于排气，分型面选在产品的底部。

（3）浇注方式　该产品从中间两侧浇注，浇口形状为矩形，分流道截面选择半圆形，分流道位于型腔上，不受型芯的阻碍。

（4）顶出系统　顶杆设置于产品的背面，均匀分布于背面上。

（5）内、外抽芯机构设计　该产品存在侧孔结构及内部凹陷区域，需要进行外部抽芯和内部抽芯。

项目实施

任务一　温度控制器上盖设计

【任务描述】

根据给定的温度控制器结构设计出合理的上盖。

产品设计

【任务实施】

1）单击起始菜单“开始”→“所有程序”→“Siemens NX 12.0”→“NX 12.0”命令，或双击桌面上的“NX 12.0”快捷图标，进入 NX 12.0 初始化环境界面。

2）单击工具栏中的“打开”按钮，弹出“打开”对话框；在路径中选择“项目五 .prt”文件，单击“OK”按钮，打开温度控制器模型文件。

3）单击“应用模块”菜单，单击工具栏中的“建模”按钮，然后切换到“主页”菜单栏界面。

4）拉伸。在“特征”工具栏中单击“拉伸”按钮，弹出“拉伸”对话框；将选择条中的“曲线规则”设置为“相切曲线”，“选择曲线”选择温度控制器止口轮廓线，“开始”中的“距离”设置为“0”，“结束”中的“距离”设置为“18.5”，“布尔”设置为“无”，单击“确定”按钮。

5）隐藏下盖零件。单击选择下盖零件，键盘上同时按下 <Ctrl> 键和 <B> 键。

6）拔模。在“特征”工具栏中单击“拔模”按钮，弹出“拔模”对话框；如图 5-2 所示，“拔模参考”下的“选择固定面”为下表面，“要拔模的面”下的“选择面”为带圆角的侧面，“角度”设置为“1°”，单击“确定”按钮。

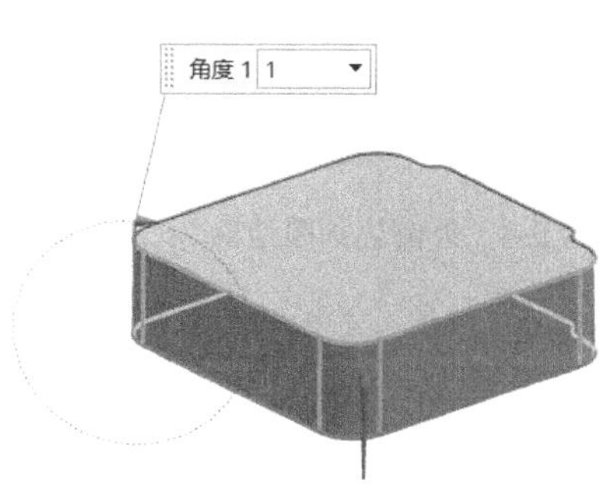

图 5-2　拔模

7）抽壳。在“特征”工具栏中单击“抽壳”按钮，弹出“抽壳”对话框；如图 5-3 所示，“类型”默认为“移除面，然后抽壳”，“要穿透的面”下的“选择面”选择上盖底面，“厚度”设置为“2”，单击“确定”按钮。

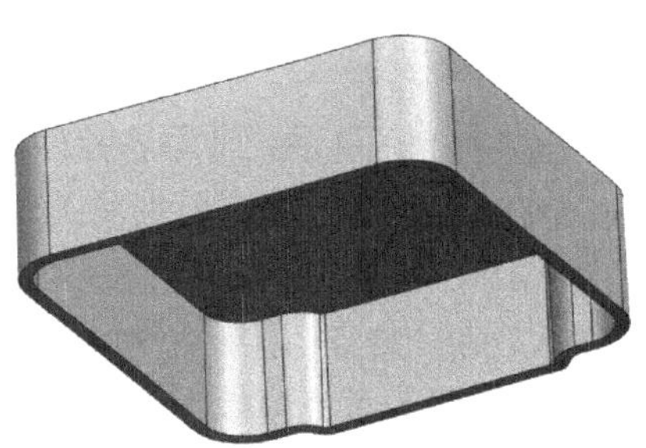

图 5-3　抽壳

8）外侧边倒圆。在“特征”工具栏中单击“边倒圆”按钮，弹出“边倒圆”对话框；“选择边”选择上盖上表面整圈边，“半径”设置为“3”，单击“确定”按钮。外侧边倒圆结果如图 5-4 所示。

9）内侧边倒圆。在“特征”工具栏中单击“边倒圆”按钮，弹出“边倒圆”对话框；“选择边”选择上盖内表面底部整圈边，“半径”设置为“1”，单击“确定”按钮。内侧边倒圆结果如图 5-5 所示。

10）显示全部零件。键盘上同时按下 <Ctrl> 键、<Shift> 键和 <U> 键。

11）减去。在“特征”工具栏中单击“减去”按钮，弹出“求差”对话框；如图 5-6 所示，“目标”下的“选择体”选择上盖，“工具”下的“选择体”为框选所有零件，在“设置”下勾选“保存工具”，单击“确定”按钮。

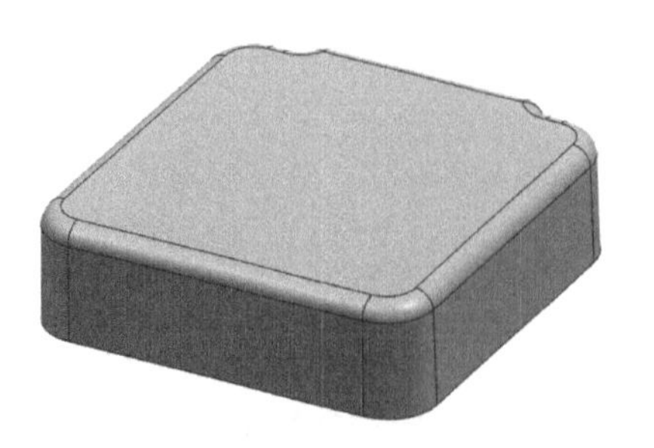

图 5-4　外侧边倒圆结果

图 5-5　内侧边倒圆结果

12）隐藏上盖零件。单击选择上盖零件，键盘上同时按下 <Ctrl> 键和 <B> 键。

13）反向显示。同时按下 <Ctrl> 键、<Shift> 键和 <B> 键。

14）移除参数。单击“菜单”→“编辑”→“特征”→“移除参数”命令，弹出“移除参数”对话框；键盘上同时按下 <Ctrl> 键和 <A> 键，再单击“确定”按钮，在弹出的“移除参数”操作提示对话框中单击“是”按钮。

15）偏置区域。在“同步建模”工具栏中单击“偏置区域”按钮，弹出“偏置区域”对话框；“选择面”选择各个求差之后得到的孔，“距离”设置为“–0.1”，单击“确定”按钮。

图 5-6　“求差”对话框

注：由于求差得到的孔的尺寸与各元件的尺寸是相同的，可能会导致制品成型后各元件很难装配进入各个孔，因此在产品设计时将孔单侧扩大 0.1mm。

16）反向显示。同时按下 <Ctrl> 键、<Shift> 键和 <B> 键。

17）圆柱体。在“特征”工具栏中单击“圆柱”按钮，弹出“圆柱”对话框；如图 5-7 所示，“指定点”设置为黄色薄板上的孔心，“直径”设置为“5”，“高度”设置为“10”，“布尔”设置为“无”，单击“确定”按钮。

图 5-7　圆柱

18）钻孔。在“特征”工具栏中单击“孔”按钮，弹出“孔”对话框；“位置”中的“指定点”设置为圆柱面的圆心，“直径”设置为“2.5”，其他为默认值，单击“确定”按钮。

19）替换面。在“同步建模”工具栏中单击“替换面”按钮，弹出“替换面”对话框；“原始面”下的“选择面”选择圆柱体的端面，“替换面”下的“选择面”设置为上盖的底面，单击“确定”按钮。替换面结果如图 5-8 所示。

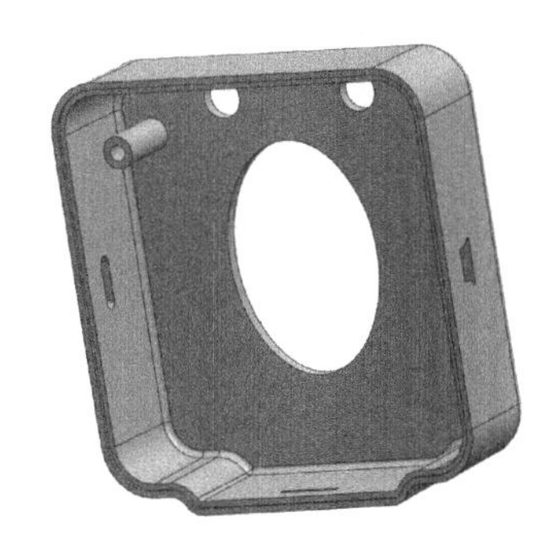

图 5-8　替换面结果

20）移除参数。单击“菜单”→“编辑”→“特征”→“移除参数”命令，弹出“移除参数”对话框；键盘上同时按下 <Ctrl> 键和 <A> 键，单击“确定”按钮，在弹出的“移除参数”操作提示对话框中单击“是”按钮。

21）镜像几何体。单击“特征”工具栏中的“镜像几何体”按钮，弹出“镜像几何体”对话框。“要镜像的几何体”下的“选择对象”为带孔圆柱体，“镜像平面”下的“指定平面”选择“XC”，单击“应用”按钮；“选择对象”选择镜像前后的两个实体，“指定平面”选择“YC”，单击“确定”按钮。镜像几何体结果如图 5-9 所示。

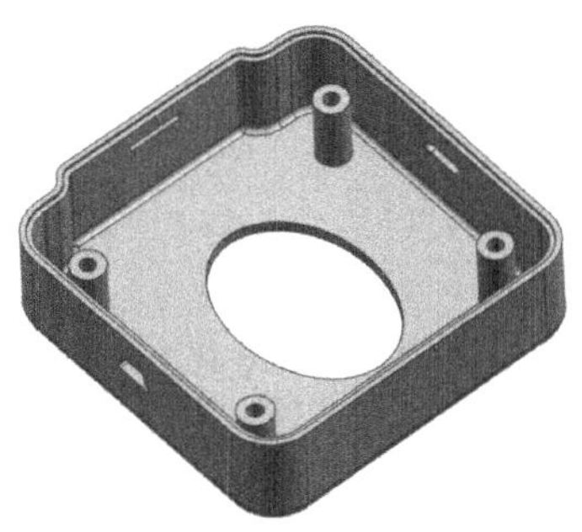

图 5-9　镜像几何体

22）合并零件。单击“特征”工具栏中的“合并”按钮，弹出“合并”对话框；“目标”下的“选择体”选择模型主体，“工具”下的“选择体”为在键盘上同时按下 <Ctrl> 键和 <A> 键，单击“确定”按钮。

【知识链接】

知识点 1　塑料制品（塑件）设计的基本原则

塑件的设计在塑件生产中起着重要的作用。一般来说，在设计塑件时，必须充分考虑造型、材料及配方、加工、成型模具和成型设备等方面的知识，才能生产出美观、合理、可行、实用的塑件。

1）在设计塑件时，要对塑件进行必要的分析及计算校核。

2）正确选择塑件材料。塑件材料要具有可加工性，并尽量选择低成本的材料。

3）大多数塑件经加热成型后固化定型，在设计塑件时，一定要考虑聚合物的流变过程和形态变化对塑件的影响。

4）许多塑件是各种装置和设备中的配件或组合件，其设计应统一在整机产品之中。在保证整机质量的前提下，降低塑件的成本。

5）标准化、系列化是塑件设计在工业发展中的方向，所以在设计中要充分体现标准化、系列化。

知识点 2　塑件的壁厚

塑件的壁厚是最重要的结构要素，应满足强度、结构、质量、刚度及装配等各项要求。主要体现在：①使用时，必须有足够的强度和刚度；②装配时，能够承受紧固力；③成型时，熔体能够充满型腔；④脱模时，能够承受脱模机构的冲击和振动。

壁厚不宜过小，也不宜过大。壁厚过大时，用料太多，不但增加成本，而且增加成型时间和冷却时间，延长成型周期；对于热固性塑料，还可能造成固化不足，另外也容易产生气泡、缩孔、凹痕、翘曲等缺陷。壁厚太薄则刚性差，不耐压，在脱模、装配、使用中容易发生损伤及变形；另外，壁厚太薄时，模腔中的流道狭窄，流动阻力加大，易造成填充不满，成型困难。热塑性塑件的壁厚推荐值见表 5-1。

表 5-1　热塑性塑件的壁厚推荐值　　（单位：mm）

塑件材料	最小塑件壁厚	小塑件壁厚	中等塑件壁厚	大塑件壁厚
尼龙（PA）	0.45	0.76	1.5	2.4 ~ 3.2
聚乙烯（PE）	0.6	1.25	1.6	2.4 ~ 3.2
聚苯乙烯（PS）	0.75	1.25	1.6	3.2 ~ 5.4
有机玻璃（PMMA）	0.8	1.5	2.2	4.0 ~ 6.5
聚丙烯（PP）	0.85	1.45	1.75	2.4 ~ 3.2
聚碳酸酯（PC）	0.95	1.8	2.3	3.0 ~ 4.5

知识点 3　塑件的圆角半径

塑件上所有内外表面的交接转折处，应尽可能采用圆角过渡。采用圆角的好处在于可以避免因尖角引起的应力集中，提高塑件的强度，减少转折处对塑料流动的阻力，改善熔体在型腔中的流动状况，有利于充满型腔，便于脱模，同时亦可改善塑件的外观。圆角半径尺寸如图 5-10 所示。

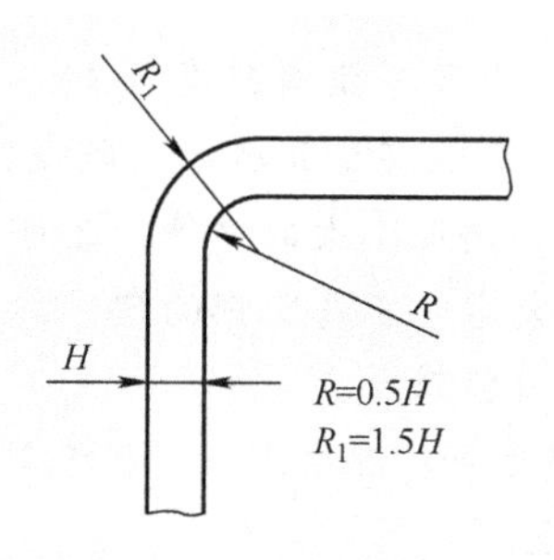

图 5-10 圆角半径尺寸

知识点 4 塑件的加强筋

加强筋是指塑件上的凸起物，用来改善塑件的强度和刚度，有的加强筋还能改善成型时熔体的流动状况。凸台是塑件上用来增强孔或供装配附件用的凸起部分。

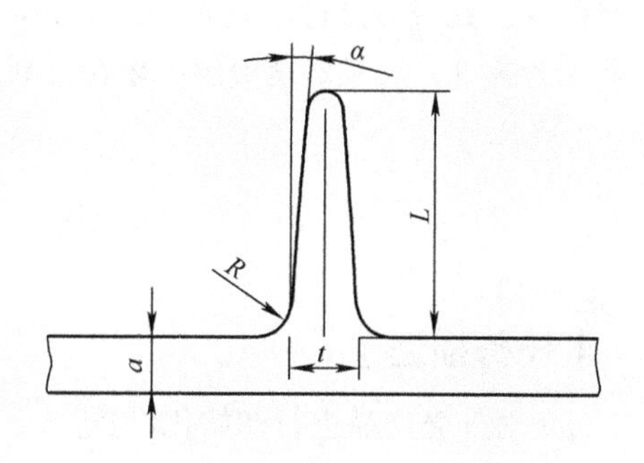

图 5-11 加强筋形状和尺寸

设置加强筋时，形状一定要正确。如图 5-11 所示，加强筋的高度不超过 $5a$（a 为壁厚），根部厚度不超过 $0.75a$。如果根部过厚，会在塑件外表面产生凹陷，塑件中间会产生气泡。图 5-11 中，$\alpha = 0.5° \sim 1.5°$；$L =(2.5 \sim 5)a$；$t =(0.4 \sim 0.75)a$；$R \geqslant (0.25 \sim 0.4)a$；两加强筋中心的间距为 $(3 \sim 4)a$。

知识点 5 塑件的脱模斜度

塑料从熔融状态经冷却后转变为固体状态，其尺寸将产生一定量的收缩，从而使塑件紧紧包住模具型芯（凸模）和型腔中的凸起部分。为便于塑件脱模，防止脱模时擦伤塑件表面，在设计时，与脱模方向平行的塑件表面一般应具有合理的斜度，这一斜度即为塑件的脱模斜度。

脱模斜度的大小与塑料的成型收缩率，塑件的形状、壁厚及部位有关。对于成型收缩率大的塑料，取较大的脱模斜度。常用热塑性塑件的脱模斜度见表 5-2。

表 5-2 常用热塑性塑件的脱模斜度

塑料品种	脱模斜度	
	塑件外表面（型腔）	塑件内表面（型芯）
PA	25′ ~ 40′	20′ ~ 40′
PE	25′ ~ 45′	20′ ~ 45′
PMMA	35′ ~ 1°30′	35′ ~ 1°
PC	35′ ~ 1°	30′ ~ 50′
PS	35′ ~ 1°30′	30′ ~ 1°
ABS	40′ ~ 1°20′	35′ ~ 1°

从表 5-2 可以看出，在一般情况下，脱模斜度为 30′～1°30′，但应根据具体情况而定。当塑件有特殊要求或精度要求较高时，应选用较小的脱模斜度，外表面脱模斜度可小至 5′，内表面脱模斜度可小至 10′～20′；高度不大的塑件，还可以不设置脱模斜度；高度较大的塑件选用较小的脱模斜度；形状复杂、不易脱模的塑件，应取较大的脱模斜度；塑件上的凸起或加强筋单边应有 4°～5° 的脱模斜度。

1）在必须保证塑件的尺寸精度和特殊要求时，脱模斜度造成的塑件尺寸误差必须限制在该尺寸公差之内并满足特殊要求。

2）为避免或减小脱模力过大对塑件的损伤，对于收缩较大、形状复杂、型芯包紧面积较大的塑件，应考虑较大的脱模斜度。

3）为使模具开模后，塑件留在动模一侧的型芯上，可以考虑塑件的内表面取较小的脱模斜度。脱模斜度的取向原则是：内孔以小端为基准，脱模斜度由扩大方向得到；外形以大端为基准，脱模斜度由缩小方向得到。

任务二　模具设计准备

【任务描述】

模具初始化设置

1）对外壳产品进行初始化设置。

2）设置模具坐标系。

3）设置工件为矩形，并设置工件高度。

【任务实施】

一、项目初始化

1）单击“应用模块”菜单，单击工具栏中的“注塑模”按钮，然后切换到“注塑模向导”菜单栏界面。

2）初始化设置。单击工具栏中的“初始化项目”按钮，弹出“初始化项目”对话框；如图 5-12 所示，在“路径”中选择文件保存位置，“Name”设置为“项目五”，“材料”设置为“PS”，“收缩”设置为“1.006”，单击“确定”按钮。

图 5-12　“初始化项目”对话框

二、设置坐标系

单击“主要”工具栏中的“模具坐标系”按钮，弹出“模具坐标系”对话框；在“更改产品位置”中选择“选定面的中心”，“锁定 XYZ 位置”中不用勾选，然后选择上盖底面，再单击“确定”按钮。模具坐标系如图 5-13 所示。

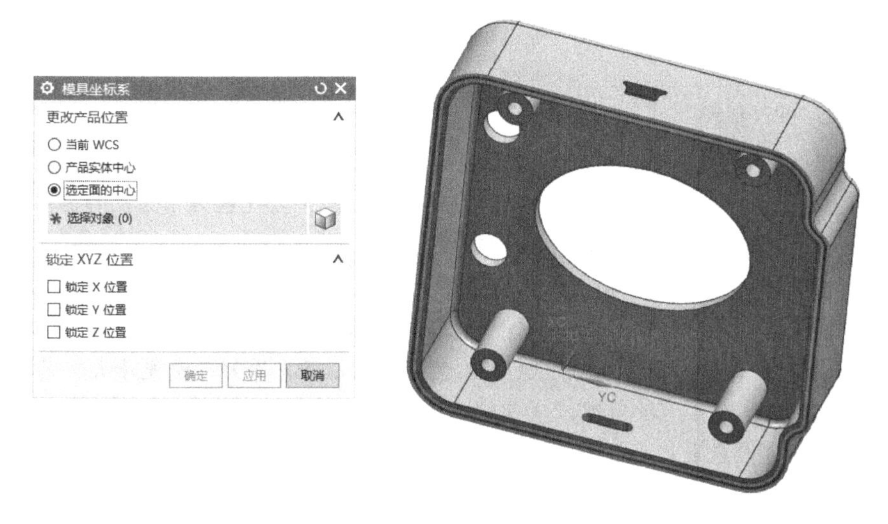

图 5-13　模具坐标系

三、设置成型工件及型腔布局

1）单击“主要”工具栏中的“工件”按钮 ，弹出“工件”对话框。

2）删除初始草图。在“工件”对话框（图 5-14）中，单击“选择曲线”后的“绘制截面”按钮 ；进入草图后，同时按下 <Ctrl> 键和 <A> 键，再按下 <Ctrl> 键和 <D> 键。

3）设置工件大小。单击“曲线”工具栏中的“矩形”按钮 ，弹出“矩形”工具条；在工具条中单击“从中心”方式，绘制 100mm × 100mm 的矩形，最后单击“完成”按钮。在“工件”对话框中，开始“距离”设置为“–23”，结束“距离”设置为“35”，单击“确定”按钮。工件设置结果如图 5-15 所示。

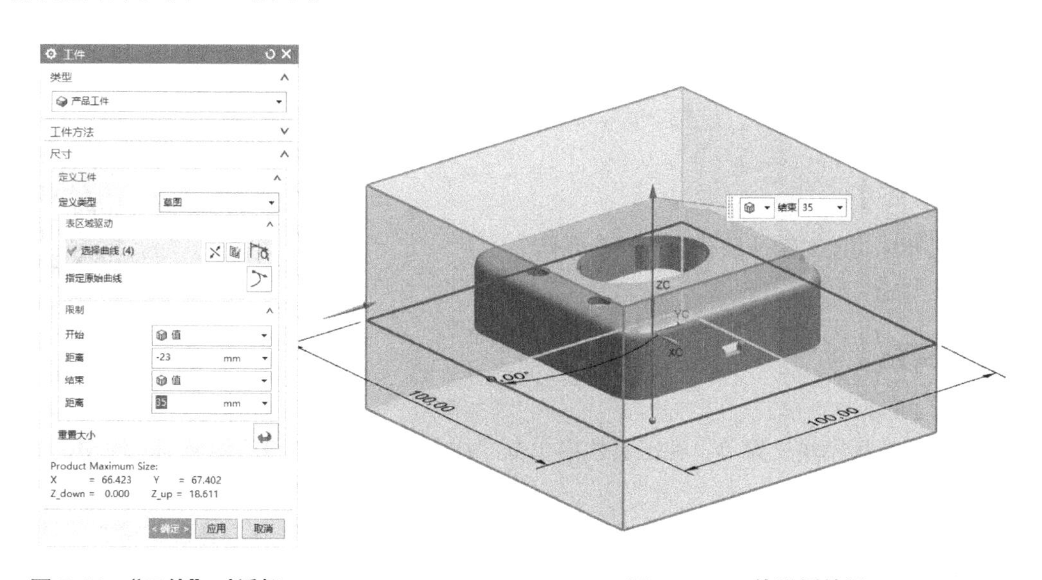

图 5-14　“工件”对话框　　　　**图 5-15　工件设置结果**

注：因给定的型腔高度为 35mm，型芯高度为 42mm，产品高度约为 18.5mm，（42 – 18.5）mm = 23.5mm，故而开始距离设置为 –23mm，结束距离设置为 35mm。

【知识链接】

知识点6　PS塑料

聚苯乙烯（简称PS）是无色透明的热塑性塑料，其中发泡聚苯乙烯俗称保丽龙（又称为保利绝）。发泡PS塑料具有高于100℃的玻璃转化温度，因此经常用来制作各种需要承受开水温度的一次性容器，以及一次性泡沫饭盒等。

聚苯乙烯的结构属线型结构，但分子链中的碳原子上有连续间隔的庞大苯基基团，这种结构决定了聚苯乙烯的特殊性能。

1）质地坚硬，抗冲击强度较低；无规构型的聚苯乙烯光泽好、透光率大、着色性好。

2）软化温度为80℃，在80℃以下是硬如玻璃的固体，在80℃以上则变成较软的物体，有类似橡胶的性质，应避免高温下使用。

3）成型性能好，在使用温度范围内，成品收缩变形小，尺寸稳定；耐水性好，化学稳定性随温度的升高而降低；对一定浓度的无机酸、有机酸、盐类溶液及碱类、醇类、植物油类等都有较好的抵抗性，在日光下长期放置会逐渐变黄，并发生裂纹现象。

4）接触油类、防虫药剂常出现开裂、变色和发黏融化现象，在光、氧、热的作用下易老化、发黄。

5）易溶于氯仿、二氯甲烷、甲苯、醋丁酯等有机溶剂中，保管时切忌与上述溶剂接触。

聚苯乙烯常被用来制作泡沫塑料制品，并可以和其他橡胶类型高分子材料共聚生成各种不同力学性能的产品。日常生活中常见的应用包括一次性塑料餐具，泡面、全家桶等食品外包装，透明CD盒等。在建筑材料领域，发泡聚苯乙烯被广泛应用，可作为中空楼板隔音、隔热材料。

任务三　分型设计

【任务描述】

1）采用补片功能对制品破孔进行补孔操作。

2）创建型腔与型芯。

零件分模设计

【任务实施】

一、检查区域

1）单击“应用模块”菜单，在工具栏中单击“注塑模”按钮，然后切换到“注塑模向导”菜单栏界面。

2）计算模型。单击“分型刀具”工具栏中的“检查区域”按钮，弹出“检查区域”对话框，如图5-16所示，单击“计算”按钮。

3）切换到“区域”选项卡，如图5-17所示，单击“设置区域颜色”按钮，再单击“应用”按钮。

图 5-16　“检查区域”对话框

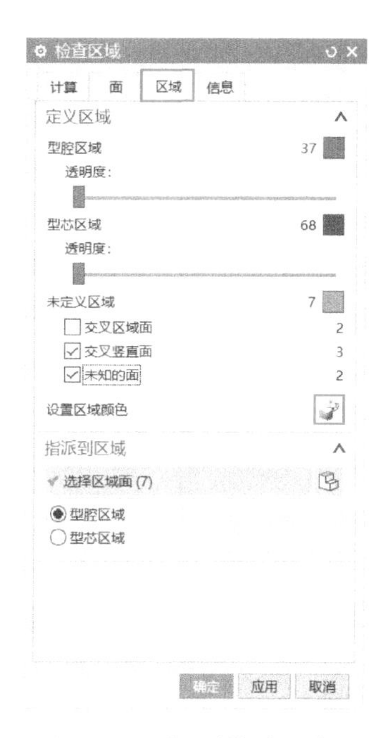

图 5-17　“区域”选项卡

4）在“区域”选项卡中，勾选“未知面”和“交叉竖直面”，选择“型腔区域”，单击“确定”按钮。

二、曲面补片

采用自动补片。单击“分型刀具”工具栏中的“曲面补片”按钮，弹出“边补片”对话框；如图 5-18 所示，“类型”设置为“体”，然后单击上盖模型，再单击“确定”按钮。补孔结果如图 5-19 所示。

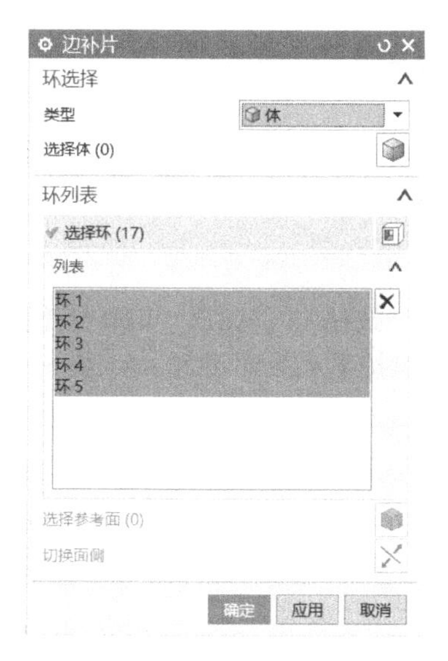

图 5-18　“边补片”对话框

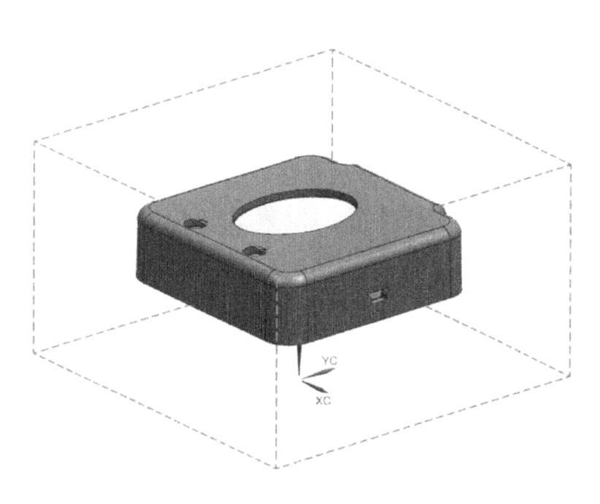

图 5-19　补孔结果

三、定义区域

单击“分型刀具”工具栏中的“定义区域”按钮，弹出“定义区域”对话框；如图 5-20 所示，在“区域名称”中单击“所有面”，在“设置”中勾选“创建区域”和“创建分型线”，单击“确定”按钮。

四、设计分型面

单击“分型刀具”工具栏中的“设计分型面”按钮，弹出“设计分型面”对话框；如图 5-21 所示，在“创建分型面”下的“方法”中选择“有界平面”按钮，单击“确定”按钮。

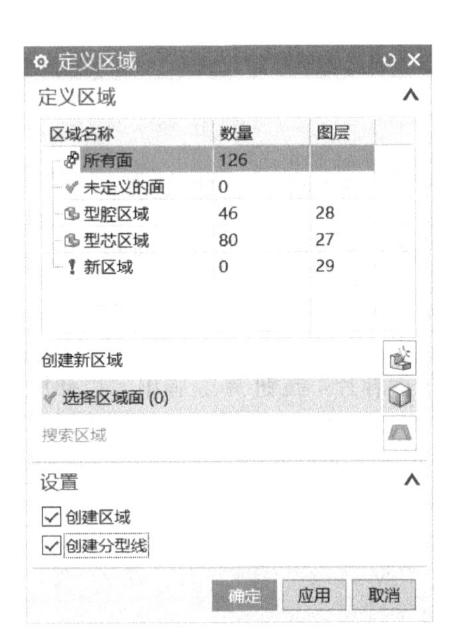

图 5-20 “定义区域”对话框

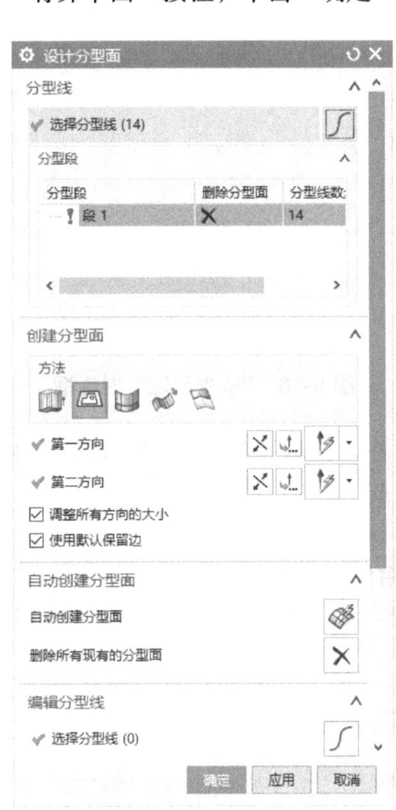

图 5-21 “设计分型面”对话框

五、编辑分型面和曲面补片

单击“分型刀具”工具栏中的“编辑分型面和曲面补片”按钮，弹出“编辑分型面和曲面补片”对话框；“类型”设置为“分型面”，然后键盘上同时按下 <Ctrl> 键和 <A> 键，再单击“确定”按钮。

六、创建型腔和型芯

1）单击“分型刀具”工具栏中的“定义型腔和型芯”按钮，弹出“定义型腔和型芯”对话框；“类型”设置为“区域”，“区域名称”设置为“所有区域”，然后连续单击“确定”按钮 3 次，完成模具分型。

2）单击资源条选项中的“装配导航器”按钮，在“装配导航器”页面中选择“项目五_parting_022”并单击鼠标右键，在弹出的快捷菜单中选择“在窗口中打开父项”→“项目五_top_009”。分型结果如图 5-22 所示。

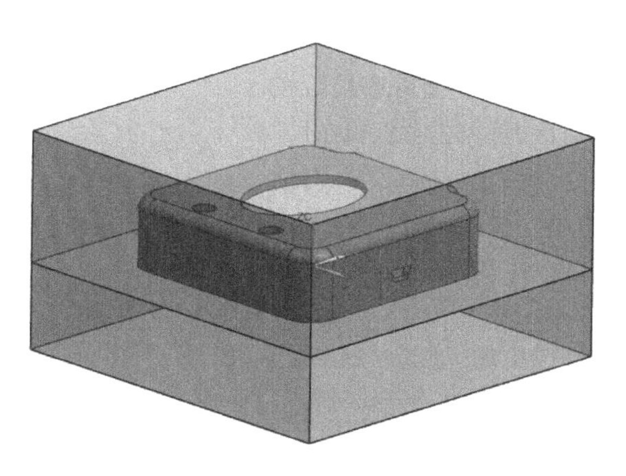

图 5-22　分型结果

任务四　模架设计

【任务描述】

1）加载合适尺寸的龙记大水口模架，A 板、B 板与工件采用内六角螺钉紧固。

2）创建腔体。

模架设计

【任务实施】

一、加载模架

1）单击“主要”工具栏中的“模架库”按钮，弹出“模架库”对话框。

2）单击“重用库”中的“LKM_SG”，在“成员选择”中单击“C”图标，弹出“信息”对话框，如图 5-23 所示。

注：分型结果中的 W 和 L 分别是“100”和“100”。在加载模架库时，应单边增加“50”，在选择模架大小时，以此为参考进行适当调节。本任务中模架大小可选为“2020”。

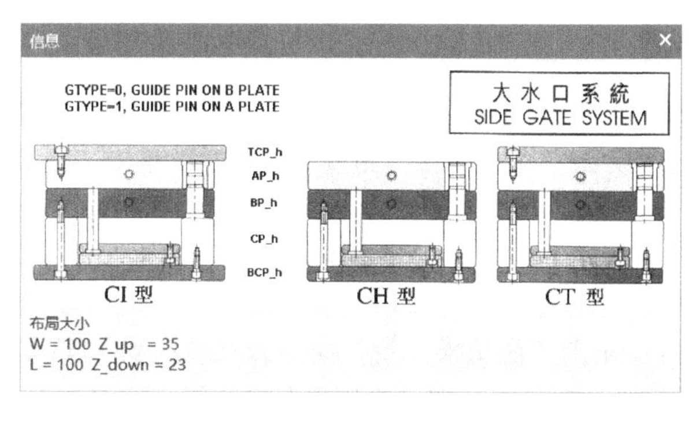

图 5-23　“信息”对话框

3）在“模架库”对话框中，“index”设置为“2020”，“AP_h”设置为“60”，“BP_h”设置为“60”，“Mold_type”设置为“250:I”，“fix_open”设置为“0.5”，“move_open”设置为“0.5”，“EJB_open”设置为“–5”，单击“确定”按钮。模架加载结果如图 5-24 所示。

二、模架开框

1）单击“主要”工具栏中的“型腔布局”按钮，弹出“型腔布局”对话框；单击“编辑布局”下的“编辑插入腔”按钮，弹出“插入腔”对话框；“R”设置为“10”，“type”设置为“2”，单击“确定”按钮，返回“型腔布局”对话框；单击“关闭”按钮。

2）单击“主要”工具栏中的“腔”按钮，弹出“开腔”对话框；“模式”设置为“去除材料”，“目标”选择模架中的定模板（A 板）与动模板（B 板），单击“工具”下的“查找相交”按钮，再单击“确定”按钮。

图 5-24　模架加载结果

3）单击资源条选项中的“装配导航器”按钮，在“装配导航器”页面中选择“项目五 _misc_004” / “项目五 _pocket_054”并单击鼠标右键，在弹出的快捷菜单中选择“替换引用集” → “Empty”。模架开框结果如图 5-25 所示。

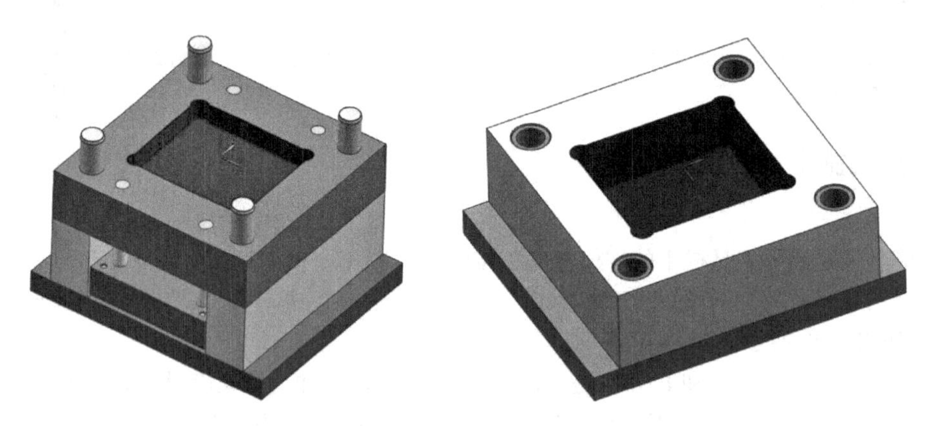
图 5-25　模架开框结果

三、加载螺钉

1）隐藏定模座板。单击选择定模座板，键盘上同时按下 <Ctrl> 键和 <B> 键。

2）测量板厚。单击“分析”菜单，在“测量”工具栏中单击“测量距离”按钮，弹出“测量距离”对话框；“类型”设置为“距离”，“起点”下的“选择点或对象”选择定模板的上表面，“终点”下的“选择点或对象”选择型腔的上表面，测得距离为 25.5mm，单击“确定”按钮。

3）加载螺钉标准件。单击“注塑模向导”菜单，在“主要”工具栏中单击“标准件库”按钮，弹出“标准件管理”对话框。在“重用库”中选择“DME_MM” / “Screws”，在“成员选择”中单击“SHCS[Manual]”。如图 5-26 所示，在“标准件管理”对话框中单击“选择面或平面”，然后选择定模板的上表面；在“详细信息”中，“SIZE”设置为“6”，“LENGTH”设置为“30”，“PLATE_HEIGHT”设置为“25.5”；单击“确定”按钮，弹出“标准件位置”对话框。如图 5-27 所示，在对话框中“X 偏置”输入“45”，“Y 偏置”输入“45”，单击“应用”

按钮；“X 偏置”输入“–45”，单击“应用”按钮；“Y 偏置”输入“–45”，单击“应用”按钮；“X 偏置”输入“–45”，单击“确定”按钮。

图 5-26　螺钉参数

图 5-27　“标准件位置”对话框

用同样方法，测量动模板底面到型芯底面的距离，然后加载动模板与型芯的固定螺钉。

4）螺钉开腔。在“主要”工具栏中单击“腔”按钮，弹出“开腔”对话框；“目标”选择定模板、动模板、型腔和型芯，在“工具”中单击“查找相交”按钮，再单击“确定”按钮。

任务五　浇注系统设计

【任务描述】

1）加载合适尺寸的定位圈。

2）加载合适尺寸的浇口套，根据实际情况确定浇口套的长度。

3）完成定位圈和浇口套所在处的开腔。

浇注系统设计

【任务实施】

一、定位圈设计

1）将 WCS 坐标系放置在型芯上表面椭圆的中心，如图 5-28 所示。

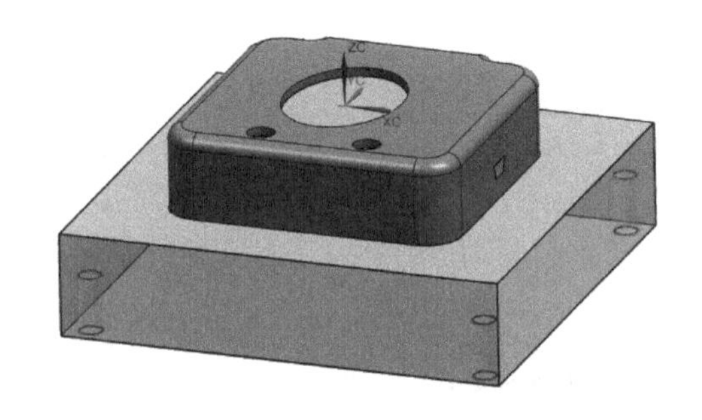

图 5-28　放置坐标系

2）加载定位圈。单击“注塑模向导”菜单，在“主要”工具栏中单击“标准件库”按钮，弹出“标准件管理”对话框。单击资源条选项中的“重用库”，选择“FUTABA_MM”/“Locating Ring Interchangeable”，在“成员选择”中单击“Locating Ring[M-LRJ]”。在“标准件管理”对话框中，“放置”下的“位置”中选择“WCS_XY”，如图 5-29 所示，单击“确定”按钮。

二、浇口套设计

1）加载浇口套。在“主要”工具栏中单击“标准件库”按钮，弹出“标准件管理”对话框。在“重用库”中选择“FUTABA_MM”/“Sprue Bushing”，在“成员选择”中单击“Sprue Bushing[M-SJA...]”。在“标准件管理”对话框中，“放置”下的“位置”中选择“WCS_XY”，“CATALOG_LENGTH”设置为“70”，单击“确定”按钮。浇口套数据如图 5-30 所示。

图 5-29　定位圈数据

图 5-30　浇口套数据

2）修剪浇口套。在“主要”工具栏中单击“腔”按钮，弹出“开腔”对话框；“目标”选择浇口套，“工具”中的“工具类型”选择“实体”，“选择对象”选择型芯，单击“确定”按钮。

三、分流道设计

1）在“主要”工具栏中单击“设计填充”按钮，弹出“设计填充”对话框。在“重用库”的“成员选择”中单击“Runner[2]”。

2）在“设计填充”对话框中，如图 5-31 所示，“Section_Type”设置为“Semi_Circular”，“D”设置为“6”，“L”设置为“16”，在“放置”下的“指定点”后单击“点对话框”按钮，弹出“点”对话框。在“点”对话框中，“参考”设置为“WCS”，“XC”“YC”“ZC”均设置为“0”，如图 5-32 所示，单击“确定”按钮，返回“设计填充”对话框。双击模型上的“Z轴”，使分流道位于上侧，单击“确定”按钮。分流道结果如图 5-33 所示。

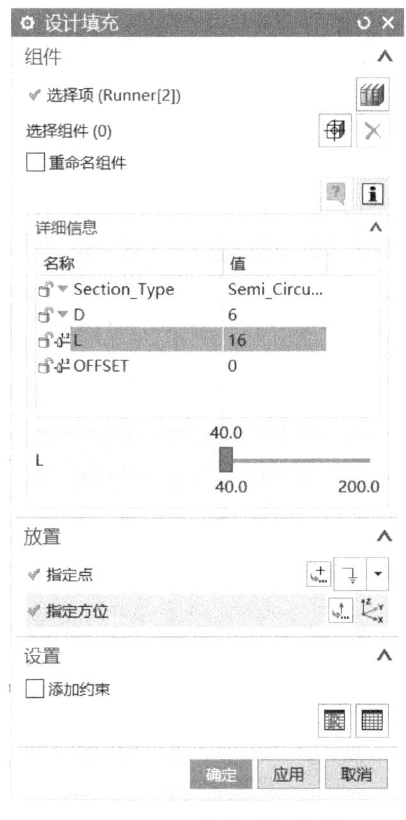

图 5-31　“设计填充”对话框

图 5-32　“点”对话框

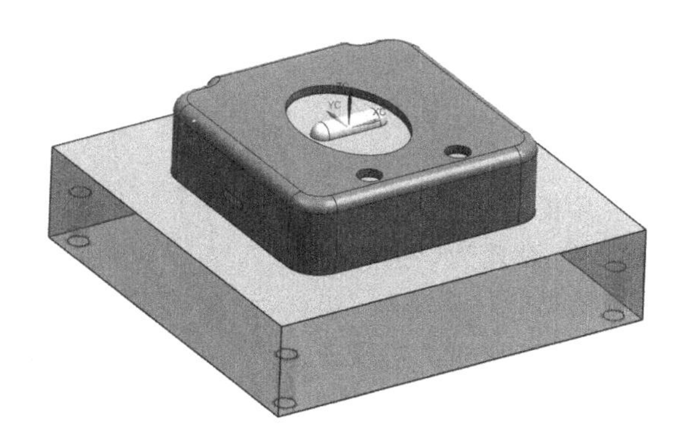

图 5-33　分流道结果

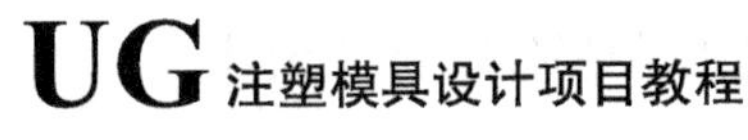

四、浇口设计

1）在“主要”工具栏中单击“设计填充”按钮，弹出“设计填充”对话框。在“重用库”的“成员选择”中单击“Gate[side]”，弹出的对话框如图 5-34 和图 5-35 所示。

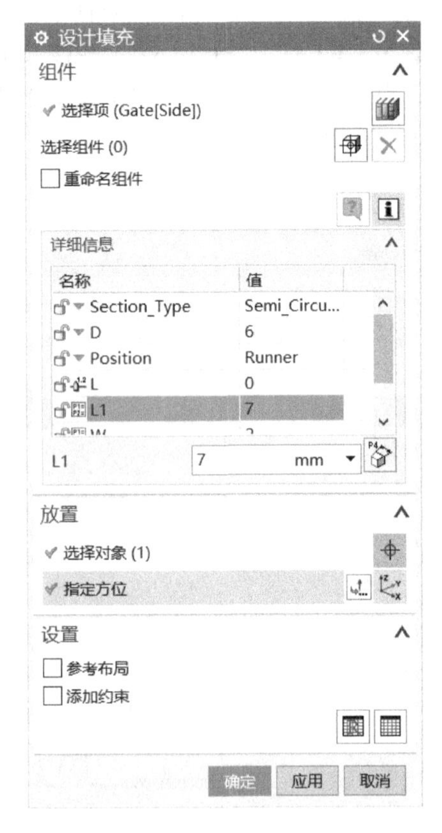

图 5-34　浇口参数

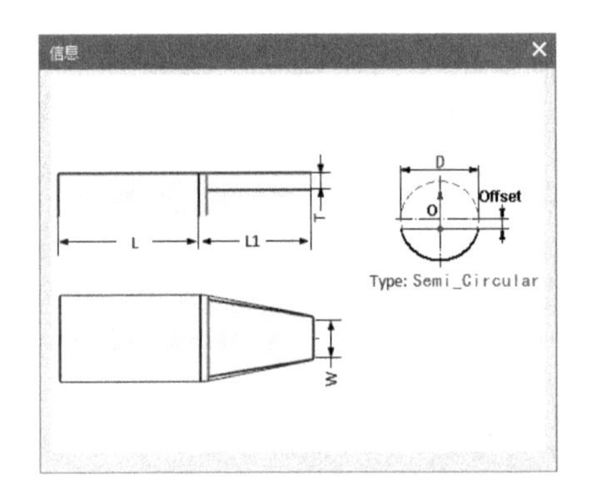

图 5-35　浇口示意图

2）在“设计填充”对话框中，“Section_Type”设置为“Semi_Circular”，“D”设置为“6”，“Position”设置为“Runner”，“L1”设置为“7”，“放置”下的“选择对象”选择分流道端部的球心，然后双击箭头调整浇口的方向，使浇口位于型腔侧，最后单击“确定”按钮。依次完成另一侧浇口的设置。

3）单击“主要”工具栏中的“腔”按钮，弹出“开腔”对话框；“模式”设置为“去除材料”，“目标”选择型腔，“工具类型”设置为“组件”，然后单击“工具”下的“查找相交”按钮，最后单击“确定”按钮。浇口设计结果如图 5-36 所示。

图 5-36　浇口设计结果

任务六　顶出系统设计

顶出系统设计

【任务描述】

1）加载合适尺寸的司筒、司针和顶杆。

2）进行司筒、司针和顶杆后处理。

3）完成司筒、司针和顶杆所在处的开腔。

【任务实施】

1）隐藏动模侧模架。在“装配导航器”页面中单击去除“项目五 _moldbase_042” / “项目五 _movehalf_031”前的“√”。

2）隐藏型芯。单击型芯，键盘上同时按下 <Ctrl> 键和 <B> 键。

3）测量直径。测量产品背面圆柱和圆孔的直径。单击“分析”菜单，在“测量”工具栏中单击“测量距离”按钮，弹出“测量距离”对话框；“类型”设置为“直径”，单击圆柱，得直径为 5.030mm，单击圆孔，得直径为 2.515mm，单击“确定”按钮。

4）加载司筒。单击“注塑模向导”菜单，在“主要”工具栏中单击“标准件库”按钮，弹出“标准件管理”对话框。在资源条选项中单击“重用库”，选择“DME_MM” / “Ejection”，在“成员选择”中双击“Ejector Sleeve Assy[S,KS]”，弹出的对话框如图 5-37 和图 5-38 所示。在“标准件管理”对话框中，在“选择标准件”中选择“新建组件”，在“详细信息”中，“PIN_CATALOG_DIA” 选择为“2.5”，“PIN_CATALOG_LENGTH” 设置为“200”，“SLEEVE_CATALOG_LENGTH” 设置为“150”，“SLEEVE_CATALOG_DIA” 选择为“5”，单击“确定”按钮。弹出“点”对话框后，依次捕捉四个圆柱体底面的圆心，并单击“确定”按钮，最后单击“取消”按钮。

图 5-37　司筒参数

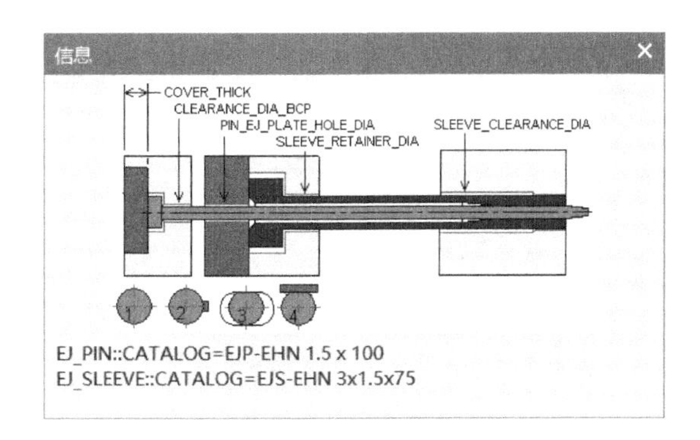

图 5-38　司筒示意图

5）顶杆后处理。单击“注塑模向导”菜单，在“主要”工具栏中单击“顶杆后处理”按钮，弹出“顶杆后处理”对话框；如图 5-39 所示，在“目标”中单击顶杆，按住 <Shift> 键，单击选择其余司筒，单击“确定”按钮。顶杆后处理结果如图 5-40 所示。

图 5-39 “顶杆后处理”对话框

图 5-40 顶杆后处理结果

6）加载顶杆。单击“注塑模向导”菜单，在“主要”工具栏中单击“标准件库”按钮，弹出“标准件管理”对话框。在“重用库”中选择“DME_MM”/“Ejection”，在“成员选择”中双击“Ejector Pin[Straight]”。在“标准件管理”对话框中，在“选择标准件”中选择“新建组件”，在“详细信息”中，“CATALOG_DIA”设置为“5”，“CATALOG_LENGTH”设置为“160”，单击“确定”按钮。

7）放置顶杆。弹出“点”对话框，如图 5-41 所示，分别设置 X、Y 坐标为（24，0）、（–24，0），并依次单击“确定”按钮，最后单击“取消”按钮。顶杆布置结果如图 5-42 所示。

图 5-41 “点”对话框

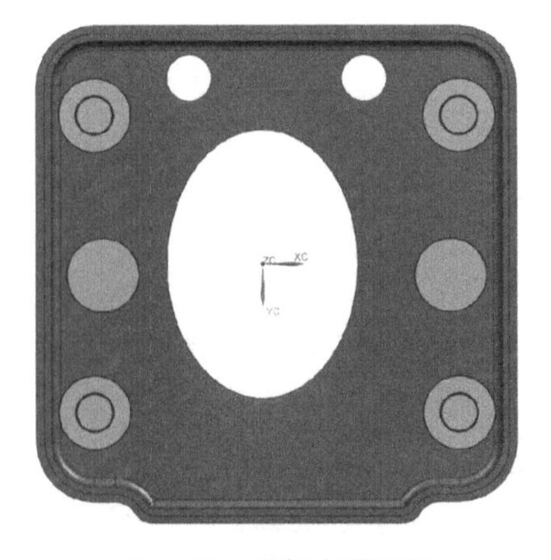

图 5-42 顶杆布置结果

8）自动修剪顶杆。单击“注塑模向导”菜单，在“主要”工具栏中单击“顶杆后处理”按钮，弹出“顶杆后处理”对话框；在“目标”下全选两个部件，单击“确定”按钮。

任务七　侧向抽芯机构设计

侧向抽芯机构设计

【任务描述】

1）完成滑块头部拆分。
2）完成滑块加载。
3）完成滑块所在处实体开腔。

【任务实施】

1）隐藏模架。在“装配导航器”页面中单击去除“项目五_moldbase_042”前的“√”。

2）鼠标右键单击“项目五_layout_021”/“项目五_prod_002”/“项目五_cavity_001”，在弹出的快捷菜单中选择“在窗口中打开”，显示型腔如图 5-43 所示。

图 5-43　显示型腔

3）绘制草图。单击“主页”菜单，在“直接草图”工具栏中单击“草图”按钮，弹出“创建草图”对话框；如图 5-44 所示，在“指定坐标系”中选择设置侧型芯的型腔侧面，单击“确定”按钮。在“直接草图”工具栏中单击“矩形”命令，弹出“矩形”工具条，选择“从中心”方式，然后捕捉型腔上边的中点，绘制“24 × 20”的矩形，如图 5-45 所示，绘制完成后单击“完成草图”按钮。

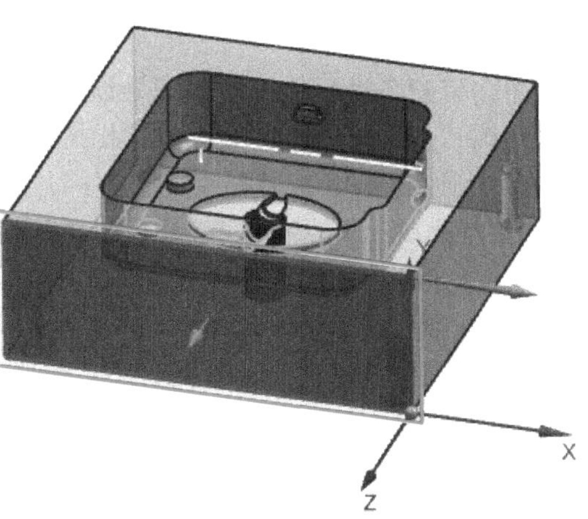

图 5-44　创建草图

4）拉伸草图。在“特征”工具栏中单击“拉伸”按钮，弹出“拉伸”对话框；“选择曲线”单击绘制的矩形草图，“开始”中的“距离”设置为“–35”，“结束”中的“距离”设置为“135”，“布尔”设置为“无”，单击“确定”按钮。

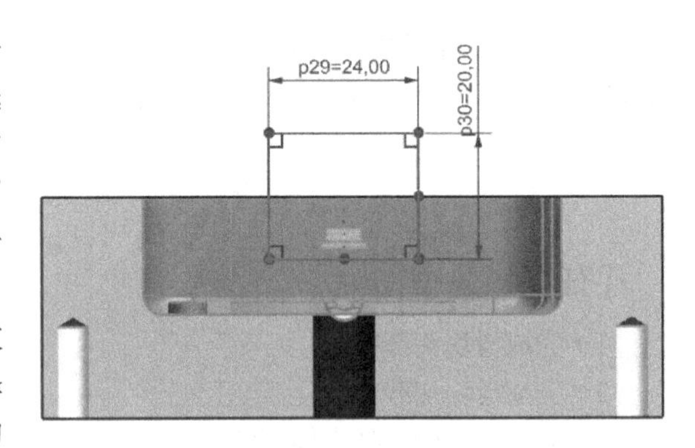

图 5-45　草图

5）拔模。在“特征”工具栏中单击“拔模”按钮，弹出“拔模”对话框；“选择固定面”为拉伸长方体的下表面，“要拔模的面”中的“选择面”为长方体的两个长侧面，“角度”设置为“3°”，单击“确定”按钮。

6）边倒圆。在“特征”工具栏中单击“边倒圆”按钮，弹出“边倒圆”对话框；“选择边”选择长方体底部的两条长边，“半径”设置为“4”，单击“确定”按钮。

7）单击“主页”菜单，在“特征”工具栏中单击“拆分体”按钮，弹出“拆分体”对话框；“目标”选择型腔，“工具选项”设置为“面或平面”，“选择面或平面”选择长方体，单击“确定”按钮。拆分体如图 5-46 所示。

8）移除参数。单击“菜单”→“编辑”→“特征”→“移除参数”命令，弹出“移除参数”对话框；键盘上同时按下 <Ctrl> 键和 <A> 键，单击“确定”按钮；之后在弹出的“移除参数”操作提示对话框中单击“是”按钮。移除参数结果如图 5-47 所示。

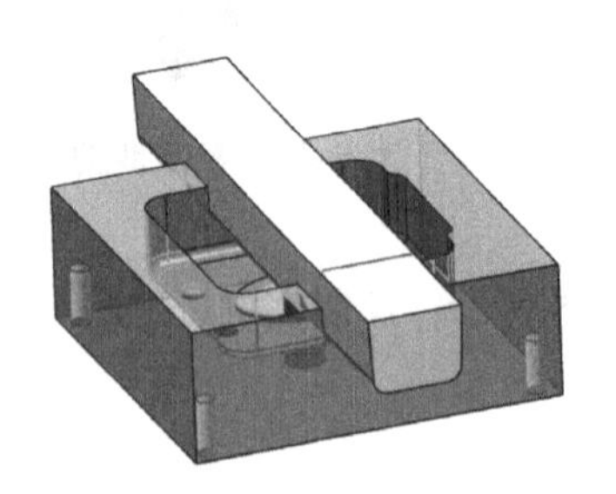
图 5-46　拆分体

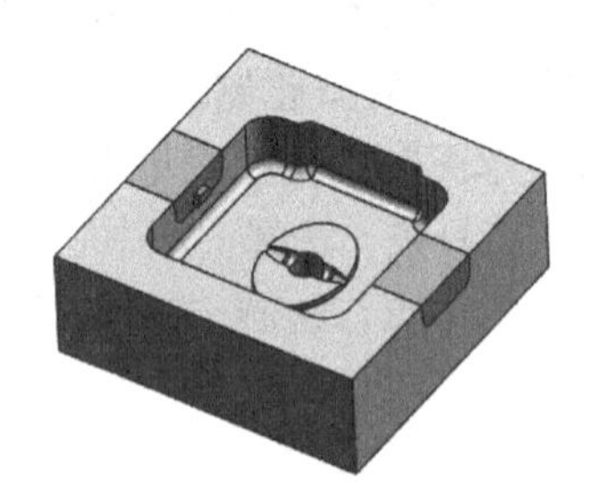
图 5-47　移除参数

9）单击资源条选项中的“装配导航器”按钮，在“装配导航器”页面中选择“项目五 _cavity_001”并单击鼠标右键，在弹出的快捷菜单中选择“在窗口中打开父项”→“项目五 _top_009”，切换到顶层。

10）复制滑块头部。单击“注塑模向导”菜单，在“注塑模工具”工具栏中单击“复制实体”按钮，弹出“复制实体”对话框。“体”中的“选择体”单击滑块头部，“父”中的“选择父项”单击“项目五 _prod_002”，在“设置”中勾选“新建组件”，单击“应用”按钮；“体”中的“选择体”单击滑块另外一侧头部，“父”中的“选择父项”单击“项目五 _prod_002”，单击“确定”按钮。

11）删除滑块头部原始件。选择“项目五 _cavity_001”并单击鼠标右键，在弹出的快捷菜单中选择“在窗口中打开”，之后选择两个滑块头部，按下 <Delete> 键。

12）单击资源条选项中的“装配导航器”按钮，在“装配导航器”页面中选择“项目

五 _cavity_001”并单击鼠标右键，在弹出的快捷菜单中选择“在窗口中打开父项”→“项目五 _top_009”，切换到顶层。

13）显示坐标系。在键盘上按下 <W> 键。

14）设置坐标系。在坐标系上双击鼠标左键，将坐标原点放置到滑块头部底边的中点处，如图 5-48 所示。

图 5-48　设置坐标系

15）单击“注塑模向导”菜单，在“主要”工具栏中单击“滑块和浮升销库”按钮，弹出“滑块和浮升销设计”对话框。在“重用库”中的“成员选择”中单击“Single Cam-pin Slide”。在弹出的对话框中设置参数：“travel”设置为“5”，“cam_pin_angle”设置为“13°”，“cam_pin_start”设置为“17”，“ear_ht”设置为“7”，“gib_long”设置为“50”，“gib_top”设置为“0”，“heel_angle”设置为“15°”，“heel_back”设置为“18”，“heel_ht_1”设置为“26”，“heel_ht_2”设置为“16”，“heel_start”设置为“29”，“heel_tip_lvl”设置为“slide_top–18”，“pin_dia”设置为“10”，“pin_hd_dia”设置为“16”，“slide_bottom”设置为“–18”，“slide_long”设置为“35”，“slide_top”设置为“17”，“wear_thk”设置为“5”，单击“确定”按钮。滑块如图 5-49 所示。

16）按步骤 14)、15）完成另一侧滑块设计。

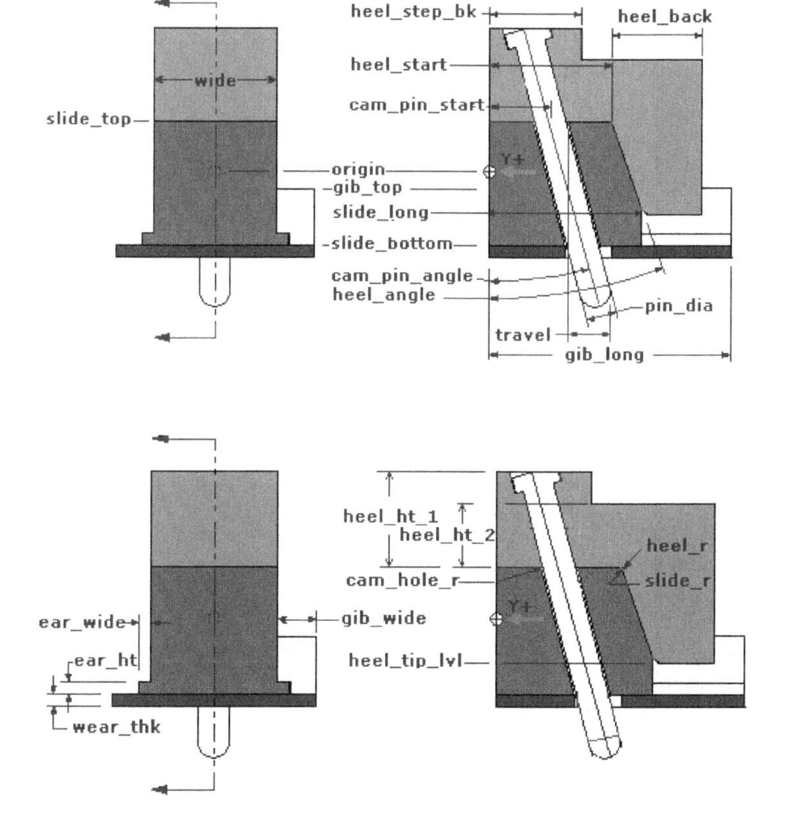

图 5-49　滑块

【知识链接】

知识点 7　Mold Wizard 中的滑块参数

1）travel：侧向抽芯距离（根据侧型芯长度调整）。
2）cam_hole_r：斜导柱孔圆角半径（使用默认值）。
3）cam_pin_angle：斜导柱角度（根据需要调整）。
4）cam_pin_start：斜导柱孔位置。
5）ear_ht：滑块台阶高度（使用默认值）。
6）ear_side_clr：侧边间隙（使用默认值）。
7）ear_top_clr：顶部间隙（使用默认值）。
8）ear_wide：滑块导滑台阶宽度（使用默认值）。
9）gib_long：压板长度。
10）gib_top：压板顶面（高度方向）。
11）gib_wide：压板宽度。
12）heel_angle：楔紧块斜面角度。
13）heel_back：斜楔背面长度。
14）heel_ht_1：楔紧块顶高 1。
15）heel_ht_2：楔紧块顶高 2。
16）heel_r：斜楔斜面圆角半径。
17）heel_start：斜楔斜面起始位置。
18）heel_step_bk：斜楔台面长度。
19）heel_tip_lvl：斜楔块底面（高度方向）。
20）pin_dia：斜导柱直径。
21）pin_hd_dia：斜导柱头部直径。
22）pin_hd_thk：斜导柱头部高度（使用默认值）。
23）pin_hd_clr：斜导柱头部沉头孔间隙（使用默认值）。
24）pin_hole_clr：斜导柱与斜孔间隙（使用默认值）。
25）slide_bottom：滑块底面（高度方向）。
26）slide_long：滑块长度。
27）slide_r：滑块斜面圆角半径。
28）slide_top：滑块顶面（高度方向）。
29）wear_thk：底板厚度。
30）wide：滑块宽度。

任务八　内抽芯机构设计

内抽芯机构设计

【任务描述】

1）确定内抽芯坐标系。

2）生成斜顶实体。

3）完成斜顶所在处的开腔。

【任务实施】

1）隐藏型芯。单击动模板、定模板和定模座板等零件，键盘上同时按下 <Ctrl> 键和 <B> 键，仅显示上盖。

2）双击 WCS 坐标系，将坐标原点设置在上盖内侧凹槽底部中点处。坐标系设置如图 5-50 所示。

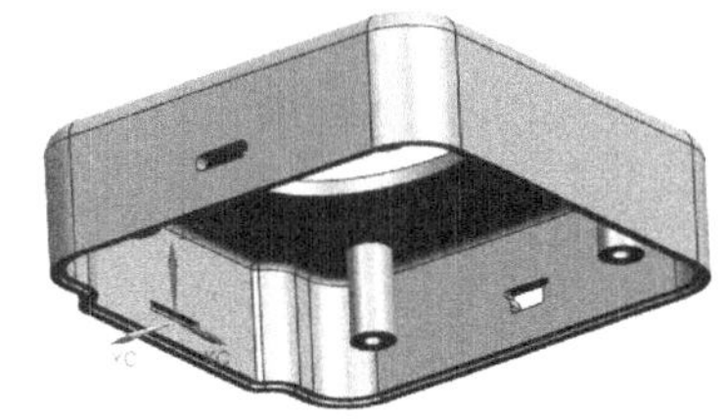

图 5-50　坐标系设置

3）单击“注塑模向导”菜单，在“主要”工具栏中单击“滑块和浮升销库”按钮。在“重用库”中选择“Lifter”，在“成员选择”中选择“Lifter_3”，弹出的“滑块和浮升销设计”对话框如图 5-51 所示。在对话框中设置参数：“LTH_TYPE”设置为“D”，“ANG”设置为“8”，“DW_DIA”设置为“4”，“T_ON_OFF”设置为“ON”，“GD_ON_OFF”设置为“OFF”，“W”设置为“12”，“THK”设置为“12”，“TOP”设置为“25”，“STR”设置为“0”，“BOT”设置为“113.9204”，“T_Z”设置为“0”，“WR_H1”设置为“3”，“WR_H2”设置为“3”，“D”设置为“6”，单击“确定”按钮。斜顶示意图如图 5-52 所示。

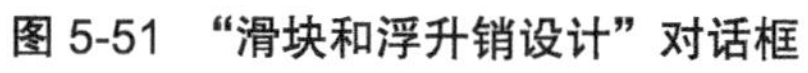

图 5-51　“滑块和浮升销设计”对话框

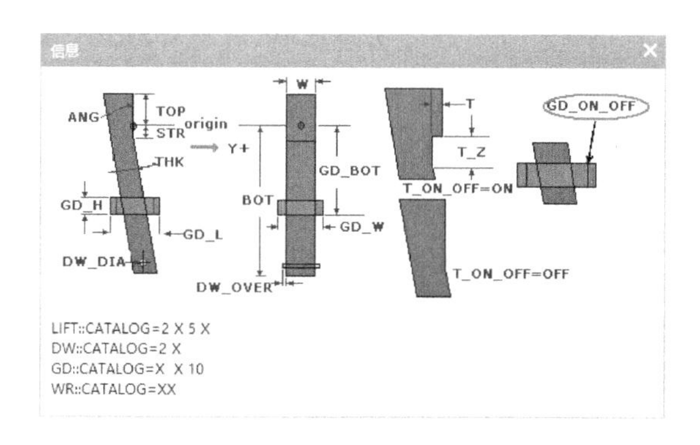

图 5-52　斜顶示意图

4）单击“注塑模工具”工具栏中的“修边模具组件”按钮，弹出“修边模具组件”对话框；如图 5-53 所示，“目标”中的“选择体”为斜顶，单击“确定”按钮。

图 5-53　修边模具组件

5）斜顶开腔。在“主要”工具栏中单击“腔”按钮，弹出“开腔”对话框；“目标”选择型芯、动模板和顶杆固定板，在“工具”中单击“查找相交”按钮，再单击“确定”按钮。

【知识链接】

知识点 8　Mold Wizard 中的斜顶参数

1）LTH_TYPE：斜顶的类型。

2）ANG：斜顶的角度。

3）DW_DIA：斜销的直径。

4）T_ON_OFF：斜顶头部的形状。

5）GD_ON_OFF：导向块。

6）W：斜顶的宽度。

7）THK：斜顶的厚度。

8）TOP：斜顶上表面在高度方向的 Z 值。

9）STR：斜顶头部在 WCS 坐标原点下面的长度。

10）BOT：斜顶在坐标原点下方的长度。

知识点 9　斜顶机构

斜顶机构是常见的侧向抽芯机构之一，常用于制品内侧面存在凹槽或凸起的结构（或外侧有凹槽），并且使用斜导柱滑块抽芯机构有困难的情况。制品周围用于抽芯机构的空间比较小时，可优先考虑采用斜顶机构，有时外侧倒扣也采用斜顶机构抽芯。但斜顶杆加工复杂，工作量大，磨损后维修麻烦。因此，为了结构设计简单和制造方便，能用滑块就不用斜顶杆，能用斜顶杆的就不用内滑块。

制品在顶出的过程中，斜顶杆的运动分解成垂直和侧向两个方向的运动，其中的侧向运动即实现侧向抽芯，同时也有顶出制品的作用。

斜顶机构的复位，一般不允许复位弹簧复位，而是利用复位杆和顶杆固定板强制复位或采用液压缸复位。

知识点 10　斜顶机构的分类

1）斜顶机构一般由两个部分所构成，即机体部分和成型部分。斜顶机构分为整体式斜顶和组合式斜顶两大类：整体式斜顶结构紧凑、强度较好、不容易损坏，一般应用于中、小型模具的斜顶；而对于中、大型模具的斜顶，则应采用组合式结构，便于维修维护，便于加工，导向部分可采用标准件。组合式斜顶机构一般按功能划分为五大组件：成型组件（斜顶块）、顶出组件（矩形的或圆的）、滑动组件、导向组件、限位组件。斜顶机构的五大功能组件见表 5-3。

2）根据在模具中所处的位置，斜顶划分为动模斜顶、定模斜顶及滑块斜顶三类，以动模斜顶最为常见。

表 5-3　斜顶机构的五大功能组件

组件名称	功能	组件
成型组件	成型制品上的侧孔、凹凸台阶，一般与顶出元件做成整体	型块
顶出组件	连接并带动型块在斜顶槽内运动	斜顶
滑动组件	使顶出元件超前、同步或者滞后注射机的推出动作	斜顶滑块、滑座等
导向组件	主要起导向作用，同时也有耐磨作用	导向块
限位组件	使顶出元件在顶出后，停留在所要求的位置上	限位块

知识点 11　斜顶机构的设计要求

1）如图 5-54 所示，斜顶的角度 α 一般在 5° ~ 15° 之间，通常应用角度为 8° ~ 12°（斜顶的角度设计要求是整数，以便于加工和测量），$\alpha = \arctan\dfrac{S}{H}$，$S$ 为斜顶行程，H 为顶出行程。斜顶抽芯距一般比制品抽芯距大 3mm。斜顶的角度大于 17° 时，采用双斜顶机构。

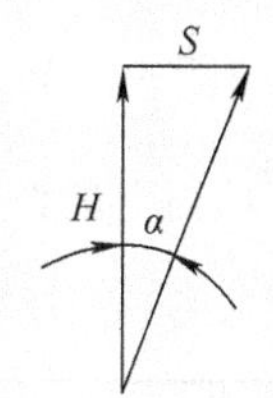

图 5-54　斜顶角度

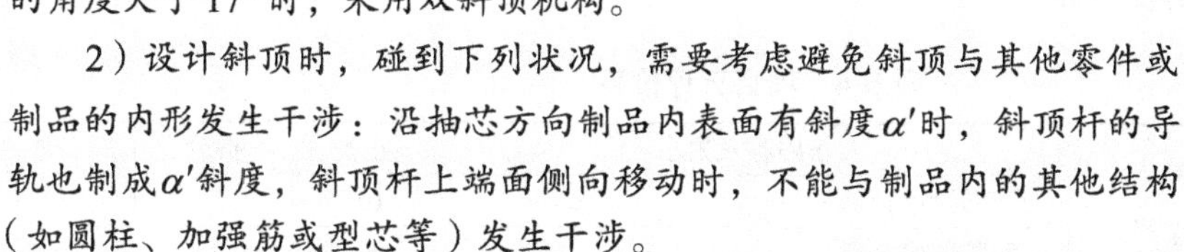
2）设计斜顶时，碰到下列状况，需要考虑避免斜顶与其他零件或制品的内形发生干涉：沿抽芯方向制品内表面有斜度 α' 时，斜顶杆的导轨也制成 α' 斜度，斜顶杆上端面侧向移动时，不能与制品内的其他结构（如圆柱、加强筋或型芯等）发生干涉。

3）斜顶杆与动模型芯的配合采用 H7/f6。如果型芯较高，则斜顶杆同型芯的接触部分处需要避空，以减少摩擦面积。

4）当斜顶杆较长或较细时，应在动模板上加导向块，以提高运行的稳定性。

5）整体斜顶杆的设计基准要在靠近型腔的一端，不能以两面交角的点为基准。在斜顶杆靠近制品成型处，须做成 6 ~ 10mm 的直身位，并做出 2 ~ 3mm 台阶，以此作为基准，便于加工和测量、装配，同时避免注塑时斜顶杆受压移动，并保证内侧凹凸的精度。

6）对于抽芯距不一致的多斜顶机构，斜顶杆角度的设计要求有所不同，在顶出行程走完后，最好使倒钩部分同时脱离，避免制品受力不均而变形。斜顶杆的角度数据应是整数，最多是半度，不要设计成分数。

7）斜顶机构的设计应考虑顶出行程后，制品是否会随同斜顶横向移动，否则会损坏制品的其他结构，导致脱模困难。

8）斜顶杆的表面粗糙度在 *Ra*1.6μm 以下，成型部分的表面粗糙度在 *Ra*0.8μm 以下。

9）斜顶杆的顶面比动模型芯顶面低 0.05mm，以免顶出时擦伤制品表面。

10）斜顶块的材料用 P20、T8A、H13、40Cr、718H、2738 等，要求调质处理（表面氮化，要求氮化硬度为 48～52HRC 以上，至少比母体模芯或导向块材料的硬度高 3～5HRC 以上）。

11）斜顶零件绘图时，须用三视图表达，并合理标注有关装配要求的尺寸。

12）斜顶机构的倾斜角度和顶出距离成反比，如果抽芯距较大，可采用加大顶出距离来减小斜顶杆的倾斜角度，使斜顶杆顶出平稳可靠，磨损小。

价值观——守正创新

党的二十大报告指出，我们必须坚持守正创新。我们从事的是前无古人的伟大事业，守正才能不迷失方向、不犯颠覆性错误，创新才能把握时代、引领时代。我们要以科学的态度对待科学、以真理的精神追求真理，坚持马克思主义基本原理不动摇，坚持党的全面领导不动摇，坚持中国特色社会主义不动摇，紧跟时代步伐，顺应实践发展，以满腔热忱对待一切新生事物，不断拓展认识的广度和深度，以新的理论指导新的实践。

模具中水路的组成如同大禹治水。大禹拿着治水的工具走到哪里就量到哪里，而且他吸取了他父亲采用堵截方法治水的教训，发明了一种疏导治水的新方法，其重点就是疏通水道，使水能够顺利地东流入海。他的治水方法就是把山山水水当作一个整体来治理，该疏通的疏通，该平整的平整，使大量的荒地变成了肥沃的土地。模具中的水路也是如此，我们需要在守正创新中不断进步。

项目评价

项目五的评价表见表 5-4。

表 5-4　项目五评价表

序号	考核项目	考核内容及要求	配分	得分	备注
1	产品设计与成型零部件设计（20 分）	产品设计合理	10		
		型腔结构合理	5		
		型芯结构合理	5		
2	模架设计（10 分）	合理选择模架尺寸	5		
		开框结构合理	2		
		固定螺钉设计合理	3		
3	浇注系统设计（15 分）	定位圈、浇口套结构合理	5		
		分流道结构合理	2		
		浇口结构合理	3		
		拉料杆设计合理	5		
4	顶出系统设计（10 分）	顶杆形状、位置、长度、数量合理	8		
		复位机构合理	2		

（续）

序号	考核项目	考核内容及要求	配分	得分	备注
5	内外抽芯机构设计（30分）	滑块结构设计	15		
		斜顶结构设计	15		
6	冷却系统设计（10分）	定模侧冷却回路设计合理	5		
		动模侧冷却回路设计合理	5		
7	其他设计（5分）	吊环、限位钉、复位弹簧设计合理	5		
合计			100		

闯关考验

一、产品分型设计

1. 完成图 5-55 所示面壳的分型设计。

图 5-55　面壳

2. 完成图 5-56 所示外罩的分型设计。

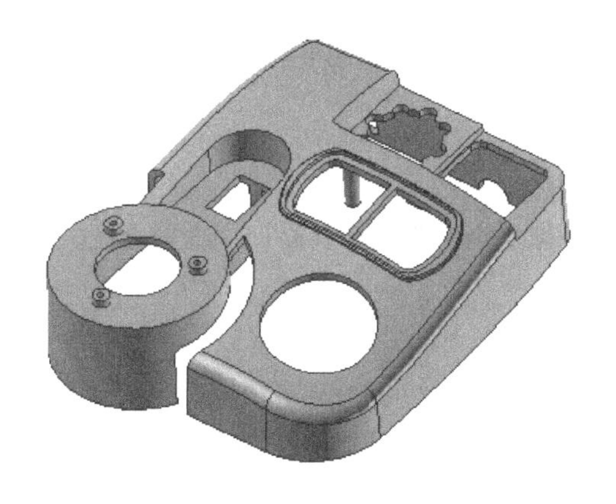

图 5-56　外罩

二、模具设计

灯座套件的不完整产品 3D 模型如图 5-57 所示，根据已有模型设计一个塑料上盖，与提供的模型配合，组成一个完整的产品。该产品整体高度（不包含灯泡）不低于 26.8mm，数据线插头处需在塑料上盖上设计对应形状的通孔，以满足实际使用需要；设计的定位与固定结构，需要和现场提供的模架及各机构位置相匹配；塑料上盖的尺寸公差等级为MT3，符合绿色生产要求。请对设计的模型进行优化处理，并描述设计的方案。细化模具3D结构设计，完成模具装配2D图、型芯和型腔零件的2D图绘制。

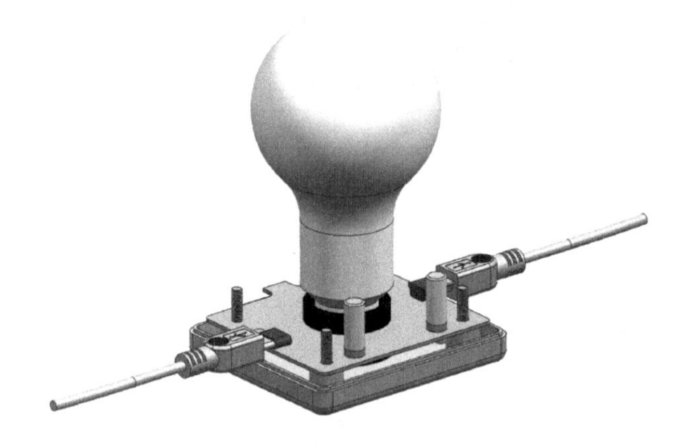

图 5-57　灯座套件不完整 3D 模型

（一）塑料制品技术要求

1）材料：PS。

2）材料收缩率：0.5%。

3）技术要求：表面光洁无毛刺、无缩痕，符合整个产品的功能要求。

4）原始数据：参阅产品给定部分的2D/3D图及模具装配图、模具零件图。

5）设计的塑料制品高度不低于18mm。

（二）模具结构设计要求

1）模腔数：试样模具一模一腔；生产模具按年产量10万件设计型腔数量，并合理布置。

2）成型零件收缩率：0.5%。

3）模具能够实现制品全自动脱模方式。

4）以满足产品要求、保证质量和制品生产率为前提条件，兼顾模具的制造工艺性及制造成本，充分考虑模具的使用寿命。

5）保证模具使用时的操作安全，确保模具修理、维护方便。

（三）主要成型零件要求

成型零件毛坯材料均为45钢。尺寸及规格如下：

1）型腔镶块：100mm × 100mm × 35mm（已六面磨削加工）。

2）型芯镶块：100mm × 100mm × 42mm（斜顶孔已加工）。

3）滑块为毛坯精料，斜顶毛坯：12mm × 12mm × 120mm。

Project 6

项目六

接收器上盖三板注塑模具设计

设计任务

本项目的任务为塑料制品接收器上盖（图 6-1）的注塑模具设计。产品的三维数据为 IGS 格式和 STP 格式。

1. 技术要求

1）材料：聚酰胺（PA）。

2）材料收缩率：0.5%。

3）技术要求：表面光洁无毛刺、无缩痕。

4）生产数量：50 万次。

5）合格判据：符合客户提供的三维数据模型的要求。

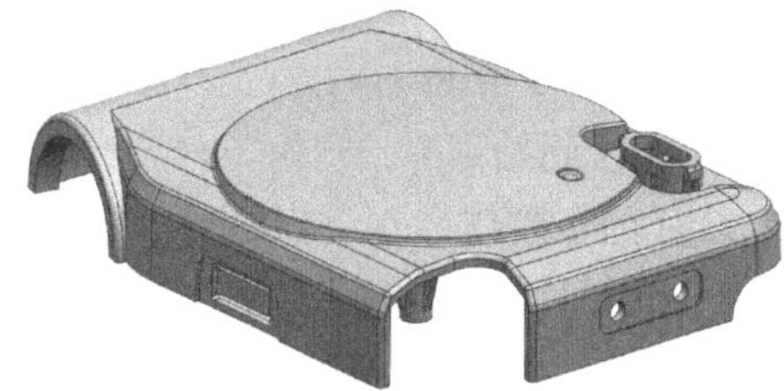

图 6-1　接收器上盖

2. 设计要求

1）优先选用标准模架及相关标准件。

2）以满足产品要求、保证质量和生产率为前提条件，兼顾模具的制造工艺性及制造成本，充分考虑主要零件材料的选择对模具使用寿命的影响。

3）保证模具使用时的操作安全，确保模具修理、维护方便。

4）型芯、型腔尺寸。成型零件的毛坯材料采用 45 钢，尺寸为 180mm × 130mm × 45mm，两块，均已六面磨削加工。

设计思路

1. 产品分析

作为接收器上盖，要求制品材料具有一定的耐磨性；外壳不能有气泡、凹穴和喷痕等瑕疵；制品的配合要求比较高。

2. 模具分析

（1）模具结构　接收器上盖结构相对简单，制品采用顶部点浇口浇注，模具采用一模两腔的三板模结构。

（2）分型面　分型面取在制品最大截面处。为保证制品的外观质量和便于排气，分型面选在产品的底部。

（3）浇注方式　从产品表面凹陷处浇注，浇口形状为点浇口，分流道截面选择梯形。

（4）顶出系统　顶杆设置于制品的背面，均匀分布于背面上。

（5）侧向抽芯　该制品存在侧孔，需要借助于侧向抽芯机构进行抽芯。

项目实施

任务一　模具设计准备

模具设计准备

【任务描述】

1）对接收器上盖进行初始化设置。

2）设置模具坐标系，Z 轴正向为顶出方向。

3）设置工件为矩形，并对工件进行一模两腔的平衡布局。

【任务实施】

一、项目初始化

1）单击起始菜单“开始”→“所有程序”→“Siemens NX12.0”→“NX 12.0”命令，或双击桌面上的“NX12.0”快捷图标，进入 NX 12.0 初始化环境界面。

2）单击工具栏中的“打开”按钮，弹出“打开”对话框；在路径中选择“项目六 .prt”文件，单击“OK”按钮。

3）单击“应用模块”菜单，在工具栏中单击“注塑模”按钮，然后切换到“注塑模向导”菜单栏界面。

4）初始化设置。单击工具栏中的“初始化项目”按钮，弹出“初始化项目”对话框；如图 6-2 所示，在“路径”中选择文件保存位置，“Name”设置为“项目六”，“材料”设置为“尼龙”，“收缩”设置为“1.019”，单击“确定”按钮。

图 6-2　“初始化”对话框

二、设置坐标系

单击“主要”工具栏中的“模具坐标系”按钮，弹出“模具坐标系”对话框；采用默认的“当前 WCS”，单击“确定”按钮。坐标系如图 6-3 所示。

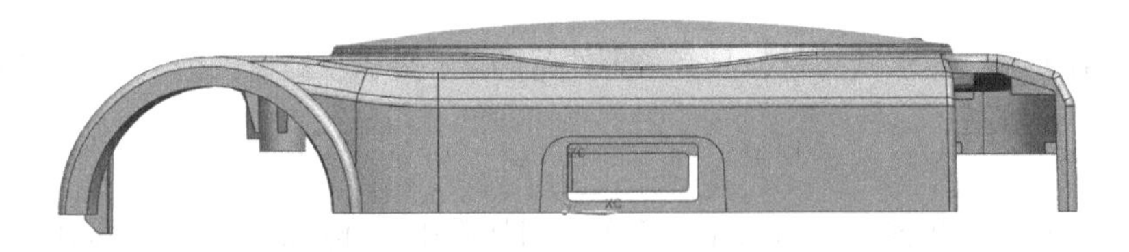

图 6-3　坐标系

三、设置成型工件及型腔布局

1）单击“主要”工具栏中的“工件”按钮，弹出“工件”对话框，如图 6-4 所示。

2）删除初始草图。在“工件”对话框中，单击“选择曲线”后的“绘制截面”按钮；进入草图后，同时按下 <Ctrl> 键和 <A> 键，再同时按下 <Ctrl> 键和 <D> 键。

3）设置工件大小。单击“曲线”工具栏中的“矩形”按钮，弹出“矩形”工具条；单击“从中心”方式，并以坐标原点为基准点，绘制长、宽分别“180”和“130”的矩形，绘制完成后单击“完成”按钮。在“工件”对话框中，开始“距离”设置为“-25”，结束“距离”设置为“45”，单击“确定”按钮。

图 6-4 “工件”对话框

4）单击菜单“文件”→“保存”→“全部保存”命令，系统自动保存全部自动生成的文件。

【知识链接】

知识点 1 PA 塑料

聚酰胺（PA）俗称尼龙（Nylon），是大分子主链重复单元中含有酰胺基团的高聚物的总称。聚酰胺可由内酰胺开环聚合制得，也可由二元胺与二元酸缩聚制得。聚酰胺塑料是在聚酰胺纤维基础上发展起来的，是最早出现能承受载荷的热塑性塑料，也是五大通用工程塑料中产量最大、品种最多、用途最广的品种。其主要品种有尼龙 6、尼龙 66、尼龙 11、尼龙 12、尼龙 610、尼龙 612、尼龙 46、尼龙 1010 等。其中尼龙 6、尼龙 66 产量最高，占尼龙产量的 90% 以上。尼龙 11、尼龙 12 具有突出的低温韧性；尼龙 46 具有优异的耐热性而得到迅速发展；尼龙 1010 是以蓖麻油为原料生产的，是我国特有的品种。

尼龙的性能与其化学结构有密切的关系。由于各种尼龙的化学结构不同，其性能也有差异，但它们具有共同的特性：尼龙的分子之间可以形成氢键，使结构易发生结晶化，而且分子之间互相作用力较大，赋予尼龙以高熔点和力学性能。由于酰胺基是亲水基团，因此吸水性较大。在尼龙的化学结构中还存在亚甲基或芳基，使尼龙具有一定的柔性或刚性。

尼龙中的亚甲基/酰胺基的比例越大，分子中氢键数越少，分子间作用力越小，柔性增加，吸水性越小。因此，尼龙工程塑料一般都具有良好的力学性能、电性能、耐热性和韧性，还具有优良的耐油性、耐磨性、自润滑性、耐化学药品性和成型加工性。

（1）基本性能特征　聚酰胺具有如下通性：

1）主链上的酰胺基团有极性，可形成氢键，分子间作用力较大，分子链易较整齐地排列，因而力学性能优异，且具有较高的结晶度，熔点明显，表面硬度大，耐磨耗，摩擦因数小，有自润滑性、吸振和消声性；由于分子中亚甲基的存在，具有耐冲击和较高的韧性，是强韧的工程塑料。

2）耐低温性好，且具有一定的耐热性，可在100℃以下使用。

3）电绝缘性好，但易受湿度的影响。

4）吸水性大，影响尺寸稳定性和电性能，玻璃纤维增强可减少吸水率，且可长期在高温、高湿度下工作。

5）有自熄性，无毒、无臭、不霉烂，耐候性好而染色性差。

6）化学稳定性好，耐海水、溶剂、油类，但不耐酸。

（2）物理性能　尼龙的外观为乳白或淡黄的粒料，表观角质、坚硬，制品表面有光泽。各种尼龙的密度（结晶相密度、非晶相密度和一般成型加工制品的密度）是不一样的。尼龙6、尼龙66的密度较大，随着分子中亚甲基的含量增加和酰胺键（—NHCO—）的含量降低，尼龙的结晶度降低，密度也随之降低。

（3）力学性能　在尼龙分子主链上的重复单元中含有极性酰胺基团，能形成分子间的氢键，具有结晶性，分子间相互作用力大，因此尼龙具有较高的力学强度和弹性模量。力学强度和弹性模量随着尼龙主链亚甲基的增加而下降，冲击强度增加。尼龙在室温下的拉伸强度和冲击强度虽然都较高，但冲击强度不如PC和POM高。随温度和湿度的升高，拉伸强度急剧下降，而冲击强度则明显提高。玻璃纤维增强尼龙的强度受温度和湿度的影响小。

尼龙的耐疲劳性较好，仅次于POM，进行玻璃纤维增强处理后可提高50%左右。

尼龙的抗蠕变性较差，不适于制造精密的受力制品，但玻璃纤维增强后性能可改善。

任务二　分型设计

零件分模设计

【任务描述】

1）采用补片功能对制品破孔进行补孔操作。

2）创建型腔与型芯。

【任务实施】

一、检查区域

1）计算模型。单击“分型刀具”工具栏中的“检查区域”按钮，弹出“检查区域”对话框；如图6-5所示，单击“计算”按钮。

2）切换到“区域”选项卡，如图6-6所示，单击“设置区域颜色”按钮，然后勾选“未知的面”，点选“型腔区域”，最后单击“应用”按钮。

注：需要检查两个侧孔中错误定义成型芯的几个面，选中错误定义面后，重新定义为型腔。

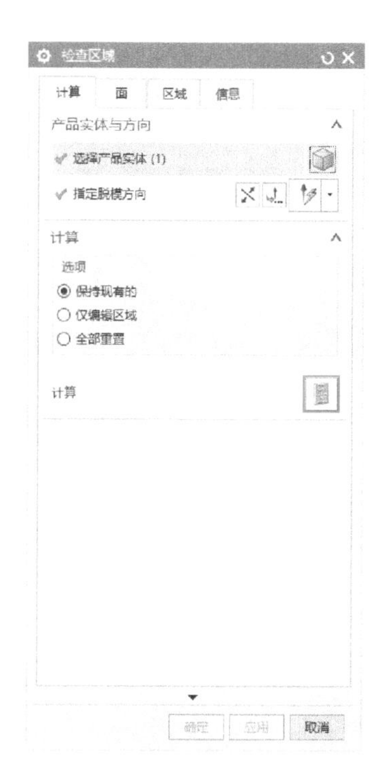

图 6-5　“检查区域”对话框

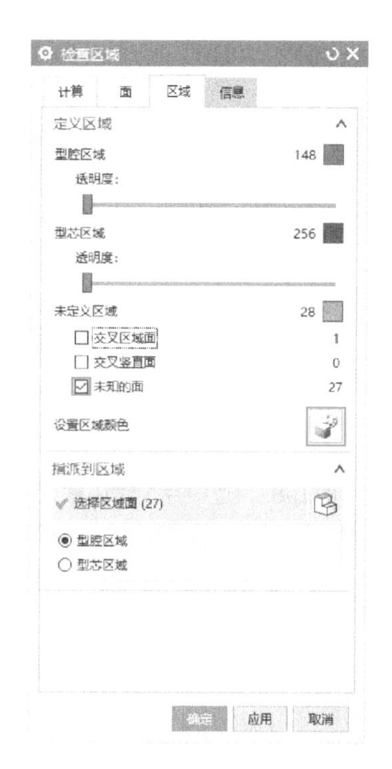

图 6-6　“区域”选项卡

3）在“区域”选项卡中，勾选“交叉区域面”，点选“型芯区域”，单击“确定”按钮。区域定义结果如图 6-7 所示。

二、曲面补片

1）自动补片。单击“分型刀具”工具栏中的“曲面补片”按钮，弹出“边补片”对话框；如图 6-8 所示，“类型”设置为“体”，然后单击壳盖模型，再单击“确定”按钮。

2）检查修补的孔是否符合要求，并删除不符合要求的孔。

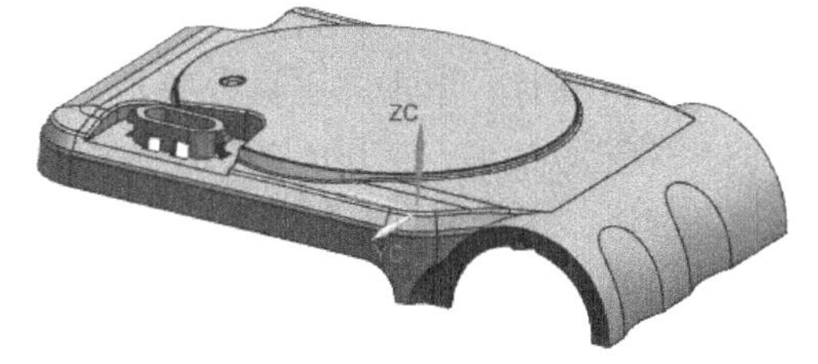

图 6-7　区域定义结果

3）再次自动补片。单击“分型刀具”工具栏中的“曲面补片”按钮，弹出“边补片”对话框；“类型”设置为“遍历”，然后单击未修补的孔，再单击“选择参考面”，如果参考面所在方位与修补孔的方位不一致，则单击“切换面侧”按钮，最后单击“应用”按钮。依次完成各个孔的修补后，单击“取消”按钮。曲面补片结果如图 6-9 所示。

注：部分孔未完成修补或部分孔的补面与大部分孔修补方向不一致，则需要删除并重新修补孔。

4）拉伸曲线。单击“注塑模向导”菜单，在“注塑模工具”工具栏中单击“延伸片体”按钮，弹出“延伸片体”对话框；如图 6-10 所示，“边”选择图 6-11 所示的三条相切线，确定延伸方向与原来面的方向一致，并适当调整拉伸片体的长度，再单击“应用”按钮。用同样方法完成另一转角处的片体延伸。

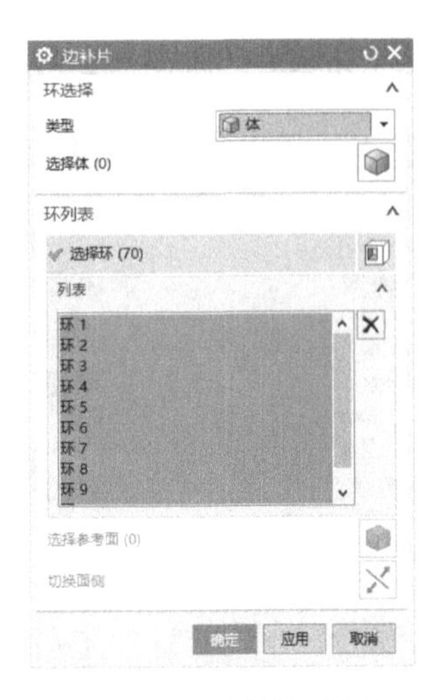

图 6-8 “边补片”对话框

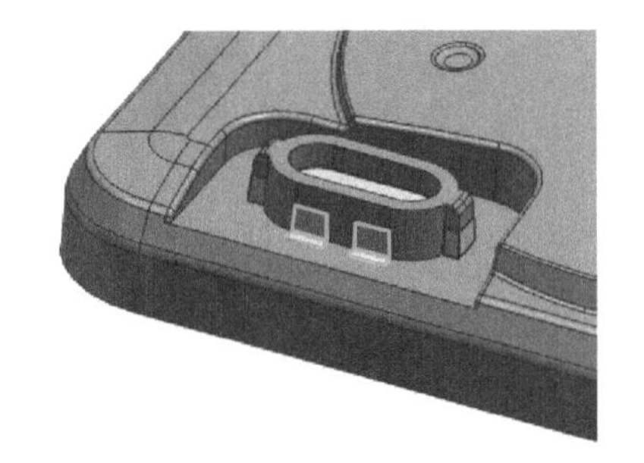

图 6-9 曲面补片结果

图 6-10 “延伸片体”对话框

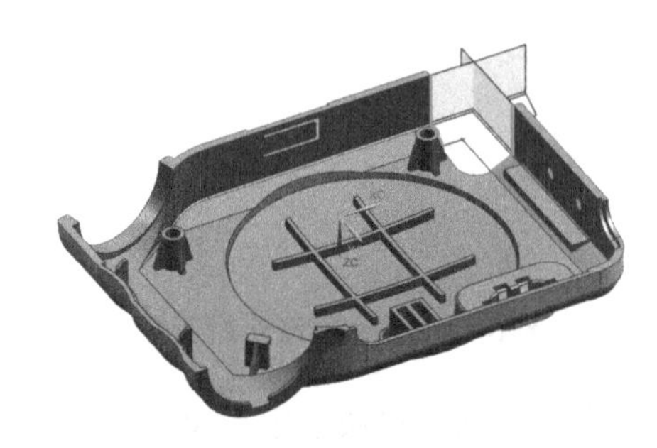

图 6-11 延伸结果

5）修剪补片。单击“主页”菜单，在“特征”工具栏中单击“修剪片体”按钮，弹出“修剪片体”对话框。如图 6-12 所示，“目标”选择左边片体，“边界”选择右边片体，单击“应用”按钮；接着“目标”选择右边片体，“边界”选择左边片体，单击“确定”按钮。修剪结果如图 6-13 所示。

图 6-12 “修剪片体”对话框

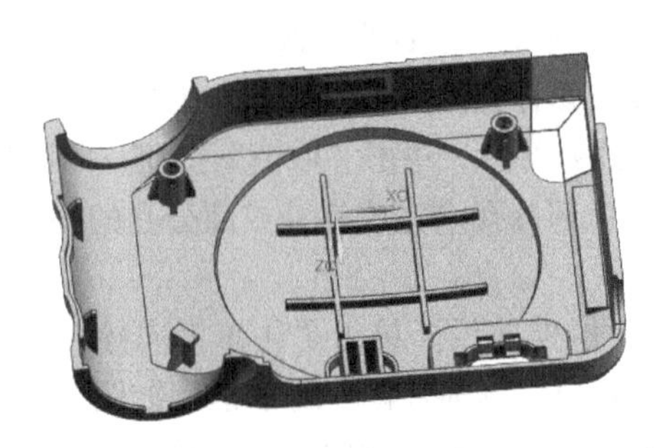

图 6-13 修剪结果

6）扩大曲面补片。单击“注塑模向导”菜单，在“注塑模工具”工具栏中单击“扩大曲面补片”按钮，弹出“扩大曲面补片”对话框。如图 6-14 所示，“目标”选择上盖内表面，“边界”选择缺口处的一圈曲线，“区域”选择封闭曲线内的区域，单击“确定”按钮。扩大曲面补片结果如图 6-15 所示。

图 6-14 “扩大曲面补片”对话框

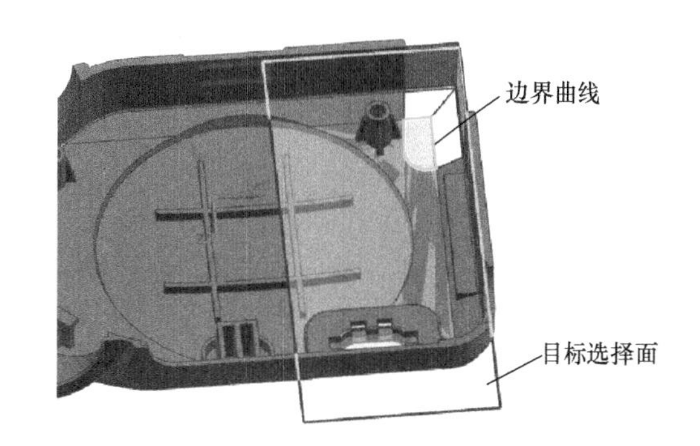

图 6-15 扩大曲面补片结果

三、定义区域

单击“注塑模向导”菜单，在“分型刀具”工具栏中单击“定义区域”按钮，弹出“定义区域”对话框；如图 6-16 所示，在“区域名称”中单击“所有面”，在“设置”中勾选“创建区域”，单击“确定”按钮。

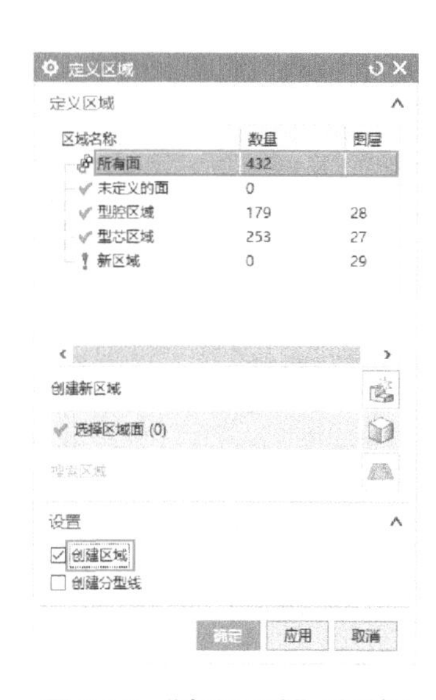

图 6-16 “定义区域”对话框

四、设计分型面

1）拉伸曲线。单击“主页”菜单，在“特征”工具栏中单击“拉伸”按钮，弹出“拉伸”对话框；选择孔附近的边线进行拉伸，注意拉伸方向可选 X 或 Y 向，拉伸方向如图 6-17 所示，单击“应用”按钮。

2）桥接曲线。单击“曲线”菜单，在“派生曲线”工具栏中单击“桥接曲线”按钮，弹出“桥接曲线”对话框；“起始对象”选择圆弧一端，“终止对象”选择圆弧另一端，单击“确定”按钮。桥接曲线如图 6-18 所示。

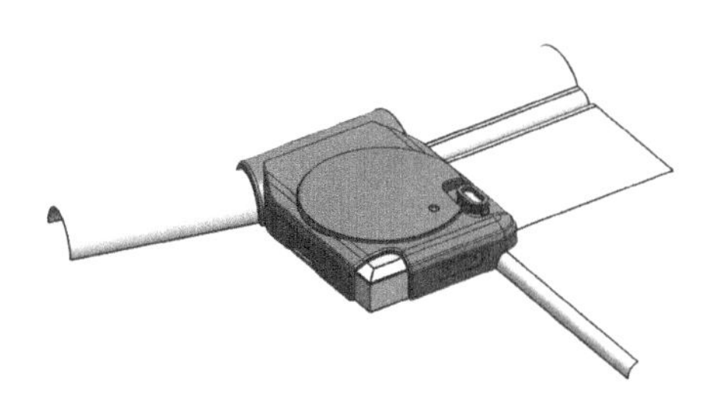

图 6-17 拉伸曲线

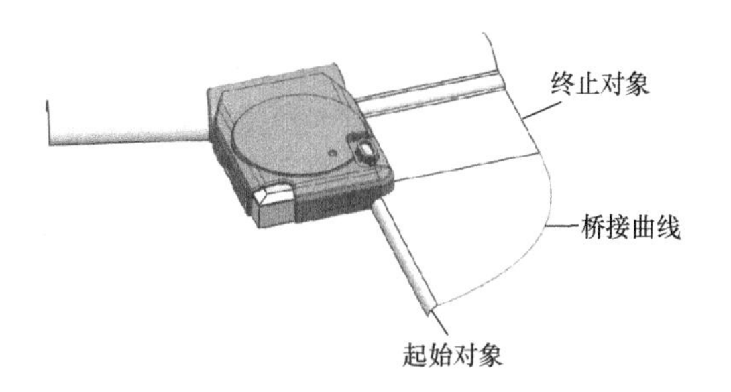

图 6-18 桥接曲线

3）通过曲线网格创建曲面。单击“主页”菜单，在工具栏中单击“曲面”→“通过曲线网格”按钮，弹出“通过曲线网格”对话框，如图 6-19 所示。

①“主曲线”选择桥接曲线，空白处按下鼠标中键；“主曲线”选择与桥接曲线相对的产品侧的圆弧曲线（此处有两条曲线），空白处按下鼠标中键。

②“交叉曲线”选择桥接曲线的左侧线条，空白处按下鼠标中键；“交叉曲线”选择桥接曲线的右侧线条，空白处按下鼠标中键；“第一交叉线串”设置为“G1（相切）”，选择与第一条交叉曲线相切的面；“最后交叉线串”设置为“G1（相切）”，选择与第二条交叉曲线相切的面；最后单击“确定”按钮。曲线网格结果如图 6-20 所示。

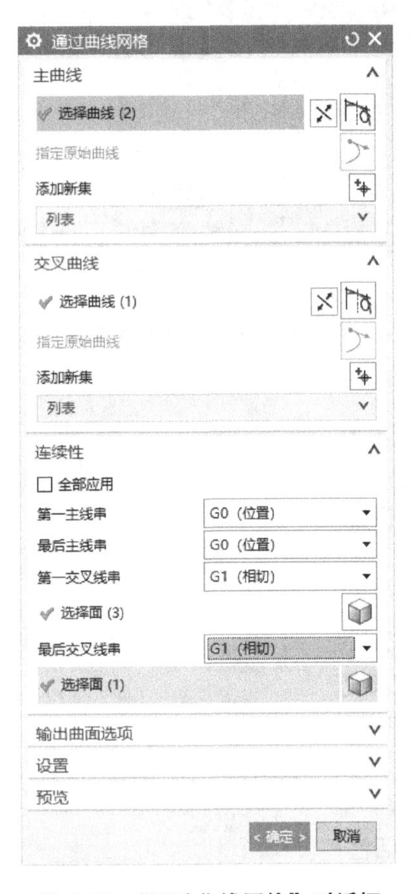

图 6-19 “通过曲线网格”对话框

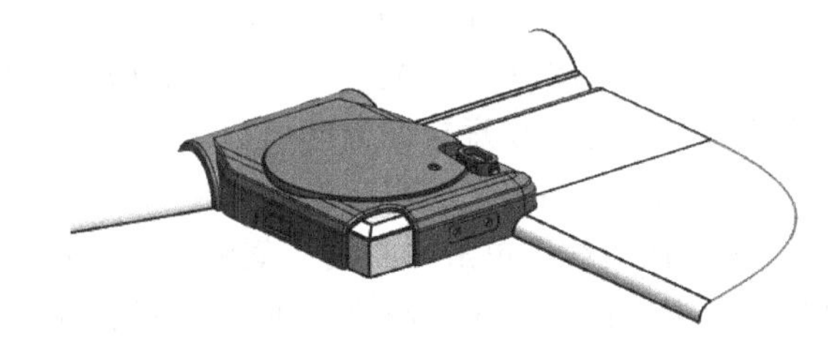

图 6-20 曲线网格结果

4）扩大曲面补片。单击“注塑模向导”菜单，在“注塑模工具”工具栏中单击“扩大曲面补片”按钮，弹出“扩大曲面补片”对话框；“目标”选择制品分型面上的一个平面并适当延伸，“边界”选择缺口处的一圈曲线，“区域”选择分型面上需保留的区域，单击“确定”按钮。扩大曲面补片结果如图 6-21 所示。

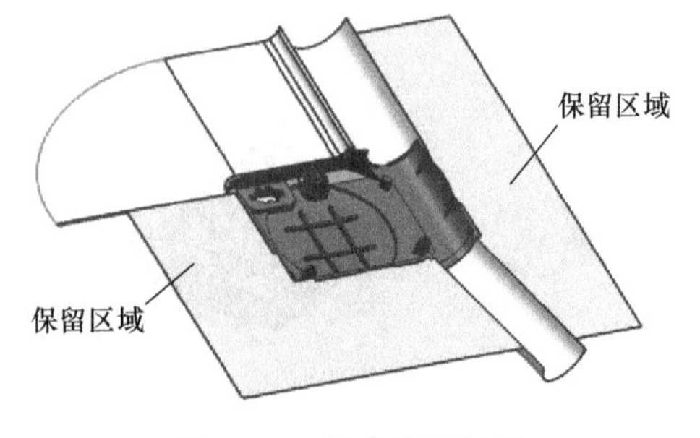

图 6-21 扩大曲面补片

五、编辑分型面和曲面补片

单击“分型刀具”工具栏中的“编辑分型面和曲面补片”按钮，弹出“编辑分型面和曲面补片”对话框；如图 6-22 所示，“类型”设置为“分型面”，然后同时按下 <Ctrl> 键和 <A> 键（选择全部片体），单击“确定”按钮。

图 6-22　“编辑分型面和曲面补片”对话框

六、创建型芯和型腔

1）单击“分型刀具”工具栏中的“定义型腔和型芯”按钮，弹出“定义型腔和型芯”对话框；“类型”设置为“区域”，在“区域名称”中选择“所有区域”，连续单击“确定”按钮 3 次，完成模具分型。

2）单击资源条选项中的“装配导航器”按钮，在“装配导航器”页面中选择“项目六 _parting_022”并单击鼠标右键，在弹出的快捷菜单中选择“在窗口中打开父项”→“项目六 _top_009”。分型结果如图 6-23 所示。

3）型腔布局。单击“主要”工具栏中的“型腔布局”按钮，弹出“型腔布局”对话框；“指定矢量”选择 Y 轴方向，“型腔数”设置为“2”，单击“开始布局”按钮，再单击“自动对准中心”按钮，最后单击“关闭”按钮。型腔布局结果如图 6-24 所示。

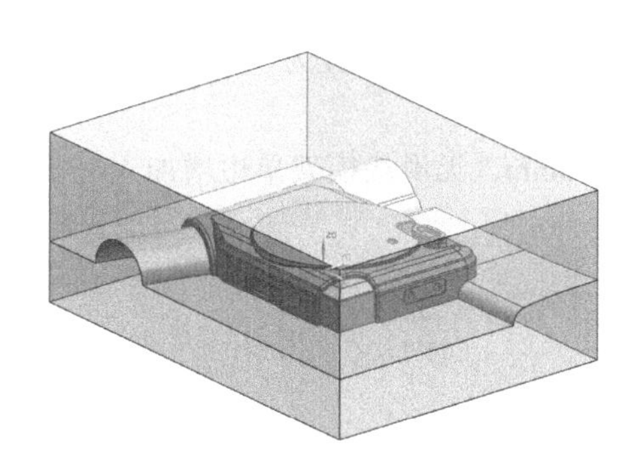

图 6-23　分型结果

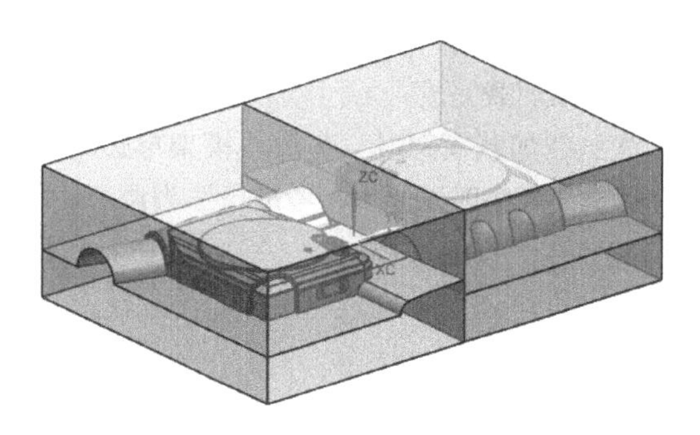

图 6-24　型腔布局结果

任务三　模 架 设 计

模架设计

【任务描述】

1）加载合适尺寸的龙记细水口模架，A 板、B 板与制品采用内六角螺钉紧固。

2）创建模具腔体。

【任务实施】

一、加载模架

1）单击“注塑模向导”菜单，在“主要”工具栏中单击“模架库”按钮，弹出“模架库”对话框。

2）在“重用库”中选择“LKM_TP”，在“成员选择”中单击“FC”图标，弹出“信息”对话框，如图 6-25 所示。

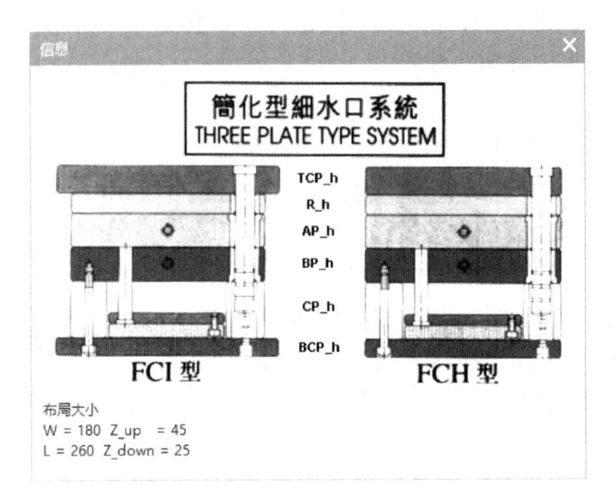

图 6-25　细水口模架

3）如图 6-26 所示，在“模架库”对话框中，“index”设置为“3540”，“AP_h”设置为“80”，“BP_h”设置为“70”，“CP_h”设置为“100”，“Mold_type”设置为“400 : I”，“fix_open”设置为“0.5”，“move_open”设置为“0.5”，“EJB_open”设置为“–5”，单击“确定”按钮，模架加载完成。

注：在加载模架时，有滑块模架单边增加 50 ~ 70mm，无滑块模架单边增加 40 ~ 50mm，在选择模架大小时以此为参考进行适当调节。

图 6-26　“模架库”对话框

二、模架开框

1）单击“主要”工具栏中的“型腔布局”按钮，弹出“型腔布局”对话框。单击“编辑布局”下的“编辑插入腔”按钮，弹出“插入腔”对话框；“R”设置为“10”，“type”设置为“2”，单击“确定”按钮，返回“型腔布局”对话框；单击“关闭”按钮。得到的腔体如图 6-27 所示。

2）单击“主要”工具栏中的“腔”按钮，弹出“开腔”对话框。如图 6-28 所示，“模式”设置为“去除材料”，“目标”选择模架中的定模板（A 板）与动模板（B 板），“工具类型”设置为“组件”，之后单击“工具”下的“查找相交”按钮，最后单击“确定”按钮。

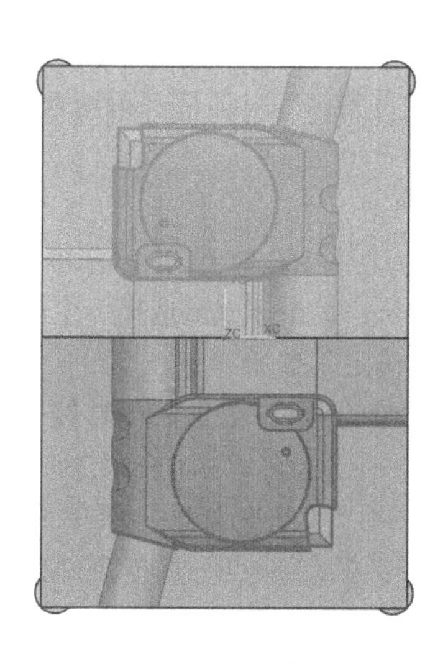

图 6-27　腔体

图 6-28　“开腔”对话框

3）单击资源条选项中的“装配导航器”按钮，在“装配导航器”页面中选择“项目六_misc_004”/“项目六_pocket_054”并单击鼠标右键，在弹出的快捷菜单中选择“替换引用集”→“Empty”。开框结果如图 6-29 所示。

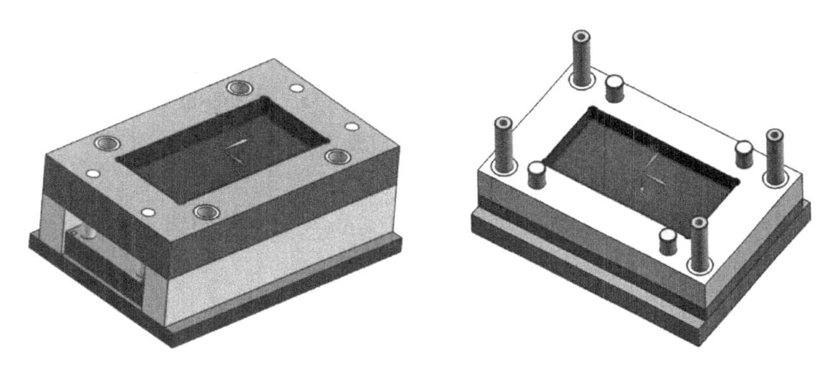

图 6-29　开框结果

任务四　浇注系统设计

浇注系统设计

【任务描述】

1）加载合适尺寸的定位圈。

2）加载合适尺寸的浇口套，并根据实际情况确定浇口套长度。

3）完成定位圈和浇口套所在处的开腔。

4）创建点浇口、分流道、拉料杆（勾料针）和无头螺钉。

【任务实施】

一、定位圈设计

单击“注塑模向导”菜单，在“主要”工具栏中单击“标准件库”按钮，弹出“标准件管理”对话框。在“重用库”中选择“FUTABA_MM”/“Locating Ring Interchangeable”，在“成员选择”中单击“Locating Ring[M-LRJ]”，弹出“标准件管理”对话框；采用默认设置，单击“确定”按钮。

二、浇口套设计

1）加载浇口套。在“主要”工具栏中单击“标准件库”按钮，弹出“标准件管理”对话框。在“重用库”中选择“FUTABA_MM”/“Sprue Bushing”，在“成员选择”中单击“Sprue Bushing[M-SJA...]”，弹出“标准件管理”对话框；单击“确定”按钮。

2）隐藏定模座板和流道板。单击选择定模座板、流道板，键盘上同时按下 <Ctrl> 键和 <B> 键。

3）测量距离。测量浇口套管口到定模板上表面的距离。单击“分析”菜单，在“测量”工具栏中单击“测量距离”按钮，弹出“测量距离”对话框；“起点”选择浇口套的下端面，“终点”选择定模板的上表面，测得距离为 60mm，单击“确定”按钮。

4）修改浇口套长度。选择浇口套并单击鼠标左键，在弹出的快捷工具条中选择“编辑工装组件”，弹出“标准件管理”对话框；在“详细信息”中将“CATALOG_LENGTH”设置为“70”，单击“确定”按钮。

三、创建点浇口

1）隐藏型腔上部的零件。单击定模座板、流道板、定模板和型腔，键盘上同时按下 <Ctrl> 键和 <B> 键。

2）单击“注塑模向导”菜单，在“主要”工具栏中单击“设计填充”按钮，弹出“设计填充”对话框。在“重用库”中的“成员选择”中选择“Gate[Pin three]”。如图 6-30 所示，在“设计填充”对话框中，将“L1”设置为“0”，“放置”下的“选择对象”设置为制品表面凹圆处，单击“确定”按钮。点浇口设置结果如图 6-31 所示。

3）将“项目六 _fill_013”/“项目六 _Pin_point_gate_062”移动到“项目六 _prod_002 × 2”下面，可完成另一型腔点浇口的创建。

4）利用“替换面”命令将点浇口的上表面与 A 板上表面替平，下台阶面与型腔上表面替平，点浇口处理结果如图 6-32 所示。

5）为了便于零部件管理，将“项目六 _Pin_point_gate_062”移动回“项目六 _fill_013”下面。

图 6-30 “设计填充”对话框

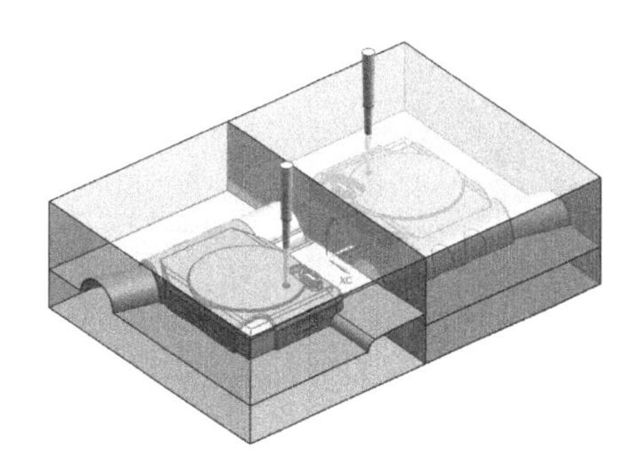

图 6-31 点浇口设置结果

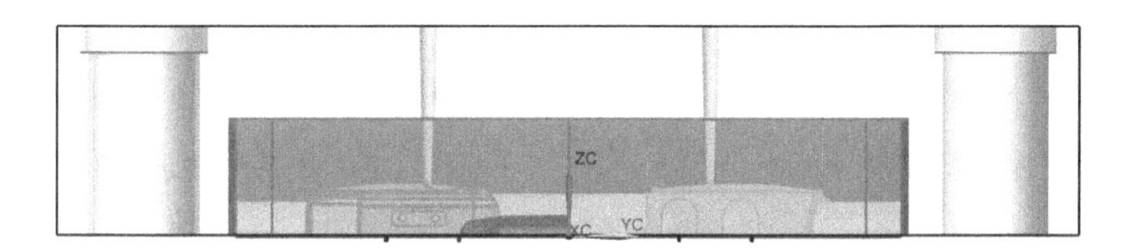

图 6-32 点浇口处理结果

四、分流道设计

1）绘制直线。单击“曲线”菜单，在“曲线”工具栏中单击“直线”按钮，弹出“直线”对话框；分别捕捉两个点浇口上表面的圆心，绘制一条直线，如图 6-33 所示。

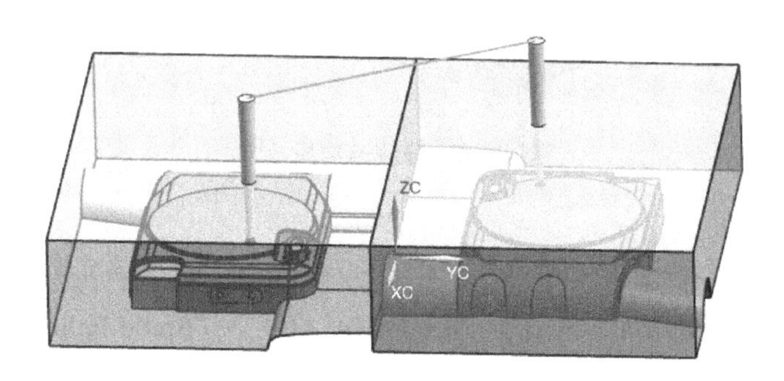

图 6-33 分流道草图

2）单击“注塑模向导”菜单，在“主要”工具栏中单击“设计填充”按钮，弹出“设计填充”对话框。在“重用库”中的“成员选择”中选择“Runner[2]”，弹出的对话框如

图 6-34、图 6-35 所示。在“设计填充”对话框中，“Section_Type”设置为“Trapezoidal”，“D”设置为“8”，“L”设置为“135”，“放置”下的“指定点”设置为所绘直线的中点，“指定方位”设置为直线方向，单击“确定”按钮。分流道结果如图 6-36 所示。

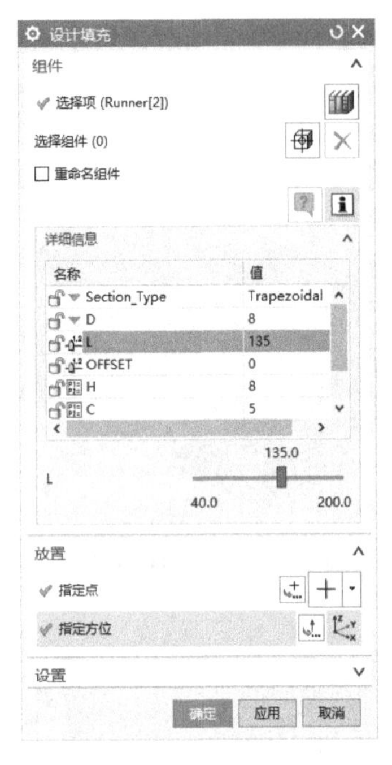

图 6-34　分流道参数

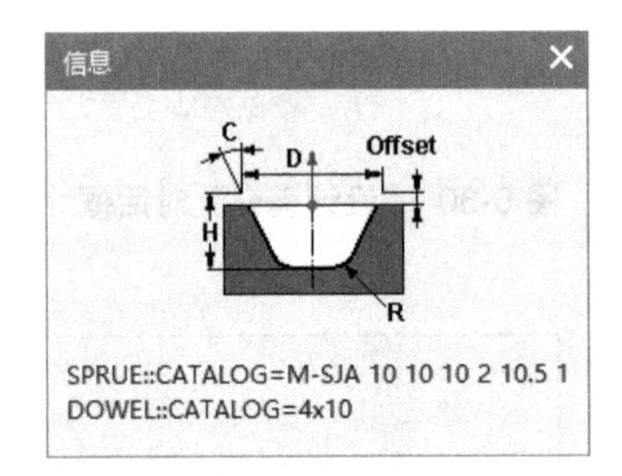

图 6-35　分流道示意图

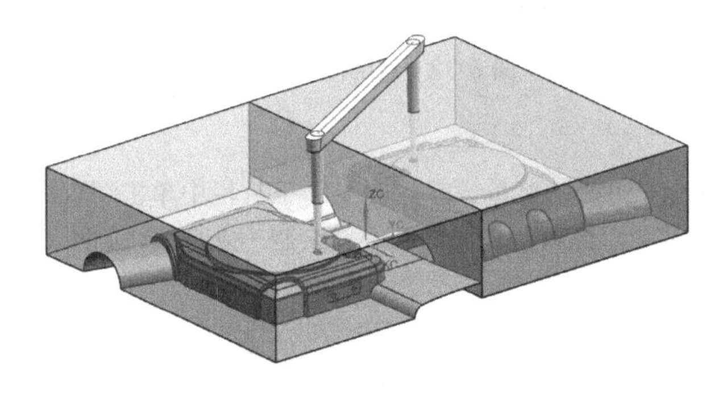

图 6-36　分流道结果

五、拉料杆（勾料针）设计

1）单击“注塑模向导”菜单，在“主要”工具栏中单击“标准件库”按钮，弹出“标准件管理”对话框。在“重用库”中选择“FUTABA_MM”/“Sprue Puller”，在“成员选择”中单击“Sprue Puller[M-RLA]”。勾料针参数和勾料针示意图如图 6-37 和图 6-38 所示。

2）在“标准件管理”对话框中，“选择面或平面”选择定模座板的上表面，“CATALOG_DIA”设置为“6”，“CATALOG_LENGTH”设置为“80”，“C_BORE_DEEP”设置为“12.5”，勾料针头部高度默认为“6”，单击“确定”按钮，弹出“标准件位置”对话框；之后依次捕捉两处点浇口的圆心，并单击“应用”按钮。勾料针结果如图 6-39 所示。

图 6-37　勾料针参数

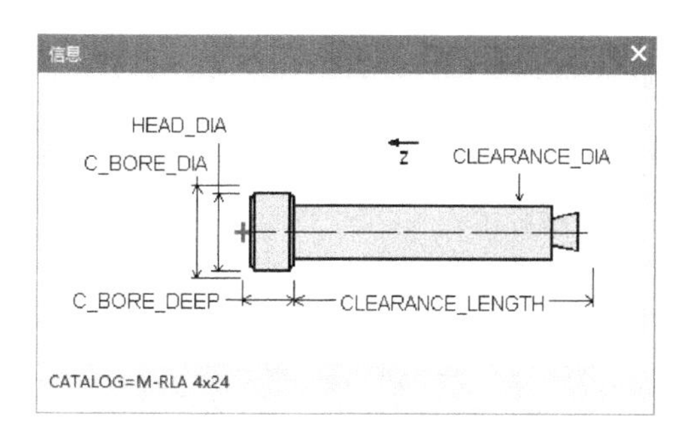

图 6-38　勾料针示意图

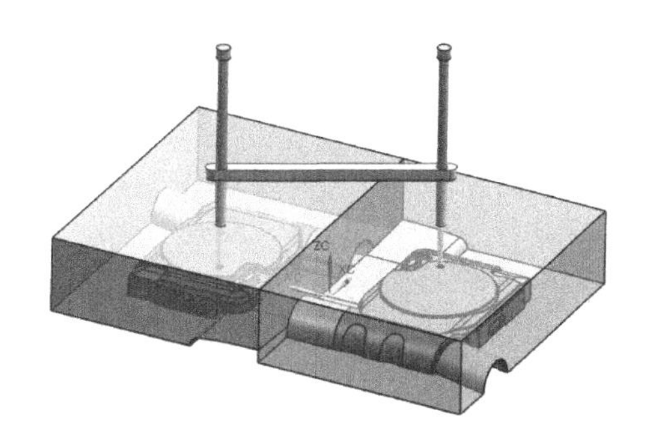

图 6-39　勾料针结果

【知识链接】

知识点 2　Mold Wizard 中的勾料针参数

1）CATALOG_DIA：勾料针的直径。

2）CATALOG_LENGTH：勾料针的长度。

3）HEAD_DIA：勾料针头部的直径。

4）HEAD_HEIGHT：勾料针头部的高度。

5）PULLER_OD：勾料部位圆台处大端的直径。

6）PULLER_ID：勾料部位圆台处小端的直径。

7）PULLER_HEIGHT：勾料部位圆台的高度。

8）CLEARANCE_DIA：勾料针孔的直径。

9）C_BORE_DIA：勾料针头部沉头孔的直径。

10）C_BORE_DEEP：勾料针头部沉头孔的深度。

11）CLEARANCE_LENGTH：勾料针包容块的长度。

六、无头螺钉设计

1）单击“注塑模向导”菜单，在“主要”工具栏中单击“标准件库”按钮，弹出“标准件管理”对话框。在“重用库”中选择“DME_MM”/“Screws”，在“成员选择”中单击“SSS[Grub]”。无头螺钉参数和无头螺钉示意图如图 6-40 和图 6-41 所示。

2）在勾料针头部安装无头螺钉。在“标准件管理”对话框中，“选择面或平面”选择定模座板的上表面，“SIZE”设置为“10”，“LENGTH”设置为“6”，单击“确定”按钮，弹出“标准件位置”对话框；之后依次捕捉两处勾料针的圆心，并单击“应用”按钮。设置结果如图 6-42 所示。

图 6-40　无头螺钉参数

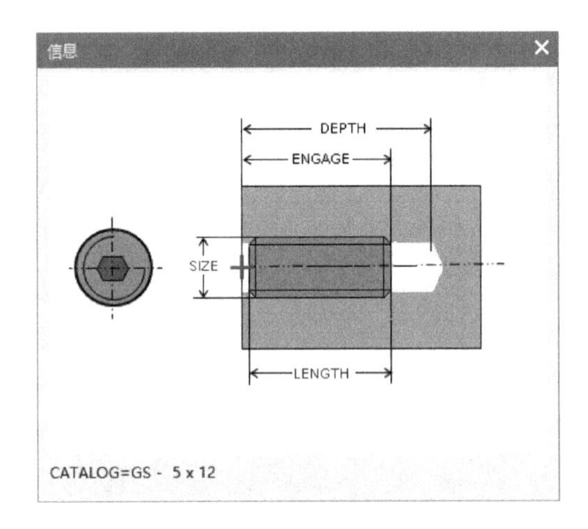

图 6-41　无头螺钉示意图

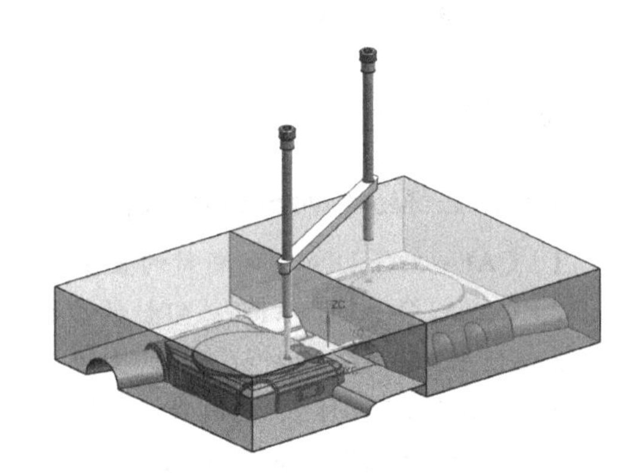

图 6-42　无头螺钉

【知识链接】

知识点 3　Mold Wizard 中的无头螺钉参数

1）SIZE：螺钉的公称直径。

2）LENGTH：螺钉的长度。

3）ENGAGE：螺钉包容块的长度。

4）DEPTH：螺钉孔的深度。

5）SCREW_DIA：螺纹大径。

6）THREAD_PITCH：螺距。

3）显示全部零件。键盘上同时按下 <Ctrl> 键、<Shift> 键和 <U> 键。

4）单击“主要”工具栏中的“腔”按钮，弹出“开腔”对话框；“模式”设置为“去除材料”，“目标”选择模架中的定模座板、流道板和定模板，然后单击“工具”下的“查找相交”按钮，再单击“确定”按钮。无头螺钉开腔结果如图 6-43 所示。

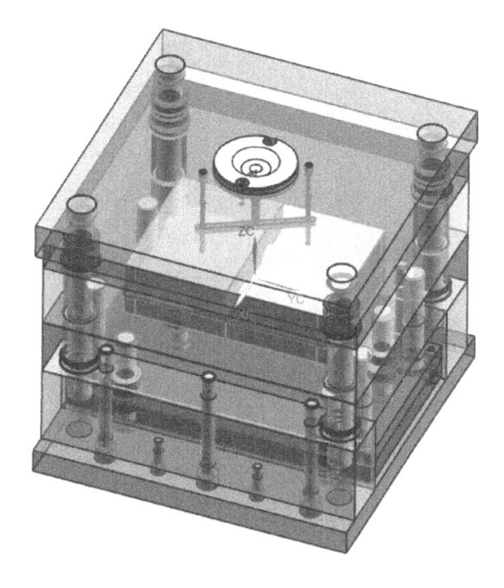

图 6-43　无头螺钉开腔结果

任务五　顶出系统设计

顶出系统设计 1（顶杆与司筒）

【任务描述】

1）加载合适尺寸的顶杆。

2）进行顶杆后处理。

3）完成顶杆所在处的开腔。

【任务实施】

一、顶杆设计

1）隐藏动模侧模架。在“装配导航器”页面中单击去除“项目六 _moldbase_042”/“项目六 _movehalf_031”前的“√”。

2）隐藏型芯。单击型芯，键盘上同时按下 <Ctrl> 键和 <B> 键。

3）加载顶杆。单击“注塑模向导”菜单，在“主要”工具栏中单击“标准件库”按钮，弹出“标准件管理”对话框。在“重用库”中选择“DME_MM”/“Ejection”，在“成员选择”中单击“Ejector Pin[Straight]”，顶杆参数和顶杆示意图如图 6-44 和图 6-45 所示。在“标准件管理”对话框中，在“选择标准件”中选择“新建组件”，在“详细信息”中，“CATALOG_DIA”设置为“6”，“CATALOG_LENGTH”设置为“160”，“HEAD_TYPE”设置为“5”，单击“确定”按钮。

注：HEAD_TYPE 为顶杆头部的类型。本例中因制品表面为曲面，故而需要设置防转结构。

顶杆需做在原始腔一侧，否则会影响修剪顶杆。

4）放置顶杆。弹出“点”对话框后，设置5根顶杆的位置，并依次单击“确定”按钮，最后单击“取消”按钮。顶杆布置结果如图6-46所示。

图6-44　顶杆参数

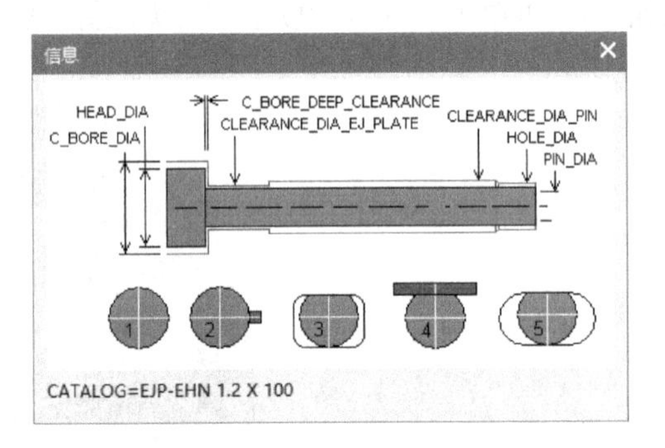

图6-45　顶杆示意图

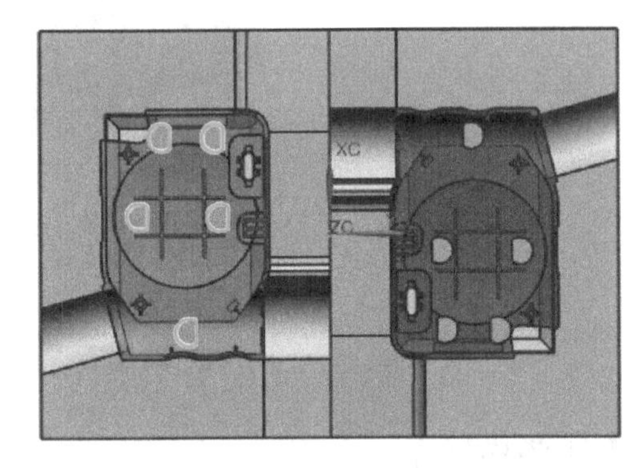

图6-46　顶杆布置（一）

5）再次加载顶杆。在“主要”工具栏中单击“标准件库”按钮，弹出“标准件管理”对话框。在“选择标准件”中选择“新建组件”，在“详细信息”中，“CATALOG_DIA”设置为“4”，“CATALOG_LENGTH”设置为“160”，“HEAD_TYPE”设置为“5”，单击“确定”按钮。

6）放置顶杆。弹出“点”对话框后，设置右侧两根顶杆的位置，并依次单击“确定”按钮，最后单击“取消”按钮。顶杆布置结果如图6-47所示。

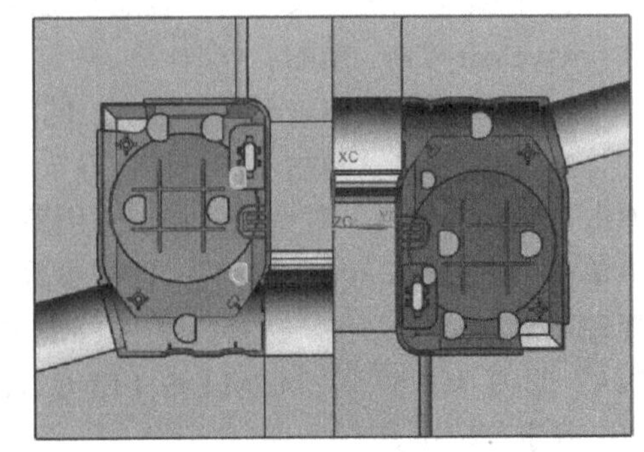

图6-47　顶杆布置（二）

7）自动修剪顶杆。在“主要”工具栏中单击“顶杆后处理”按钮，弹出“顶杆后处理”对话框；“目标”选择全部部件，单击“确定”按钮。

二、司筒设计

1）显示型芯。

2）测量制品背面圆柱和圆孔的直径。单击“分析”菜单，在“测量”工具栏中单击“测量距离”按钮，弹出“测量距离”对话框。“类型”

设置为“直径”，单击圆柱，得直径为 5.2181mm；单击圆孔，得直径为 3.2mm；单击“确定”按钮。

3）加载司筒。单击“注塑模向导”菜单，在“主要”工具栏中单击“标准件库”按钮，弹出“标准件管理”对话框。在“重用库”中选择“DME_MM”/“Ejection”，在“成员选择”中单击“Ejector Sleeve Assy”，司筒参数和司筒示意图如图 6-48 和图 6-49 所示。在“标准件管理”对话框中，在“选择标准件”中选择“新建组件”，在“详细信息”中，“PIN_CATALOG_DIA”选择为“3.2”，“PIN_CATALOG_LENGTH”设置为“250”，“SLEEVE_CATALOG_LENGTH”设置为“200”，“SLEEVE_CATALOG_DIA”设置为“5.2”，单击“确定”按钮。弹出“点”对话框后，依次捕捉型芯上司针所在处的圆心，并单击“确定”按钮。

4）顶杆后处理。单击“注塑模向导”菜单，在“主要”工具栏中单击“顶杆后处理”按钮，弹出“顶杆后处理”对话框；“目标”选择司针，按住 <Shift> 键，选择其余司筒，单击“确定”按钮。结果如图 6-50 所示。

图 6-48　司筒参数

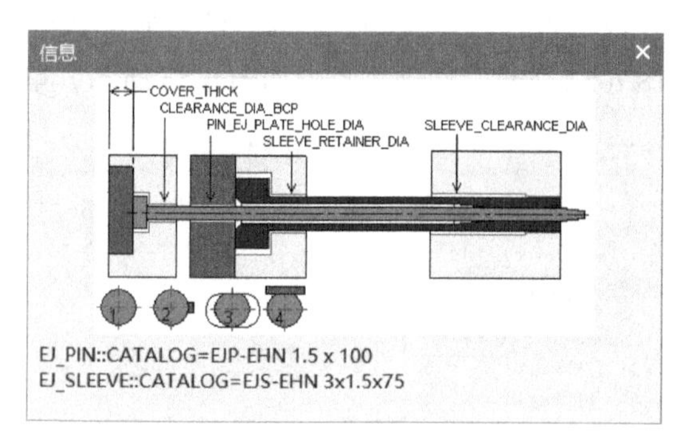

图 6-49　司筒示意图

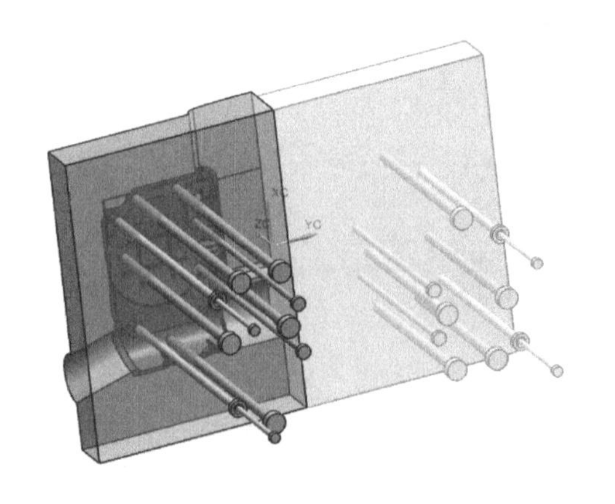

图 6-50　司筒加载结果

三、斜顶设计

1）单击动模板、定模板和定模座板等零件，键盘上同时按下 <Ctrl> 键和 <B> 键，仅显示制品。

2）双击 WCS 坐标系，将坐标原点设置在制品内侧凹槽底部的中点处，如图 6-51 所示。

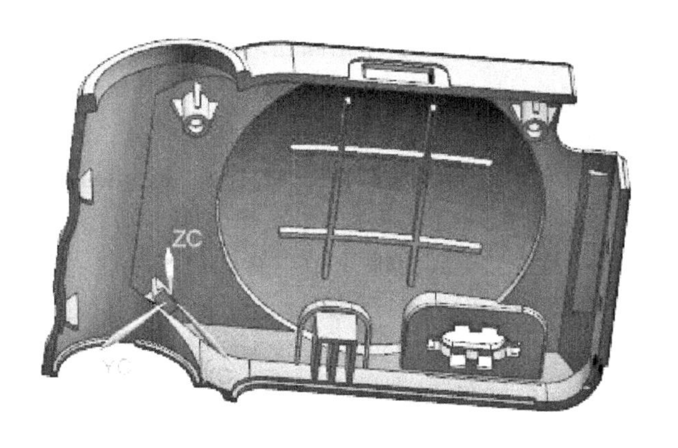

图 6-51　坐标系设置

顶出系统设计 2
（斜顶）

3）单击“主要”工具栏中的“滑块和浮升销库”按钮；在“重用库”中选择“Lifter”，在“成员选择”中选择“Lifter_3”。在弹出的“滑块和浮升销设计”对话框中输入斜顶数据，如图 6-52 所示，斜顶示意图如图 6-53 所示，单击“确定”按钮。斜顶结果如图 6-54 所示。

图 6-52　斜顶参数

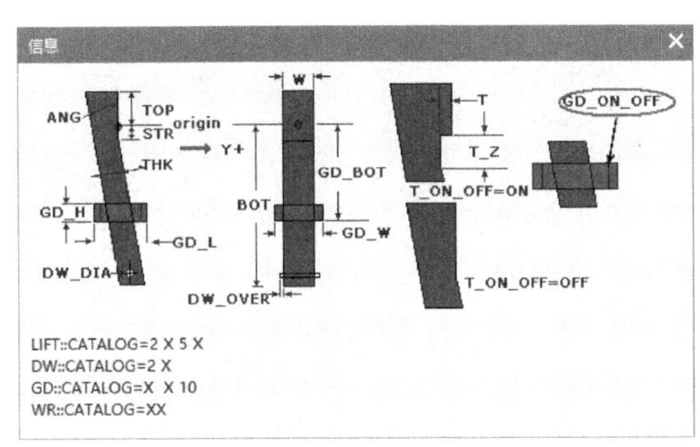

图 6-53　斜顶示意图

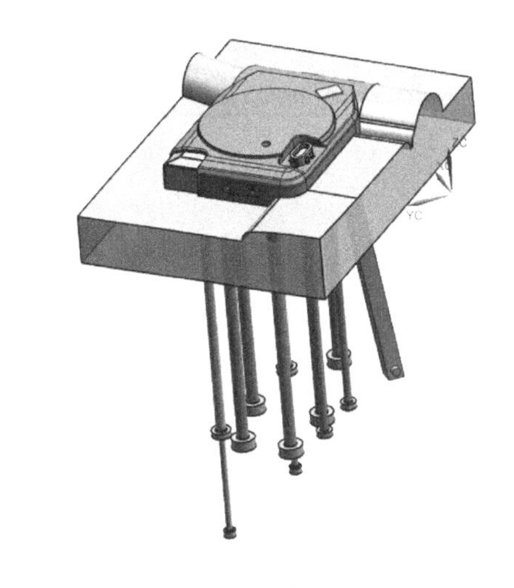

图 6-54　斜顶结果

【知识链接】

知识点 4　Mold Wizard 中的斜顶参数

1）LTH_TYPE：斜顶的类型。

2）ANG：斜顶斜面的角度。

3）DW_DIA：斜销的直径。

4）T_ON_OFF：斜顶头部的形状。

5）GD_ON_OFF：导向块。

6）W：斜顶的宽度。

7）THK：斜顶的厚度。

8）TOP：斜顶顶面在高度方向的 Z 值。

9）STR：斜顶头部竖直面在 WCS 坐标原点下方的长度。

10）BOT：斜顶在坐标原点下方的长度。

4）单击“注塑模工具”工具栏中的“修边模具组件”按钮，弹出“修边模具组件”对话框。如图 6-55 所示，“目标”选择斜顶下半部分，单击“确定”按钮。斜顶修剪结果如图 6-56 所示。

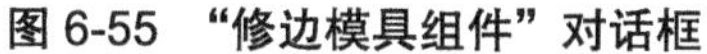
图 6-55　“修边模具组件”对话框

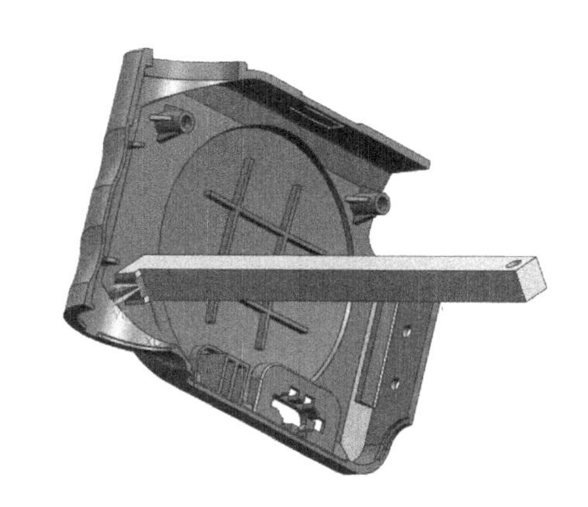
图 6-56　斜顶修剪结果

5）斜顶开腔。在“主要”工具栏中单击“腔”按钮，弹出“开腔”对话框；“目标”选择型芯、动模板和顶杆固定板，在“工具”中单击“查找相交”按钮，再单击“确定”按钮。

注：在原始腔设置顶杆，可自动完成其他型腔中顶杆的加载。以新建组件形式添加，能保证顶杆按照制品轮廓进行修剪。

任务六　侧向抽芯机构设计

【任务描述】

1）完成滑块头部拆分。

2）完成滑块加载。

3）完成滑块所在处实体开腔。

【任务实施】

1）隐藏模架。在“装配导航器”页面中单击去除“项目六 _moldbase_042”前的“√”。

2）选择“项目六 _layout_021”/“项目六 _prod_002”/“项目六 _cavity_001”并单击鼠标右键，在弹出的快捷菜单中选择“在窗口中打开”。显示的型腔如图 6-57 所示。

3）拉伸片体。单击“主页”菜单，在“特征”工具栏中单击“拉伸”按钮，弹出“拉伸”对话框；在“选择曲线”中选择图 6-58 所示曲线，单击“确定”按钮。拉伸片体结果如图 6-58 所示（注意拉伸方向沿 Y 轴）。

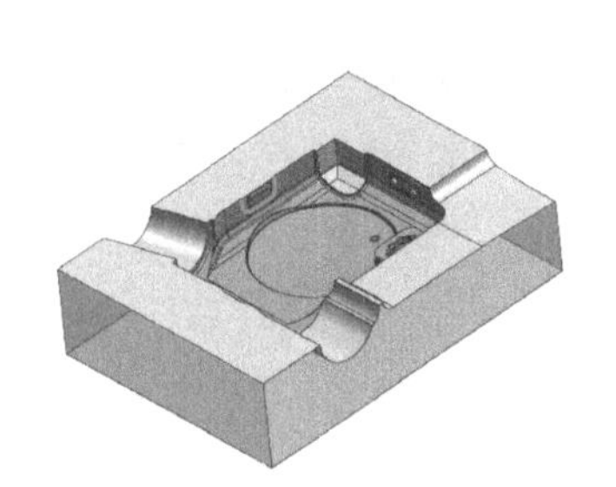

图 6-57　型腔

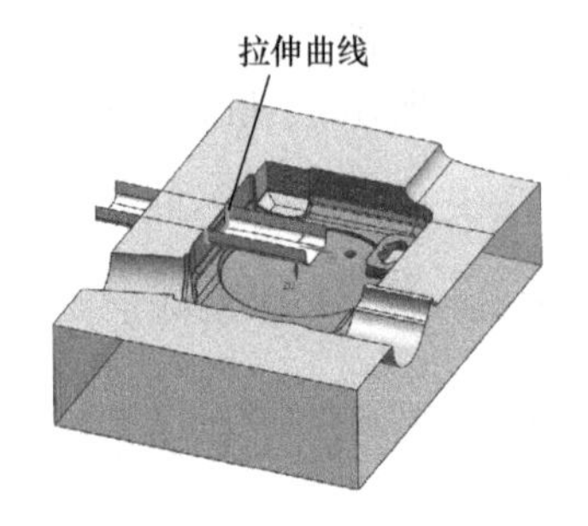

图 6-58　拉伸片体

4）单击“主页”菜单，在“特征”工具栏中单击“拆分体”按钮，弹出“拆分体”对话框；“目标”选择型腔，“工具选项”设置为“面或平面”，“选择面或平面”选择拉伸完成的片体，单击“确定”按钮。

5）移除参数。单击“菜单”→“编辑”→“特征”→“移除参数”命令，弹出“移除参数”对话框；键盘上同时按下 <Ctrl> 键和 <A> 键，单击“确定”按钮；在弹出的“移除参数”操作提示对话框中单击“是”按钮。

6）单击资源条选项中的“装配导航器”按钮，在“装配导航器”页面中选择“项目六 _cavity_001”并单击鼠标右键，在弹出的快捷菜单中选择“在窗口中打开父项”→“项目六 _top_009”，切换到顶层。

7）复制滑块头部。单击“注塑模向导”菜单，在“注塑模工具”工具栏中单击“复制实体”按钮，弹出“复制实体”对话框；“体”选择滑块头部，“父”选择“项目六 _prod_002”，单击“确定”按钮。

8）删除滑块头部原始件。选择“项目六 _cavity_001”并单击鼠标右键，在弹出的快捷菜单中选择“在窗口中打开”；选择型腔中的两个滑块头部，按下 <Delete> 键。

9）在“装配导航器”页面中选择“项目六 _cavity_001”并单击鼠标右键，在弹出的快捷菜单中选择“在窗口中打开父项”→“项目六 _top_009”，切换到顶层。

10）显示坐标系。在键盘上按下 <W> 键。

11）设置坐标系。在坐标系上双击鼠标左键，将坐标原点放置到滑块头部底边的中点处，如图 6-59 所示。

12）单击“注塑模向导”菜单，在“主要”工具栏中单击“滑块和浮升销库”按钮，弹出“滑块和浮升销设计”对话框。在“重用库”中的“成员选择”中单击“Slide_5”。在弹出的对话框中设置参数：“SLIDE_TYPE”设置为“Y”，“SL_W”设置为“35”，“CAM_L”设置为“18”，“PIN_N”设置为“1”，“AP_D”设置为“10”，“SPRING_D”设置为“4.7”，“SPRING_L”设置为“12”，“ANG”设置为“15”，“TRAVEL”设置为“5”，“SPRING_N”设置为“1”，“SL_L”设置为“35”，“SL_TOP”设置为“17”，“SL_BOTTOM”设置为“18”，“SL_H1”设置为“12.61”，“SL_T”设置为“7”，“SL_W1”设置为“5”，“AP_X0”设置为“17”，“GR_H”设置为“17.5”，单击“确定”按钮。滑块设计结果如图 6-60 所示。

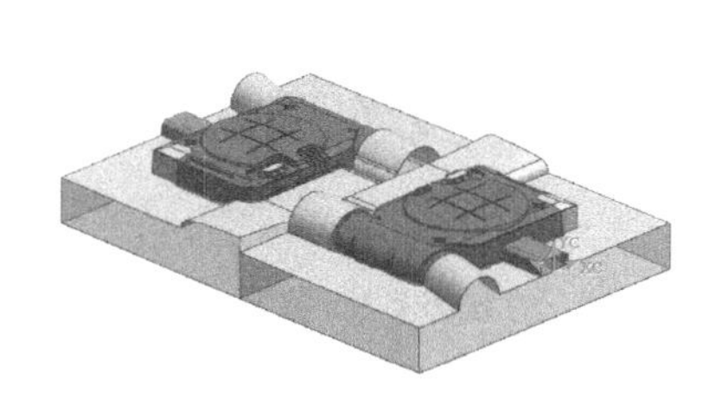

图 6-59　设置坐标系

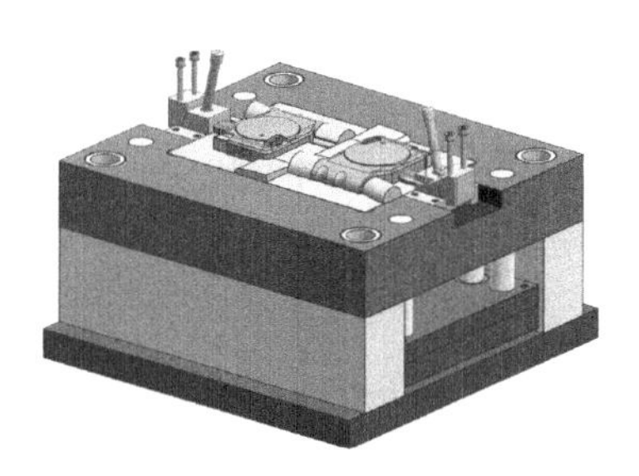

图 6-60　滑块设计结果

13）动模板开腔。在“主要”工具栏中单击“腔”按钮，弹出“开腔”对话框。在对话框中，“目标”选择动模板，然后单击“工具”中的“查找相交”按钮，再单击“确定”按钮。

14）定模板开腔。在“主要”工具栏中单击“腔”按钮，弹出“开腔”对话框。在对话框中，“目标”中选择定模板，然后单击“工具”中的“查找相交”按钮，再单击“确定”按钮。

15）动模板处理。在动模板上单击鼠标右键，在弹出的“快捷菜单”中选择“在窗口中打开”。在空白处按住鼠标右键，在弹出的“快捷菜单”中选择“带边着色”。单击“主页”菜单，在“同步建模”工具栏中单击“替换面”按钮，弹出“替换面”对话框，然后依次将动模板上由滑块开腔留下的台阶面替换成动模板的端面。

16）在“装配导航器”页面中，选择“项目六 _b_plate_050”并单击鼠标右键，在弹出的“快捷菜单”中选择“在窗口中打开父项”→“项目六 _top_009”，切换到顶层。

17）显示全部零件。键盘同时按下 <Ctrl> 键、<Shift> 键和 <U> 键。

任务七　成型零件处理

成型零件处理

【任务描述】

1）成型零件枕位处理。

2）加载螺钉。

【任务实施】

一、成型零件枕位处理

1）选择“项目六 _layout_021”/“项目六 _prod_002”/“项目六 _core_001”并单击鼠标右键，在弹出的快捷菜单中选择“在窗口中打开”。

2）单击“主页”菜单，在“特征”工具栏中单击“拆分体”按钮，弹出“拆分体”对话框；“目标”选择型芯，“工具选项”设置为“新建平面”，“指定平面”选择要拆分的平面，单击“确定”按钮。依次拆分完成后的型芯和型腔如图 6-61 和图 6-62 所示。

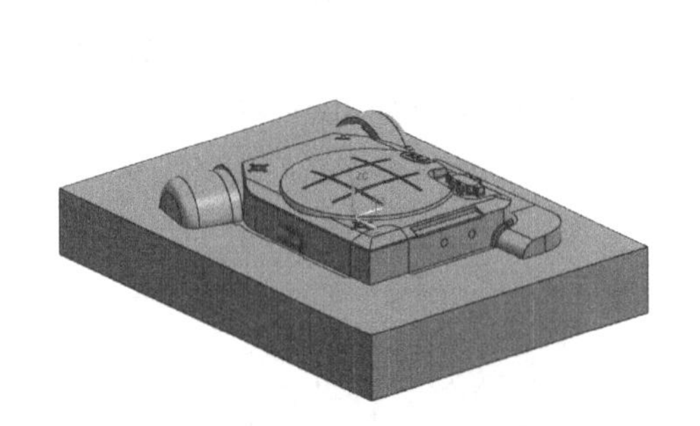

图 6-61　型芯

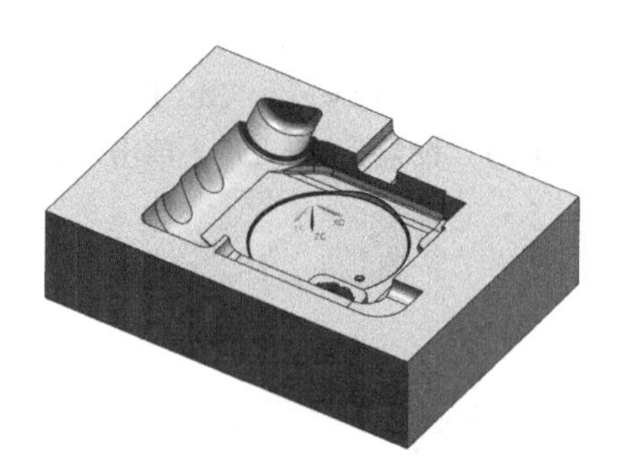

图 6-62　型腔

二、加载螺钉

1）隐藏定模座板。单击“定模座板”，键盘上同时按下 <Ctrl> 键和 <B> 键。

2）隐藏流道板。单击“流道板”，键盘上同时按下 <Ctrl> 键和 <B> 键。

3）计算板厚。由定模板厚度为 80mm、型腔板厚度为 45mm，可得到中间板厚为 35mm。

4）加载螺钉标准件。在“主要”工具栏中单击“标准件库”按钮，弹出“标准件管理”对话框。在“重用库”中选择“DME_MM”/“Screws”，在“成员选择”中单击“SHCS[Manual]”。在弹出的对话框中单击“选择面或平面”，然后选择定模板的上表面；在“详细信息”中，“SIZE”设置为“8”，“LENGTH”设置为“40”，“PLATE_HEIGHT”设置为“35”；单击“确定”按钮。在弹出的“标准件位置”对话框中，“X 偏置”输入“80”，“Y 偏置”输入“120”，单击“应用”按钮；“X 偏置”输入“–80”，单击“应用”按钮；“Y 偏置”输入“–120”，单击“应用”按钮；“X 偏置”输入“–80”，单击“应用”按钮；“Y 偏置”输入“15”，单击“应用”按钮；“Y 偏置”输入“–15”，单击“应用”按钮；“X 偏置”输入“–80”，单击“应用”按钮；“Y 偏置”输入“–15”，单击“确定”按钮。螺钉加载结果如图 6-63 所示。

5）螺钉开腔。在“主要”工具栏中单击“腔”按钮，弹出“开腔”对话框；“目标”选择定模板和型腔，在“工具”中单击“查找相交”按钮，再单击“确定”按钮。

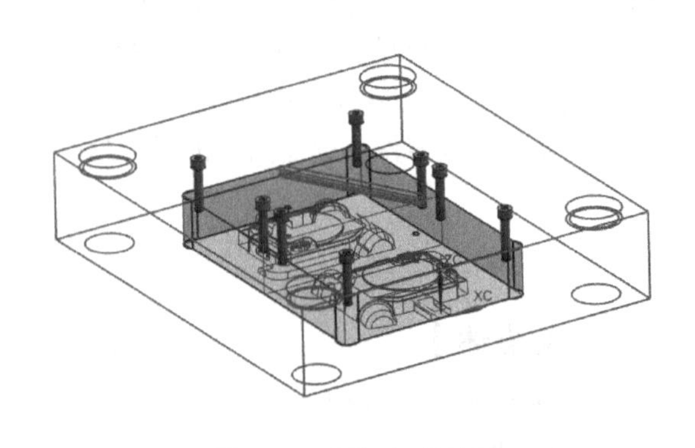

图 6-63　螺钉加载结果

任务八　拉杆设计

拉杆设计

【任务描述】

1）加载动、定模侧拉杆。
2）加载拉杆弹簧。
3）加载开闭器。

【任务实施】

一、动模侧拉杆设计

加载拉杆。单击“注塑模向导”菜单，在“主要”工具栏中单击“标准件库”按钮，弹出“标准件管理”对话框。在“重用库”中选择“FUTABA_MM”/“Screws”，在“成员选择”中单击“SHSB[M-PBA]”，拉杆参数和拉杆示意图如图 6-64 和图 6-65 所示。在“标准件管理”对话框中，在“选择标准件”中选择“新建组件”，“放置”中的“选择面或平面”选择流道板的下表面，在“详细信息”中，“SHOULDER_LENGTH”设置为“140”，“PLATE_HEIGHT”设置为“151”，“TRAVEL”设置为“80”，单击“确定”。在弹出的“标准件位置”对话框中，“X 偏置”输入“100”，“Y 偏置”输入“92”，单击“应用”按钮；“X 偏置”输入“–100”，单击“应用”按钮；“Y 偏置”输入“–92”，单击“应用”按钮；“X 偏置”输入“–100”，单击“确定”按钮。拉杆位置如图 6-66 所示。

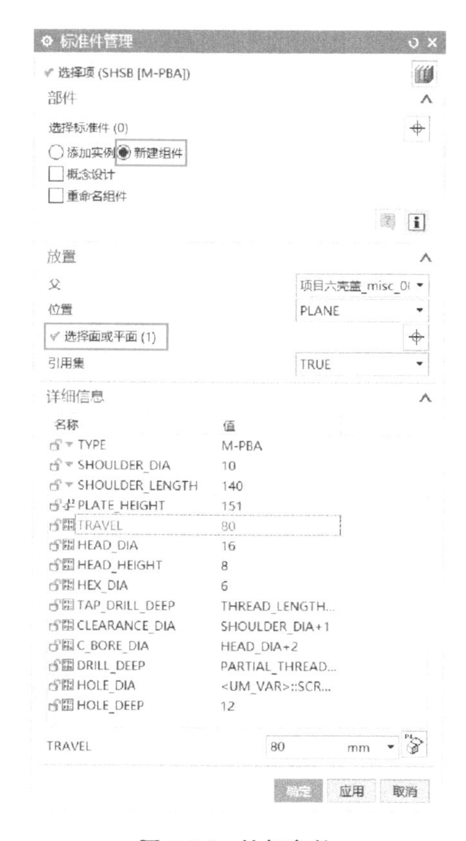

图 6-64　拉杆参数

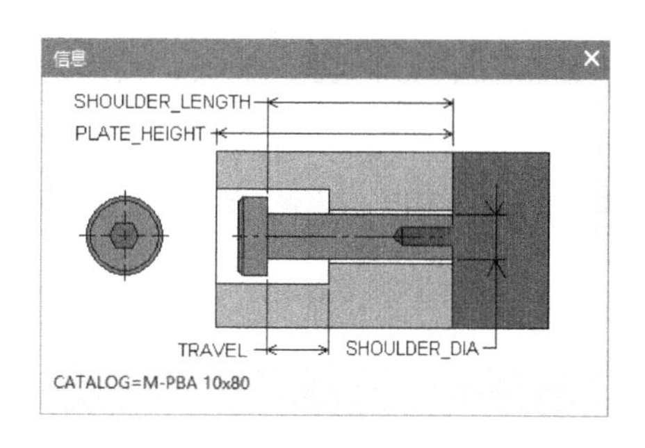

图 6-65　拉杆示意图

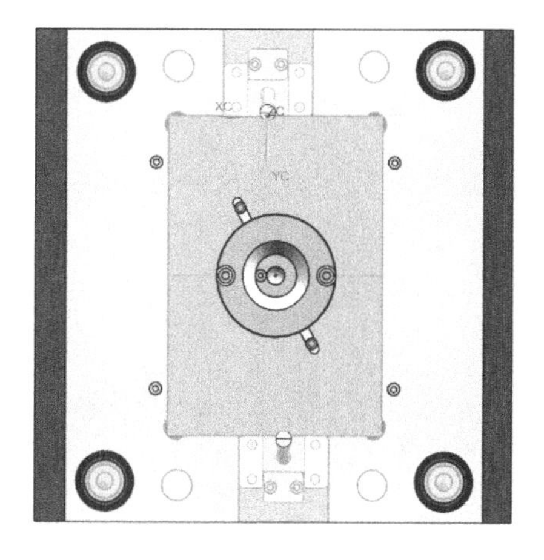

图 6-66　拉杆位置

【知识链接】

知识点 5　Mold Wizard 中的拉杆参数

1）TYPE：类型。

2）SHOULDER_DIA：主体部分的直径。

3）SHOULDER_LENGTH：主体部分的长度。

4）PLATE_HEIGHT：板的厚度，即 A 板和 B 板厚度之和。

5）TRAVEL：限制行程，应大于流道板与 A 板之间分流道的高度。

6）HEAD_DIA：头部的直径。

7）HEAD_HEIGHT：头部的高度。

8）HEX_DIA：头部内六角孔的直径。

二、定模侧拉杆设计

加载拉杆。在“主要”工具栏中单击“标准件库”按钮，弹出“标准件管理”对话框。在“重用库”中选择“FUTABA-MM”/“Screws”，在“成员选择”中单击“SHSB[M-PBC]”，拉杆参数和拉杆示意图分别如图 6-67 和图 6-68 所示。在“标准件管理”对话框中，在“选择标准件”中选择“新建组件”；“放置”中的“选择面或平面”选择流道板的上表面；在“详细信息”中，“SHOULDER_LENGTH”设置为“40”，“PLATE_HEIGHT”设置为“50”，“PARTIAL_THERADED_LENGTH”设置为“45”，单击“确定”按钮。在弹出的“标准件位置”对话框中，“X 偏置”输入“100”“Y 偏置”输入“92”，单击“应用”按钮；“X 偏置”输入“–100”，单击“应用”按钮；“Y 偏置”输入“–92”，单击“应用”按钮；“X 偏置”输入“–100”，单击“确定”按钮。动、定模拉杆如图 6-69 所示。

图 6-67　拉杆参数

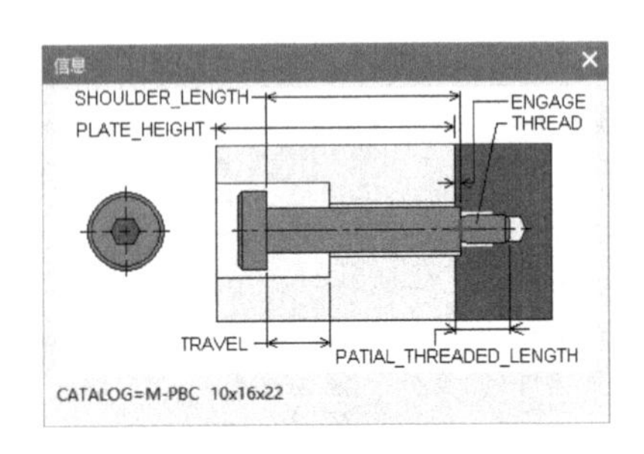

图 6-68　拉杆示意图

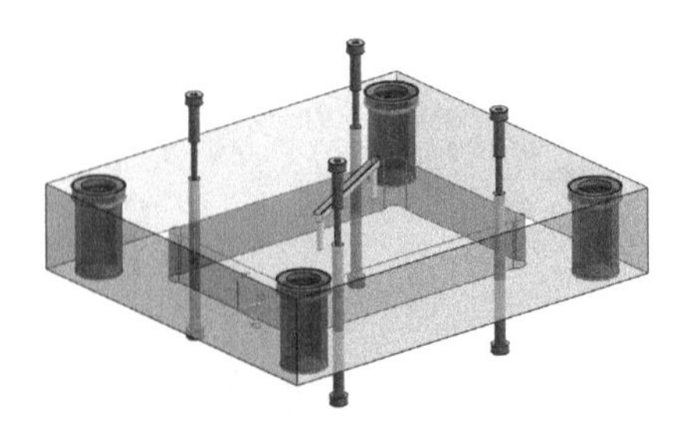

图 6-69　动、定模拉杆

三、拉杆弹簧设计

加载拉杆弹簧。在“主要”工具栏中单击“标准件库”按钮，弹出“标准件管理”对话框。在“重用库”中选择“FUTABA_MM” / “Springs”，在“成员选择”中单击“Spring[M-FSB]”，拉杆弹簧参数和拉杆弹簧示意图如图 6-70 和图 6-71 所示。在“标准件管理”对话框中，在“选择标准件”中选择“新建组件”，“放置”中的“选择面或平面”选择定模板的上表面，在“详细信息”中，“INNER_DIA”设置为“10.5”，“DISPLAY”设置为“DETAILED”，“COMPRESSION”设置为“5”，单击“确定”按钮。在弹出的“标准件位置”对话框中，“X 偏置”输入“100”，“Y 偏置”输入“92”，单击“应用”按钮；“X 偏置”输入“–100”，单击“应用”按钮；“Y 偏置”输入“–92”，单击“应用”按钮；“X 偏置”输入“–100”，单击“确定”按钮。拉杆弹簧结果如图 6-72 所示。

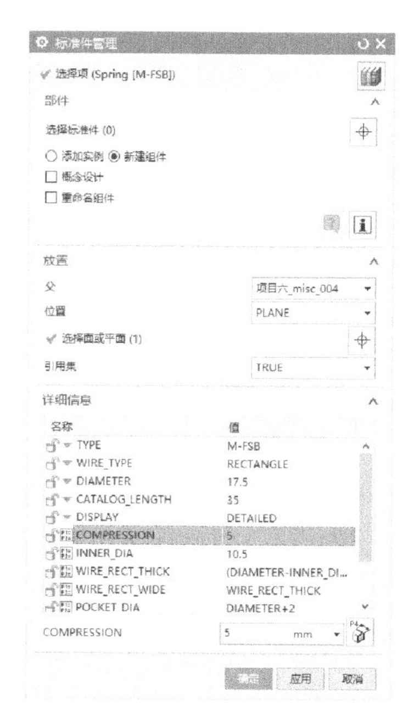

图 6-70　拉杆弹簧参数

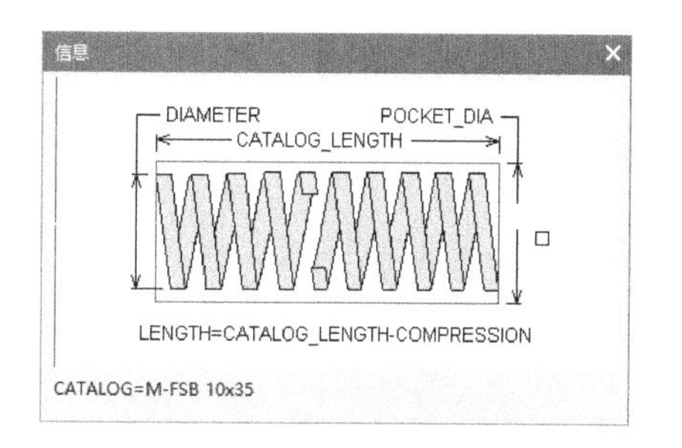

图 6-71　拉杆弹簧示意图

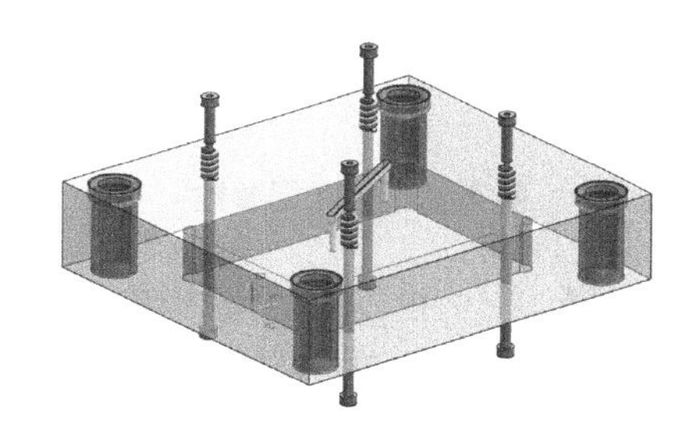

图 6-72　拉杆弹簧结果

【知识链接】

知识点 6　Mold Wizard 中的拉杆弹簧参数

1）TYPE：弹簧的类型。

2）WIRE_TYPE：弹簧的截面形状。

3）DIAMETER：弹簧外圈直径。

4）DISPLAY：显示形式。

5）COMPRESSION：压缩量。

6）INNER_DIA：弹簧内圈直径。

四、开闭器设计

1）加载开闭器。单击“注塑模向导”菜单，在“主要”工具栏中单击“标准件库”按钮，弹出“标准件管理”对话框。在“重用库”中选择“FUTABA_MM”/“Pull Pin”，在“成员选择”中单击“M-PLL”，开闭器参数和开闭器示意图如图 6-73 和图 6-74 所示。在“标准件管理”对话框中，在“选择标准件”中选择“新建组件”，“放置”中的“选择面或平面”选择动模板的上表面，在“详细信息”中，“DIAMETER”设置为“16”，单击“确定”按钮。在弹出的“标准件位置”对话框中，“X 偏置”输入“135”，“Y 偏置”输入“85”，单击“应用”按钮；“X 偏置”输入“–135”，单击“应用”按钮；“Y 偏置”输入“–85”，单击“应用”按钮；“X 偏置”输入“–135”，单击“确定”按钮。开闭器布置结果如图 6-75 所示。

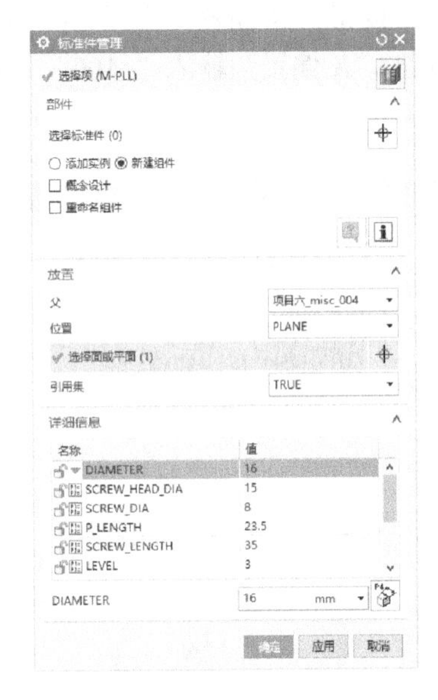

图 6-73　开闭器参数

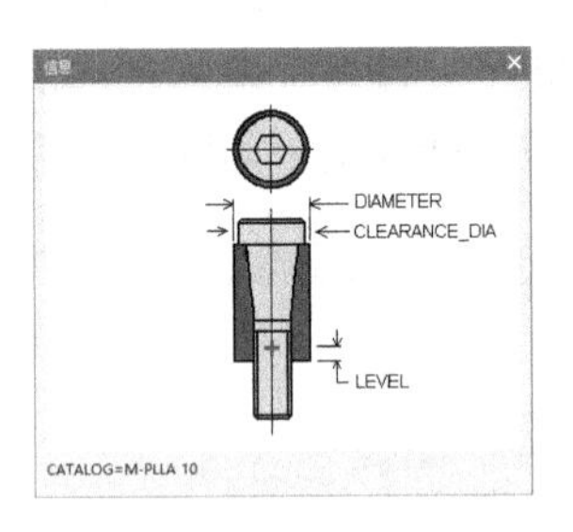

图 6-74　开闭器示意图

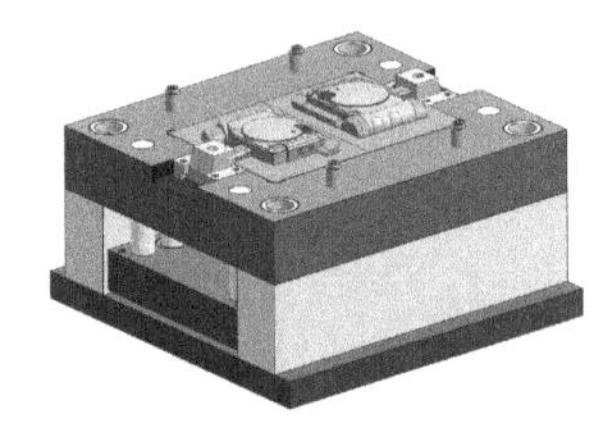

图 6-75　开闭器布置结果

2）开腔。在“主要”工具栏中单击“腔”按钮，弹出“开腔”对话框；“目标”选择所有零件，在“工具”中单击“查找相交”按钮，再单击“确定”按钮。

任务九　其他标准件设计

其他标准件设计

【任务描述】

1）加载合适尺寸的弹簧。

2）加载合适尺寸的限位钉。

3）加载合适尺寸的支承柱。

4）加载合适尺寸的吊环。

5）加载合适尺寸的锁模块。

【任务实施】

一、弹簧设计

1）测量复位杆的直径。单击“分析”菜单，在“测量”工具栏中单击“测量距离”按钮，弹出“测量距离”对话框；“类型”设置为“直径”，单击复位杆，测得直径为 25mm，单击“确定”按钮。

2）单击“注塑模向导”菜单，在“主要”工具栏中单击“标准件库”按钮。在“重用库”中选择“DME_MM”/“Springs”，在“成员选择”中单击“Spring”。在弹出的“标准件管理”对话框中，“选择面或平面”选择顶杆固定板的上表面；“INNER_DIA”设置为“25.5”，“CATALOG_LENGTH”设置为“76.2”，“DISPLAY”设置为“DETAILED”，“COMPRESSION”设置为“15”；单击“确定”按钮。将“着色模式”切换成“静态线框”后，以复位杆与顶杆固定板相交处的孔心为基准，放置四个弹簧。

二、限位钉设计

单击“主要”工具栏中的“标准件库”按钮。在“重用库”中选择“FUTABA_MM”/“Stop Buttons”，在“成员选择”中单击“Stop Pad（M-STR）”。在“标准件管理”对话框中，单击“选择面或平面”，然后选择推板的底面，再单击“确定”按钮。在弹出“标准件位置”对话框后，依次捕捉复位杆的圆心，并依次单击“应用”按钮；最后单击“取消”按钮。

三、支承柱设计

1）单击“主要”工具栏中的“标准件库”按钮。在“重用库”中选择“HASCO_MM”/“Support Pillar”，在“成员选择”中单击“Support Pillar”，支承柱参数和支承柱示意图分别如图 6-76 和图 6-77 所示。

2）在弹出的对话框中，将“LENGTH”设置为“100”，“SUPPORT_DIA”设置为“40”，单击“确定”按钮。支承柱放置在推板底面上，位置坐标依次设置为（–35,–140）、（35,–140）、（35,140）、（–35,140）。支承柱布置结果如图 6-78 所示。

注：测量动模座板上表面与动模板底面之间的距离为 100mm。

图 6-76　支承柱参数

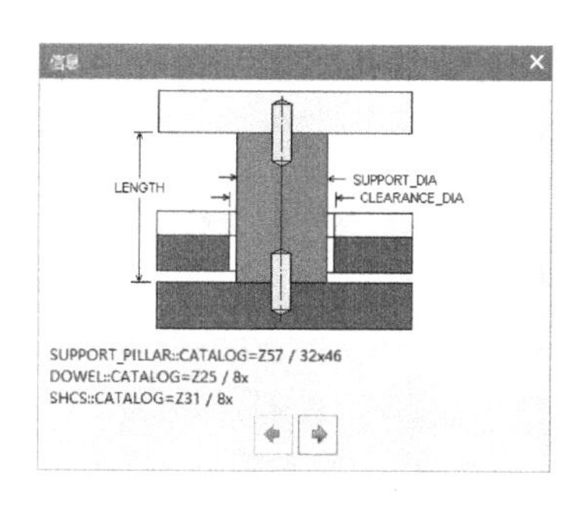

图 6-77　支承柱示意图

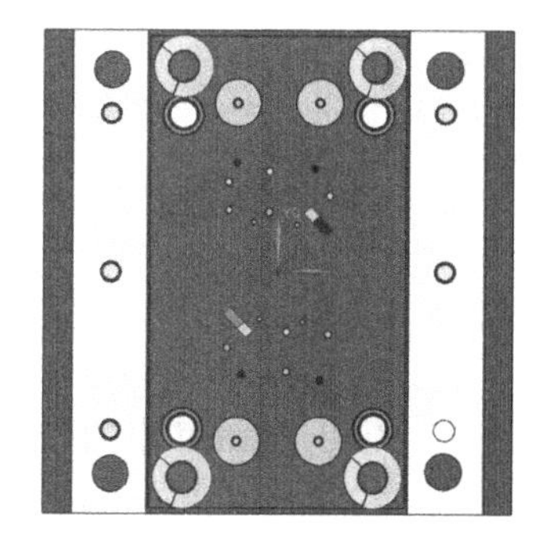

图 6-78　支承柱布置结果

【知识链接】

知识点 7　Mold Wizard 中的支承柱参数

1）SUPPORT_DIA：支承柱的直径。

2）LENGTH：支承柱的长度。

四、吊环设计

单击“主要”工具栏中的“标准件库”按钮。在“重用库”中选择“FUTABA_MM”/“Screws”，在“成员选择”中单击“Eye Bolt[M-IBM]”。之后选择 A 板和 B 板上垂直于 Y 轴的侧表面为基准面放置吊环。

五、锁模块设计

单击“主要”工具栏中的“标准件库”按钮。在“重用库”中选择“FUTABA_MM”/“Strap”，在“成员选择”中单击“M-OPA”，锁模块参数和锁模块示意图分别如图 6-79 和图 6-80 所示。之后选择 A 板和 B 板上平行于 Y 轴的侧表面为基准面放置锁模块。锁模块结果如图 6-81 所示。

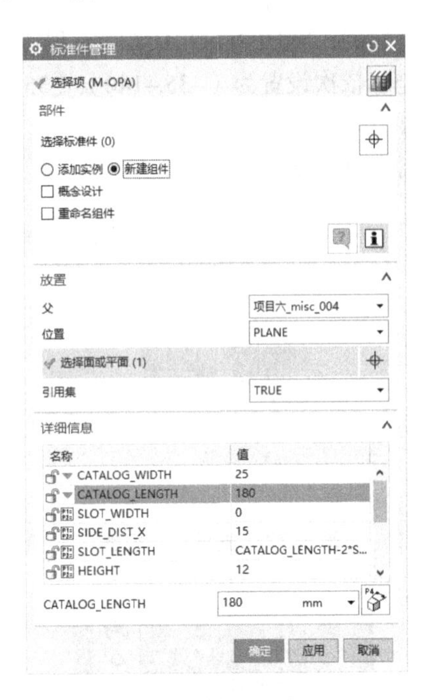

图 6-79　锁模块参数

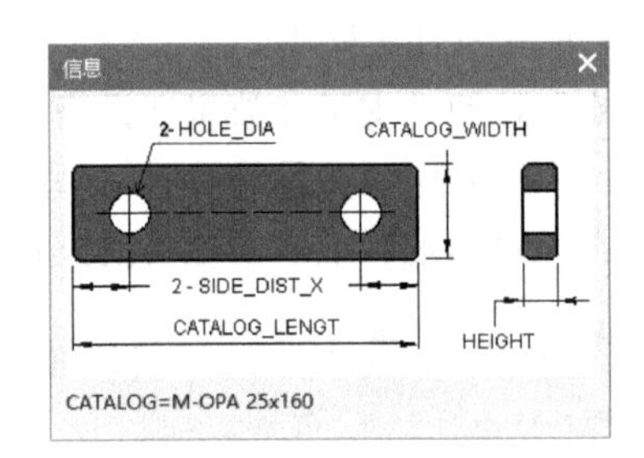

图 6-80　锁模块示意图

图 6-81　锁模块结果

【知识链接】

知识点 8　Mold Wizard 中的锁模块参数

1）CATALOG_LENGTH：锁模块的长度。

2）CATALOG_WIDTH：锁模块的宽度。

价值观——推陈出新

党的二十大报告指出，坚持和发展马克思主义，必须同中华优秀传统文化相结合。只有植根本国、本民族历史文化沃土，马克思主义真理之树才能根深叶茂。中华优秀传统文化源远流长、博大精深，是中华文明的智慧结晶，其中蕴含的天下为公、民为邦本、为政以德、革故鼎新、任人唯贤、天人合一、自强不息、厚德载物、讲信修睦、亲仁善邻等，是中国人民在长期生产生活中积累的宇宙观、天下观、社会观、道德观的重要体现，同科学社会主义核心价值观主张具有高度契合性。我们必须坚定历史自信、文化自信，坚持古为今用、推陈出新，把马克思主义思想精髓同中华优秀传统文化精华贯通起来、同人民群众的共同价值观念融通起来，不断赋予科学理论鲜明的中国特色，不断夯实马克思主义中国化时代化的历史基础和群众基础，让马克思主义在中国牢牢扎根。

实践没有止境，理论创新也没有止境。不断谱写马克思主义中国化时代化新篇章，是当代中国共产党人的庄严历史责任。继续推进实践基础上的理论创新，首先要把握好新时代中国特色社会主义思想的世界观和方法论，坚持好、运用好贯穿其中的立场观点方法。

项目评价

项目六的评价表见表 6-1。

表 6-1　项目六评价表

序号	考核项目	考核内容及要求	配分	得分	备注
1	成型零部件设计（10 分）	型腔结构合理	2.5		
		型芯结构合理	2.5		
		虎口设计合理	5		
2	模架设计（15 分）	合理选择模架尺寸	5		
		开框结构合理	5		
		固定螺钉设计合理	5		
3	浇注系统设计（25 分）	定位圈、浇口套结构合理	5		
		分流道结构合理	5		
		浇口结构合理	5		
		拉料杆设计合理	5		
		无头螺钉设计合理	5		
4	顶出系统设计（10 分）	顶杆形状、位置、长度、数量合理	8		
		复位机构合理	2		
5	抽芯机构设计（10 分）	外部抽芯机构设计	5		
		内部抽芯机构设计	5		
6	三板模开模顺序控制机构设计（15 分）	拉杆设计	10		
		拉杆弹簧设计	5		
7	冷却系统设计（10 分）	定模侧冷却回路设计合理	5		
		动模侧冷却回路设计合理	5		
8	其他设计（5 分）	吊环、限位钉、支承柱、复位弹簧、锁模块设计合理	5		
合计			100		

闯关考验

一、产品分型

1. 完成图 6-82 所示产品 1 的分型设计。

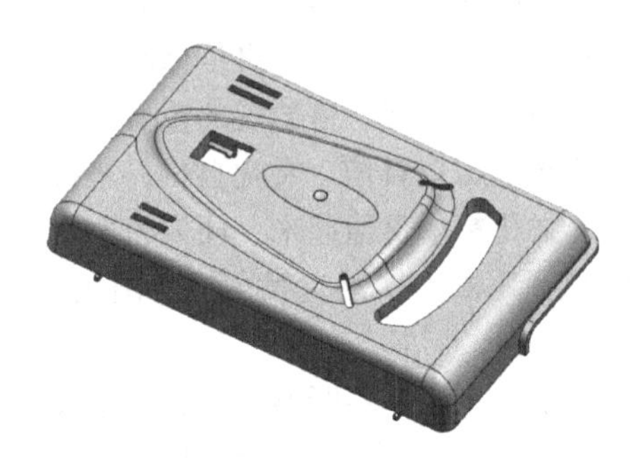

图 6-82 产品 1

2. 完成图 6-83 所示产品 2 的分型设计。

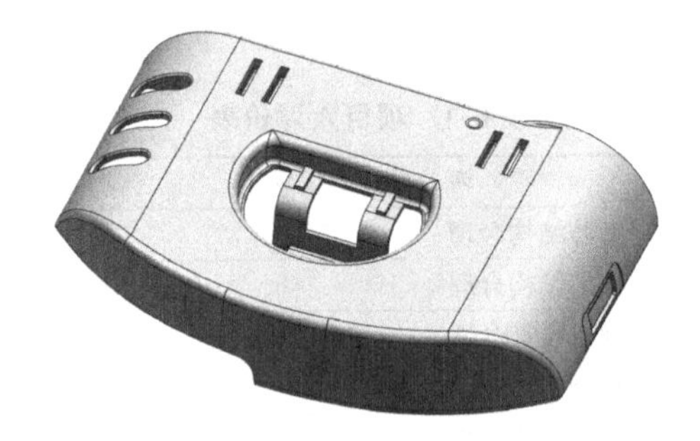

图 6-83 产品 2

二、模具设计

本设计任务是电器面壳（图 6-84）的注塑模具设计。产品材料是 ABS。要求：选择合适的分型面；一模两腔设计出模具的浇注系统、推出系统；选用合适的模架；完成模具三维总装图。

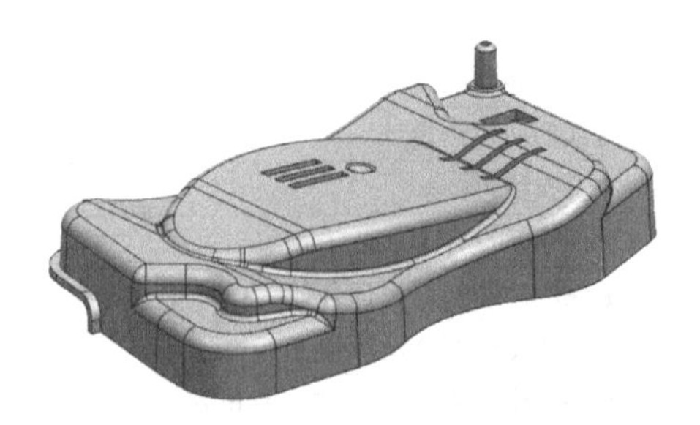

图 6-84 电器面壳

参考文献

[1] 冯炳尧，韩泰荣，蒋文森 . 模具设计与制造简明手册 [M].3 版 . 上海：上海科学技术出版社，2008.

[2] 翁其金 . 塑料模塑工艺与塑料模设计 [M].2 版 . 北京：机械工业出版社，2012.

[3] 屈华昌 . 塑料成型工艺与模具设计 [M]. 修订版 . 北京：高等教育出版社，2007.

[4] 申开智 . 塑料成型模具 [M].2 版 . 北京：中国轻工业出版社，2006.

[5]《塑料模设计手册》编写组 . 塑料模设计手册 [M].3 版 . 北京：机械工业出版社，2002.

[6] 陈志刚 . 塑料模具设计 [M].2 版 . 北京：机械工业出版社，2009.

[7] 陈锡栋，周小玉 . 实用模具技术手册 [M]. 北京：机械工业出版社，2002.

[8] 王建华，徐佩弦 . 注射模的热流道技术 [M]. 北京：机械工业出版社，2006.

[9] 章飞 . 型腔模具设计与制造 [M].2 版 . 北京：化学工业出版社，2008.

[10] 王正才 . 注塑模具 CAD/CAE/CAM 综合实训 [M].2 版 . 大连：大连理工大学出版社，2019.

[11] 洪建明，等 . UG NX12.0 注塑模具设计实例教程 [M]. 北京：机械工业出版社，2021.